BRIEF HISTORY
OF INFORMATION SECURITY

安全简史

从隐私保护
到量子密码

U0281114

杨义先　钮心忻 ◎ **著**

一部外行不觉深、内行不觉浅的经典之作

为百姓明心，为专家见性

为安全写简史，为学科开通论

电子工业出版社

Publishing House of Electronics Industry

北京·BEIJING

内 容 简 介

黑客到底长啥样，电脑病毒如何防；网络诈骗怎对付，大数据隐私——嘿嘿，它会曝你哪些光；金童凭啥配玉女，加密认证历史长；数字版权谁保护，机要信息如何藏；虚拟货币多神奇，御敌咋用防火墙；安全管理怎么做，容灾为啥靠备忘；入侵检测有多牛，如何理解安全熵；安全经济咋考虑，安全系统怎导航；正本清源赛博学，可怜信息安全的专家哟——何时才能盲人不摸象；安全英雄要牢记，量子密码——它将在哪里现曙光……读者欲知众答案，它们就清清楚楚地写在本书上！

未经许可，不得以任何方式复制或抄袭本书之部分或全部内容。

版权所有，侵权必究。

图书在版编目（CIP）数据

安全简史：从隐私保护到量子密码 / 杨义先，钮心忻著 . —北京：电子工业出版社，2017.6
ISBN 978-7-121-31493-3

Ⅰ . ①安… Ⅱ . ①杨… ②钮… Ⅲ . ①信息系统 – 安全技术 Ⅳ . ① TP309

中国版本图书馆 CIP 数据核字（2017）第 084475 号

责任编辑：李树林
印　　刷：北京盛通数码印刷有限公司
装　　订：北京盛通数码印刷有限公司
出版发行：电子工业出版社
　　　　　北京市海淀区万寿路 173 信箱　邮编　100036
开　　本：720×1 000　1/16　印张：24.25　字数：373 千字
版　　次：2017 年 6 月第 1 版
印　　次：2024 年 6 月第 18 次印刷
定　　价：68.00 元

凡所购买电子工业出版社图书有缺损问题，请向购买书店调换。若书店售缺，请与本社发行部联系，联系及邮购电话：（010）88254888，88258888。
质量投诉请发邮件至 zlts@phei.com.cn，盗版侵权举报请发邮件至 dbqq@phei.com.cn。
本书咨询联系方式：（010）88254463，lisl@phei.com.cn。

前 言

科学是门学问，它能使当代"傻瓜"，超越上代"天才"！

但是，这是有条件的：若无科普红娘，上代天才与当代傻瓜，就永远不会成一家！即使穿越回上代，当代傻瓜，仍将是傻瓜；当代天才，也不会强过傻瓜，如果他投胎找错了妈。

如今，教授都忒聪明，日理万机：连出专著、发论文都来不及，谁还有闲情写科普！于是，如此苦差，便首当其冲，归属于我等傻瓜。

傻瓜就傻瓜，但愿能将上代天才成果，撰成傻瓜作品，奉献给尔等天才；供茶余饭后，一方面了解新知识，另一方面享受一点嘻嘻哈哈。

我知道，你想听相声；还知道，你爱看小品。阿弥陀佛，真心希望我们能让你开心。本书对象，不仅仅限于芸芸大众，而且某些刷新的观念，也许还能帮助安全专家！

其实，促使我们下决心，最终动笔撰写此书的原因主要有两点：

第一，霍金写了《时间简史》，布莱森写了《万物简史》，格雷克写了《信息简史》……这些简史好不精彩！不但出神入化，而且还能改变读者的世界观！唉，咱信息安全界，谁能出面，也写部"外行不觉深，内行不觉浅"的《安全简史》，来"为百姓明心，为专家见性；为安全写简史，为学科开通论"呀！可惜，论"文"，咱比不过"旅游文学作家"布莱森和"科普畅销书作家"格雷克；论"武"，更不敢比世界顶级科学家霍金。可是，又确实需要《安全简史》！怎么办呢？笔者不才，想到了"众筹"和"迭代"，即为了引玉，先由我们抛砖，写一本初稿试试；然后，由广大读者来进行全方位的修改、批评和版本更新。希望"三个臭皮匠"真的能"赛过诸葛亮"。希望基于网络时代的"群智能"，可以最终集体创作出越来越完美的《安全简史》，甚至突破信息安全界，全方位进入安全领域。

第二，本书其实也是安全通论的副产品。后者是我们最近几年来，一直倾情攻克的难题。其最终目的在于：以通信界的信息论为榜样，在信息安全领域，建立一套能将各分支统一起来的基础学科理论。既然想统一各学科分支，那当然就得首先了解，甚至精通这些分支，而这显然不是一件容易的事情（即使是在安全界，有此余力者也不多）。因为，无论从理论、技术、逻辑等，甚至从世界观和方法论方面来看，如今，各安全分支之间的差异，实在太大，有的几乎是天壤之别！既然已经好不容易啃下了这一个个分支的硬骨头，那又何不再加一把劲，干脆把它们写成科普，让别人（包括大众和其他分支的安全专家）可以更轻松地了解它们呢。于是，本书便诞生了。当然，限于篇幅，本书只包含了19个主要安全分支，对其他分支有兴趣者，敬请指教我们即将出版的《安全通论》。但愿有朝一日，咱安全界既有《安全简史》来"立地"，又有《安全通论》来"顶天"。

除前言外，本书由19章正式内容和跋组成，现分别一一介绍如下。

第1章："大数据隐私"。它将告诉你，到了大数据时代，你将如何成为皇帝，那位"穿新衣"的皇帝。因为，在大数据面前，你就是赤裸裸的百十来斤肉：你说过什么话，它知道；你做过什么事，它知道；你有什么爱好，它知道；你生过什么病，它知道；你家住哪里，它知道；你的亲朋好友都有谁，它也知道……反正，你自己知道的，它几乎都知道，或者说它都能够知道，至少可以说它迟早会知道。甚至连你自己都不知道的事情，大数据也可能知道；再进一步地说，今后将要发生的事情，大数据它还是有可能知道。至于这些你知道的、不知道的或今后才知道的隐私信息，将会瞬间把你塑造成什么，是英雄还是狗熊，谁都不知道，只有天知道！

第2章："恶意代码与病毒"。恶意代码能有多恶？这样说吧，从理论上看，它想有多恶，就能多恶！如果说普通代码（或善意代码）是佛，那么，恶意代码就是魔。若佛能使汽车无人驾驶，在满大街自如穿梭，那魔就能让车中的你魂飞魄散，或下河，或砸锅；若佛能让机器美女温良恭俭让，魔就能让她打滚撒泼，让你不得活；佛能使卫星上天，魔就能让火箭转弯；佛能让飞机自动续航，魔能让机长撞墙；佛让数控车床精准加工，魔让机器失控发疯；佛让你轻松转账，魔让你无法上网；……若佛能送你上天堂，那魔就可送你下地狱，让你这辈子白忙。总之，从恶意代码的作恶能力来看，只有你想不到，没有它做不到；你若今天想到，也许明天它就能做到。

第3章："社会工程学"。它可不是吃素的哟！就算你不理它，它也可能不会放过你！万一被它击中，你就惨了，后悔都来不及了！与黑客的所有其他工具不同，"社会工程学"对你的电脑几乎不感兴趣，对你的硬件、软件、系统等所有你严加防范的东西，也几乎都不感兴趣；因为，这些东西对它来说，简直是小菜一碟，根本就用不着劳它大驾，只需它的喽啰出手就行了。它自己则有更重要的事情要做，是的，它只攻击一样东西，就是那个有血有肉、能说会道还自以为是的活物。对，就是你！听明白了吗?就是你！如果你不理它，那么，它基本上可以百发百中，打得你哭爹喊娘；当然，如果你关注了它，那么，你就会马上掌握主动权，因为，"社会工程学"其实是易守难攻的，就怕你不屑一守。

第4章："黑客"。若在《安全简史》中不写"黑客"，就像在《西游记》中不写"齐天大圣"一样！黑客，就是网络空间中的孙悟空！这猴子既可爱，又可恨；既聪明，又很傻；智商高，情商低；树敌多，朋友少；本领强，运气差；……反正，他就是一个活脱脱的矛盾体，而且，在去西天取经的路上，还绝对少不了他。他的优点和缺点泾渭分明，与大熊猫一样，其照片永远非黑即白，没有过渡。

第5章："密电码"。"密码"又叫"密电码"，它与"认证"宛如安全界的一对金童玉女，本章介绍的是金童。说起"密码"，人们马上想到的就是战争！确实，古今中外，人类历史上的每一场战争，无论大小或长短，几乎都与密码脱不了干系；甚至，可以说：战争的胜负，在很大程度上，直接取决于敌对双方"密码对抗"的胜负。因为，密码对抗的胜者，要么能把机密指令传给友军，以便同心协力，打败敌方；要么能够破译敌方"密电码"，从而掌握敌方的情况，始终把握主动权。密码失败者只有挨打的份儿，没有还手之力。

第6章："认证"。都说女人是个谜，玉女"认证"更是谜中之谜！从古至今，即使是权威的安全专家，也从来没能看清过她的全貌；但是，即使是文盲半傻，却也都可以对其局部了如指掌，并巧加运用。都说女人似水，玉女"认证"更似水！其名本身，就是让人全无感觉的水，淡而无味的水。但是，正是这种无味，却蕴含着绝味，让人神魂颠倒的无尽之味；历史上不知有多少英雄豪杰，都曾拜倒在她的石榴裙下。玉女之水虽然柔弱，却能攻克万物，让混沌世界变得有序；能沉淀浊水，使之慢慢变清；能使躁动安宁，让虚静渐渐重生。都说女人善变，玉女"认证"更善变。可以说她小，小到无内，因为，她可以深入细胞，甚至变得微眇无形。可以说她大，大到无外，大到无边，并且还在飞速膨胀，膨胀至遥远；她既可生养万物，又能绵延不绝，用之不竭。如果非要找个现成人物来类比她的话，可能观音菩萨最合适。一是因为她们都很美；二是因为她们都有无数个化身，且真身永远是个谜。当然，她们还是有区别的：观音是专门救苦救难，哪里有灾，她就会在哪里出现；"玉女"则是专门治乱，哪里有混沌，她就会出现在哪里。观音救难，只需用杨柳枝，在玉净瓶中，蘸点仙脂露，轻轻一洒，瞬间就能解决问题；而"玉女"治乱，则须永无休止地"贴标签"和"验证标签"。

第7章："信息隐藏"。其核心就是要练就如下"五功"。第一是"隐身功"，即无论你翻箱倒柜也好，挖地三尺也好，刑讯逼供也好，听也好，看也好，闻也好，摸也好，舔也好，统计分析也好，用尽所有先进设备和算法也好，总之，你就是找不到它。然而，它却一直就在你身边，甚至在尾随你偷笑呢。第二是"不死功"，即要像孙猴子大闹天宫那样，刀劈斧剁不死，雷公电闪不死，八卦真火烧不死，总之，不但有九条命，而且还能够随时满血复活。第三是"大肚功"，就是要像八戒那样，能吃能喝，再怎么吃也不嫌多。反正，若干比特下肚后，都能够很快消化，让黑客找不到破绽，更不会因为吃得太多而影响隐身功的发挥。第四是"蚯蚓功"，即纵然被拦腰斩断，也能在截断处，分别重新长出尾和头，从而变成两条蚯蚓。第五是"碰瓷功"，即要像大街上的无赖那样，敢于碰瓷，善于碰瓷。任何黑客，无论他多么小心翼翼，只要胆敢对你非礼，你就马上倒地，死给他看。

第8章："区块链"。别一见"区块链"就头痛，其实没那么玄！只要你是中国人，哪怕是文盲或半文盲，那么，对区块链的理解就会变得非常容易了。因为，区块链就是虚拟部落的"家谱"。除了读写、存储、传输、验证、安全、共识等雕虫小技的IT细节，"区块链"与你我家中，压箱底的传家宝"家谱"，其实并无本质差别。上帝是区块链专家，他的区块链"家谱"就写在你的脸上、手上、腿上……血管里、头发里、鼻子里、眼睛里……反正，在任何生物体内的任何地方，甚至在其排泄物里，都"分布式存储着"这个区块链的"账本"。这个"区块链"就是生物学家们正在全力研究的"基因链"。

第9章："防火墙"。如果你爱它，请把它圈进"防火墙"，因为那里是天堂；如果你恨它，请把它圈进"防火墙"，因为那里是地狱。"防火墙"是一种古老而有效的安全思想；一种在未来任何时代，都将永放光芒的哲学体系。因为，人类彼此之间的任何矛盾，都来自于"区别"。没有区别，就没有矛盾；没有矛盾，就没有人为制造的绝大部分安全问题。面对"区别"，如何解决相关的安全问题呢？无非两条路：第一条路，就是"修路、建桥"，将有"区别"的各方连接起来，使它们像"热熵"那样充分融合，直到最终达到"热平衡"，从而，"区别"消失，安全问题也就迎刃而解。第二条路，就是"修墙、守门"，将有"区别"的各方分别圈起来，让它们彼此隔绝，感觉不到"区别"的存在；从而，将矛盾外化，以此消灭内部安全问题。严格地说，"防火墙"这个名字是不完整的，因为，它只强调了第二条路的前半部分"修墙"，却忽略了更重要的后半部分"守门"！所以，"防火墙"不该是拦水坝那样的死墙，而是有自己的"居庸关"：关口有结实的城门，城门有忠诚的卫兵；卫兵们严格按照指令，对来往行人或疏或堵。

第10章："入侵检测"。如果你没听说过"入侵检测"这个专业名词的话，那你总听说过"天气预报"吧！没错，"入侵检测"就是网络空间中的"天气预报"；只不过，它不是报告天上"风雪雨云"的动静，而是报告网络空间中黑客的动静，比如，他们是否已经或即将攻击你的计算机等。其实，曾经在很长一段时间内，密码、防火墙和入侵检测一起，扮演着保护网络空间安全"三剑客"的角色。其基本逻辑是：首先，由小弟"入侵检测"，发现或预测出黑客（无论来自内部或外部）的攻击，并及时报告给二哥"防火墙"。其次，当二哥收到警报后，便立即采取行动——赶紧加强门卫，调整相应的配置，既不让外面"黑客"进入，也不让内鬼溜掉；赶紧"亡羊补牢"，清查可能已经入侵的木马等恶意代码，甚至向管理员报告，启动人工干预等。最后，如果"黑客"已经得手，偷走了相关机要信息，那么，嘿嘿，对不起，还有大哥"密码"在等着你呢；除非"黑客"能够破解密码（通常这是非常困难的），否则，前面的所有入侵行动都功亏一篑。

第11章："灾备"。"灾备"很简单，因为，连兔子都懂"狡兔三窟"，所以大灰狼若想死守某个兔洞，那么这种"灾"，在兔子的三窟之"备"面前，早已灰飞烟灭。青蛙也是灾备专家，它知道蝌蚪的存活率极低，面临的天敌和灾难极多，所以，在产子时就采取了灾备思路：一次产它成千上万粒，总有几粒能闯过层层鬼门关。小蚂蚁更是灾备专家，它们随时都在"深挖洞，广积粮"。其实，几乎所有生物，都是灾备专家，因为它们都深刻理解，并完美地运用了灾备的核心：冗余。否则，面对众多意外灾难和杀戮，生物们可能早就绝种了。"灾备"很复杂，因为，"灾"太多，而且应对不同的"灾"，所需要的"备"也不同；"灾"更新后，"备"也得相应跟上。所以，在网络空间安全的所有保障措施中，灾备的成本最高，工程量最大，使用的技术最多，也最复杂；甚至，前面各章所介绍的所有信息安全技术，都可看成灾备的支撑，虽然它们也可以独立使用。

第12章："安全熵"。"熵"是一种利器，是科学江湖的"倚天屠龙剑"。物理学家，用"熵"揭示了能量转换的基本规律，轻松俘获了热力学核心定理，惊得那爱因斯坦吐舌头、瞪双眼，竖起大拇指连声高叫：棒，棒，熵定律真乃科学定律之最也！化学家，用"熵"把所有化学反应的相变，都解释为"熵变＝熵产生＋熵流"，从此，化学反应的"统一大业"就完成了。数学家，在"熵"的世界里，蹦得更欢啦：一会儿，上九天揽月；一会儿，下五洋捉鳖。把一个个熵定理和公式，拍在所有科学家面前，为他们的专业研究保驾护航。社会学家，用"熵"来研究恐怖主义、疫病流行、社会革命、经济危机等重大问题，得出了若干让人耳目一新的结论。生物学家，用"熵"重新诠释了达尔文进化论，并声称"生物之所以活着，全靠能获得负熵"，这几乎彻底颠覆了传统观念。香农更是用"熵"，在两军阵前，温酒斩"信息"，横扫六国，结束了长期以来的纷争局面，统一了 IT 天下，建立了高度集权的信息论帝国。安全专家，在本章中，也试图用"熵"来揭示"安全"的本质，从宏观上为各方提供最佳的攻防策略。

第13章："安全管理学"。本章盛情邀请14种动物，结合自己的亲身体会，现身说法来讲讲"安全管理学"的一些重要效应。比如：蝴蝶妹妹讲"蝴蝶效应"；青蛙王子讲"青蛙效应"；鳄鱼大哥讲"鳄鱼法则"；滑头鲇鱼讲"鲇鱼效应"；喜羊羊讲"羊群效应"；刺猬讲"刺猬效应"；孙猴子讲"手表定律"；汤姆猫讲"破窗理论"；猪八戒讲"二八定律"；乌鸦小姐讲"木桶理论"；白龙马讲"马太效应"；八哥讲"鸟笼逻辑"；灰太狼讲"责任分散效应"；狗狗史努比讲"习得性无助效应"；等等。总之，把"三分技术，七分管理"讲清楚，让大家明白：哦，安全保障的效果，主要依靠管理，而不仅仅是技术；安全保障的两大法宝——技术和管理，一个也不能丢；而且，还必须"两手抓，两手都要硬"。其实，比较理想的情况应该是：技术精英们，适当掌握一些管理精髓，并能将其应用于自己的研发中，充分发挥"管理"的四两拨千斤效能；管理精英们，也适当了解一些技术概念，以便向技术人员描述"安全管理"的需求，从而使得技术研发更加有的放矢。

第14章："安全心理学"。网络空间的所有安全问题，全都可归罪于人！具体地说，归罪于三类人：破坏者（又称黑客）、建设者（含红客）和使用者（用户）。因此，只要把这"三种人"的安全行为搞清了，那么网络的安全威胁就明白了！而人的任何行为，包括安全行为，都取决于其"心理"。在心理学家眼里，"人"只不过是木偶，而人的"心理"才是拉动木偶的那根线；或者说，"人"只不过是"魄"，而"心理"才是"魂"。所以，网络空间安全最核心的根本，就藏在人的心里；必须依靠"安全心理学"，来揭示安全的人心奥秘！

第15章："安全经济学"。本章将从"黑白两道"，来诠释大胡子爷爷的著名论调：如果有10％的利润，黑客就保证不会消停；如果有20％的利润，黑客就会异常活跃；如果有50％的利润，黑客就会铤而走险；为了100％的利润，黑客就敢践踏一切人间法律；如果有300％的利润，黑客就敢犯任何罪行，甚至冒绞首的危险。当然，安全经济学主要是研究安全的经济形式（投入、产出、效益）和条件，通过对安全保障活动的合理规划、组织、协调和控制，实现安全性与经济性的高度协调，达到人、网（机）、技术、环境、社会最佳安全综合效益。安全经济学的两个基本目标：一是用有限的安全投入，实现最大的安全；二是在达到特定安全水平的前提下，尽量节约安全成本。

第16章："正本清源话赛博"。本章试图给诺伯特·维纳"平反"，给他的"赛博学"被狭隘地翻译成"控制论"而平反。因为，无论从世界观，还是从方法论，或是从历史沿革、内涵与外延、研究内容和研究对象等方面来看，"赛博"都绝不仅仅囿于"控制"。而且，更准确地说，赛博学的终极目标是"不控制"，即所谓"失控"，所以，如果非要保留"控制"俩字的话，那么，所谓的"控制论"也该翻译成"不控制论"。同时，本章还想借机，纠正当前社会各界，对"赛博"的误解和偏见；希望在赛博时代，大家都拥有一颗真正的赛博心。当然，我们还要首次揭示发生在维纳身上的一些神奇现象，即所谓的"维纳数"。最后，以维纳小传结束本章。

第17章："信息与安全"。这是全书最长的一章，主要包括信息的含义、信息的交流、信息的度量、信息安全技术、信息论大白话等内容。从字面上看，"信息安全"也可以解释为"信息失控后，对人的身心造成的损害"。当然，信息既不是物质，也不是能量，所以，信息失控只会直接损害人的"心"；而不可能像物质和能量那样，直接损害人的"身"。当然，"心"的直接损害，一般也都会对"身"造成间接损害，但是，这已不是"信息安全"的研究范畴了，至少不是重点。物质和能量失控的主要原因，基本上都是自然的或无意的；而与此相反，"信息失控"基本上都是人为因素造成的。这些人为因素，既有黑客的恶意破坏引起的"过度型信息失控"，也有集权机构的随意封堵引起的"不足型信息失控"。除了直接伤害的对象不同，由于信息的其他特性，也使得"信息安全"大别于"物质安全"和"能量安全"。比如，信息的快速传播特性造成了谣言失控等信息安全问题，信息的共享特性造成了失密等信息安全问题。如果要想按此思路，试图以罗列的方式，穷尽所有信息安全问题的话，那么，就会陷入信息安全的迷魂阵中而不能自拔。因此，与其一头钻入"信息安全"的牛角尖，还不如退出来，把"信息"本身搞清楚后，相应的安全问题，也就是秃子头上的虱子——明摆着了。

第18章："系统与安全"。本章通过科普系统论来阐述安全领域的"武林秘籍"：安全是整体的，不是割裂的；是动态的，不是静态的；是开放的，不是封闭的；是相对的，不是绝对的；是共同的，不是孤立的。由于系统论比信息论和赛博学更偏向于哲学，所以，理解起来就更难，甚至会觉得比较空泛。因此，普通读者可以略去本章；但是，对于安全专家来说，"系统论"确实不应回避，不但建议认真阅读本章，还建议深入思考安全的系统论方法。

第19章："安全英雄谱"。本章首先送上一份"李伯清散打版"的香农外传，祝君笑口常开。为啥是"外传"呢？因为香农的正传已经太多，没必要由我们来写了。为啥写香农呢？因为他是信息论的创始人，现代密码学的奠基者。接着，以纪念文章的方式，介绍了国内四位信息论和密码学的开拓者代表：周炯槃院士、蔡长年教授、章照止教授和胡正名教授。他们还是笔者的导师，他们对科学的贡献不应被遗忘，这也算是做弟子的应尽的本分吧。

最后，在跋"迎接量子的曙光"中，首先纠正了一个错误，即量子通信系统绝对（无条件）安全；其次澄清了一个误解，即量子计算机出现后，安全问题会自行消失。当然，必须肯定的是：无论你怀疑或不怀疑，量子它就在那里，不东不西（测不准）；无论你喜欢或不喜欢，量子它也在那里，不离不弃（纠缠）；无论你研究或不研究，量子它还是在那里，不实不虚（波粒二象性）！量子是时代的必然，因为，既然可用一粒量子就能解决的问题，何必要动用一整束光呢！量子理论和技术正迅速发展，量子之帆已跃出遥远的海平面，正向我们驶来，并将毫无疑问地改变IT世界，使计算、通信、安全、存储等如虎添翼。

用"字"写成的文章最精确，比如法律等；用"词"写成的文章最实用，比如学术著作等；用"意境"写成的作品最美妙，比如本书。但愿本书能令君满意。

　　本书的每章，都会套用某位著名诗人的代表作，来做归纳和小结。比如此处，我们将套用汪国真的情诗《热爱生命》，来归纳并小结本前言。

不去想本书是否能成功，

既然选择了远方，

便只顾风雨兼程！

不去想它能否给咱功名，

既然钟情于玫瑰，

就勇敢地吐露真诚！

不去想出版后会不会袭来寒风冷雨，

既然目标是地平线，

留给世界的只能是背影！

我们不去想未来是平坦或泥泞，

只要热爱生命，

一切，都在意料之中！

作者于花溪

2017年3月3日

目　录

第1章

大数据隐私

伙计，恭喜你，到了大数据时代，你就成皇帝了！

陛下，别高兴得太早，我说的是那位"穿新衣"的皇帝。真的，在大数据面前，你就是赤裸裸的百十来斤肉：你说过什么话，它知道；你做过什么事，它知道；你有什么爱好，它知道；你生过什么病，它知道；你家住哪里，它知道；你的亲朋好友都有谁，它也知道……反正，你自己知道的，它几乎都知道，或者说它都能够知道，至少可以说它迟早会知道。

甚至连你自己都不知道的事情，大数据也可能知道。比如，它能够发现你的许多潜意识习惯：集体照相时你喜欢站哪里呀；跨门槛时你喜欢先迈左脚还是右脚呀；你喜欢与什么样的人打交道呀；你的性格都有什么特点呀；哪位朋友与你的观点不相同呀；等等。

再进一步地说，今后将要发生的事情，大数据它还是有可能知道的。比如，根据你"饮食多、运动少"等信息，它就能够推测出，你可能会"三高"，即血压、血脂和血糖偏高。当你与许多人都在购买感冒药时，大数据就知道：流感即将爆发了！其实，大数据已经成功地预测了包括世界杯比赛结果、总统选举、多次股票的波动、物价趋势、用户行为、交通情况等。

当然，这里的"你"并非仅仅指"你个人"，包括但不限于，你的家庭、你的单位、你的民族，甚至你的国家，等等。

至于这些你知道的、不知道的或今后才知道的隐私信息，将会瞬间把你塑造成什么，是英雄还是狗熊，谁都不知道，只有天知道！如果你对大数据隐私的这种魔幻能力印象不深的话，别急，请先听听下面这两位世界级人物的真实故事。

第一位，是韩国的朴槿惠。她本来好好地当着总统，却被来自网络的导弹击中，身败名裂。第一幕，开场白是这样的：在那遥远的小山村，有一所大学名叫梨花女子大学，走后门破格录取了一位富二代学生——姓郑，名维罗。于是，蝴蝶的翅膀就轻轻一扇：几位抗议者不经意间，通过网络对这位富二代——郑维罗同学，进行了一下小小的"人肉搜索"，于是，哗，不得了啰！原来，郑同学的老爸竟然曾是朴总统担任议员时的秘书长；秘书长的前妻乃朴大总统的闺密；闺密的老爸曾被认为是总统的"导师"……一时间，大家目瞪口呆了。虽然，后门校长已经辞职，但是第二幕还是如期上演了。打了鸡血的网友们，这下可来劲儿了，又是挖，又是刨，既用筛，又用镐，经过一番地毯式的上下求索，哇，又有重大发现！连处级干部都不是的闺密，竟然曾提前收到，并无偿修改过至少44份"正国级"总统演讲稿，这无异于严重破坏国家纲纪！……第N幕，韩剧终于达到了高潮：总统向全体国民致歉了，大检察厅宣布设立特别检察组了，总统府秘书长、民政首席秘书、宣传首席秘书等8名核心幕僚辞职了，总统府被紧急改组了，闺密被检方以"亲信干政"火速逮捕了，十余万人冒严寒上街游行了，"朴槿惠下台"的怒吼声响彻云霄了……你看，大数据隐私的威力不小吧，它引起的狂风暴雨，确实不亚于"太平洋对岸那轻轻一扇的蝴蝶翅膀"。

第二位世界级人物是美国希拉里。在总统大选期间，正当她节节胜利，支持率比对方高出足足 12%，胜券在握，即将成为美国历史上首任女总统时，突然，有维基解密的好事者揭露了她的一个隐私，通过截获并分析她的私人邮件，发现她在担任国务卿期间，竟然"假私济公"：用私人信箱收发公家邮件！慌忙中，她赶紧删除了相关邮件。可惜，她哪里知道大数据的通天本领：它已经吹了一把猴毛，把无数个虚拟"孙悟空"撒向了网络空间。只见 FBI 和黑客们略施小计，写了一行代码，念了一段咒语，然后，轻轻说了声"现……"，于是，那些被删掉的隐私邮件就起死回生了。这下子"黎叔很生气，后果很严重"了；因为，按照美国国务院的规定，国务卿日常工作的相关业务，应该在经过授权的服务器上处理。有人叫嚣要起诉她，有人再接再厉穷追猛打，希望发掘更多的隐私炸弹……反正，她的支持率塌方了，总统梦也泡汤了。我敢打赌，她这次被大数据隐私之蛇狠狠咬过一口之后，将来看见井绳都会害怕了。

知道了大数据隐私的上述无穷杀伤力后，你也许就会追问：到底什么是大数据？

怎么回答呢！如果我给你背几段专家定义，那么，你很快就被搞晕了。比如，国际权威咨询机构Gartner说："大数据，就是需要新处理模式才能具有更强的决策力、洞察发现力和流程优化能力来适应海量、高增长率和多样化的信息资产"；麦肯锡全球研究所说："大数据是一种规模大到在获取、存储、管理、分析方面大大超出了传统数据库软件工具能力范围的数据集合，具有海量的数据规模、快速的数据流转、多样的数据类型和价值密度低四大特征"。还有更多的权威专家们，总结了大数据的若干其他特性，比如：容量的超大性呀；种类的多样性呀；获取的快速性呀；管理的可变性呀；质量的真实性呀；渠道来源的复杂性呀；价值提取的重复性呀；等等。

伙计，劝你在未被搞晕前，赶紧先从专家们的定义中跳出来吧！

其实，形象地说，所谓大数据，就是许多千奇百怪的数据，被杂乱无章地堆积在了一起。比如，你主动在网络上说的话、发的微博微信、存放的照片、收发的电子邮件、留下的诸如上网记录等行动痕迹等，都是大数据的组成部分。在不知道的情况下，你被采集的众多信息，比如，被马路摄像头获取的视频、手机定位系统留下的路线图、在各种情况下被录下的语音、驾车时的GPS信号、电子病历档案、公交刷卡记录等被动信息，也都是大数据的组成部分。还有，各种传感器设备自动采集的有关温度、湿度、速度等万物信息，仍然也是大数据的组成部分。总之，每个人、每种通信和控制类设备，无论它是软件还是硬件，其实都是大数据之源。甚至，像本·拉登那样完全与世隔绝，不对外流露任何蛛丝马迹的人，也在为大数据提供信息；因为，一个大活人，"不对外提供信息"本身，就是一条重要的信息，说明此人必定有超级秘密。

一句话，无论你是否喜欢，大数据它就在那里；无论主动还是被动，你都在为大数据做贡献。大数据是人类的必然！

大数据到底是靠什么法宝，才知道那么多秘密的呢？用行话说，它利用了一种名叫"大数据挖掘"的技术，采用了诸如神经网络、遗传算法、决策树方法、粗糙集方法、覆盖正例排斥反例方法、统计分析方法、模糊集方法等"高大上"的方法。大数据挖掘的过程，可以分为数据收集、数据集成、数据规约、数据清理、数据变换、挖掘分析、模式评估、知识表示八大步骤。伙计，如果你已经能够把所有的这些方法和步骤都搞清楚了，那么，恭喜你，你已成为大数据博士了！可惜，一般人根本不关心这些"阳春白雪"，因此，还是让我们请出"下里巴人"来吧。

大数据产业，可能将是世界上最挣钱的产业！无论从工作原理、原料结构，还是从利润率等方面来看，能够与大数据产业相比拟的，也许只有另一个，从来就不被重视的产业，即垃圾处理和废品回收！

真的，我可不是在开玩笑，更不是在自我贬低哟。

先看工作原理。其实，废品回收和大数据处理几乎如出一辙：废品收购和垃圾收集，可算是"数据收集"；将废品和垃圾送往集中处理工厂，算是"数据集成"；将废品和垃圾初步分类，算是"数据规约"；将废品和垃圾适当清洁和整理，算是"数据清理"；将破沙发拆成木、铁、皮等原料，算是"数据变换"；认真分析如何将这些原料卖个好价钱，算是"数据挖掘"；不断总结经验，选择并固定上下游卖家和买家，算是"模式评估"；最后，把这些技巧整理成口诀，算是"知识表示"。至于教授们的什么神经网络等大数据挖掘方法，在垃圾处理和废品回收专家们眼里，根本就不屑一顾，因为他们有适应性更强、效果更好的方法。若不信，请用你的所谓遗传算法去处理一下垃圾看看，保准一筹莫展。若你非要追问垃圾专家的挖掘方法是什么，嘿嘿，对不起，"祖传秘方"，只传后代，并且传男不传女。

再看原料结构。与大数据的异构特性一样，生活垃圾、工作垃圾、建筑垃圾、可回收垃圾和不可回收垃圾等，无论从外形、质地，还是从内涵等方面来看，也都是完全不同的。与大数据一样，垃圾的数量也非常多，产生的速度也很快，处理起来也很困难。如果非要在垃圾和大数据之间找出本质差别的话，那么，只能说垃圾是由原子组成的，处理一次后，就没得处理了；而大数据是由电子组成的，可以反复处理，反复利用。

最后来看利润率。确实有人曾在纽约路边的垃圾袋里，一分钱不花就捡到了价值百万美元的，墨西哥著名画家鲁菲诺·塔马约的代表作《三人行》。从废品中淘出宝贝，更是家常便饭。即使不考虑这些"天上掉下来的馅饼"，就算将收购的易拉罐转手卖掉，也胜过铝矿利润率；将旧家具拆成木材和皮料，其利润率也远远高于木材商和皮货商。总之，只要垃圾分类专家们愿意认真分拣，那么，他们的利润率可以超过任何相关行业。与垃圾分类专家一样，大数据专家也能将数据中挖掘出的旅客出行规律卖给航空公司，将某群体的消费习惯卖给百货商店，将网络舆情卖给相关的需求方，等等。总之，大数据专家完全可以"一菜多吃"，反复卖钱，不断"冶金"，而且一次更比一次赚钱，时间越久，价值越大。

大数据挖掘，从正面来说，是创造价值；从负面来说，就是泄露隐私了！大数据隐私是如何被泄露的呢？

从专家角度来看，大数据隐私的发现和保护，其实很简单，它就是：@3！#￥%√≠→△&*（/）】……明白了吗？如果明白了，那么就请甬读本章了！

如果还没明白，那么，就请老老实实地跟我来分解一下经典的"人肉搜索"吧！

一大群网友，出于某种约定的目的，比如，搞臭某人或美化某人，充分利用自己的一切资源渠道，尽可能多地收集当事人或物的所有信息，包括但不限于网络搜索得到的信息（这是主流）、道听途说的信息、线下知道的信息、各种猜测的信息，等等；然后，将这些信息按照自己的目的精练成新信息，反馈到网上与其同志们分享。这就完成了第一次"人肉迭代"。接着，大家又在第一次"人肉迭代"的基础上，互相取经，再接再厉，交叉重复进行信息的收集、加工、整理等工作，于是，便诞生了第二批"人肉迭代"。如此循环往复，经过N次不懈迭代后（新闻名词叫"发酵"），当事人或物的丑恶（或善良）画像就跃然纸上了。如果构成"满意画像"的素材确实已经

"坐实"了，至少主体是事实，那么，"人肉搜索"就成功了。

从某种意义上说，前面的朴槿惠和希拉里就是这种"人肉"的牺牲品！可以断定，只要参与"人肉搜索"的网友足够多，时间足够长，大家的毅力足够强，那么，任何人，哪怕你是圣贤，是地球的球长，都经不起检验，都可能被最终描述成"恶魔"或"败类"。

其实，所谓的大数据挖掘，在某种意义上说，就是由机器自动完成特殊的"人肉搜索"而已。只不过，现在"人肉"的目的，不再限于抹黑或颂扬某人，而是有更加广泛的目的，比如，为商品销售者寻找买家、为某类数据寻找规律、为某些事物之间寻找关联等。总之，只要目的明确，那么，大数据挖掘就会有用武之地。

如果将"人肉"与大数据挖掘相比，那么，此时网友被电脑替代；网友们收集的信息，被数据库中的海量异构数据替代；网友寻找各种人物关联的技巧，被相应的智能算法替代；网友们相互借鉴、彼此启发的做法，被各种同步运算替代；各次迭代过程仍然照例进行，只不过机器的迭代次数更多，速度更快而已，每次迭代其实就是机器的一次"学习"过程；网友们的最终"满意画像"，被暂时的挖掘结果替代，因为，对大数据挖掘来说，永远没有尽头，结果会越来越精准，智慧程度会越来越高，用户只需根据自己的标准，随时选择满意的结果就行了。当然，除了相似性，"人肉"与"大数据挖掘"肯定也有许多重大的区别，比如，机器不会累，它们收集的数据会更多、更快，数据的渠道来源会更广泛。总之，网友的"人肉"，最终将输给机器的"大数据挖掘"。

必须承认，就当前的现实情况来说，"大数据隐私挖掘"的杀伤力，已经远远超过了"大数据隐私保护"所需要的能力；换句话说，在大数据挖掘面前，当前人类突然有点不知所措了。这种情况确实是一种意外，因为，自互联网诞生以后，在过去几十年中，人们都不遗余力地将若干碎片信息永远留在网上；其中，虽然每个碎片都完全无害，可谁也不曾意识到，至少没有刻意去关注，当众多无害碎片融合起来，竟然会后患无穷！

不过，大家也没必要过于担心，因为，在人类历史上，类似的被动局面已经出现过不止一次了，而且每次最终都会有惊无险地顺利过关；比如，天花病毒突然爆发引发恐慌后，人类就很快将其彻底消灭。其实，只要已经意识到了问题，人类就一定能够找到办法，并圆满解决。

历史上，"隐私保护"与"隐私挖掘"之间是这样"走马灯"的：人类通过对隐私的"挖掘"，在获得空前好处的同时，又产生了更多需要保护的"隐私"。于是，又不得不回过头来，认真研究如何保护这些隐私。当隐私积累得越来越多时，"挖掘"它们就会变得越来越有利可图，于是，新一轮的"道高一尺魔高一丈"又开始了。如果以时间长度为标准来判断的话，那么，人类在"自身隐私保护"方面整体处于优势地位，因为，在网络大数据挖掘之前，"隐私泄露"好像并不是一个突出的问题。

针对过去已经遗留在网上的海量碎片信息，如何进行隐私保护呢？如果单靠技术，显然无能为力，甚至会越"保护"就越"泄露隐私"，因此，必须多管齐下。比如：从法律上，禁止以"人肉搜索"为目的的大数据挖掘行为；增加"网民的被遗忘权"等法律条款，即网民有权要求相关网络删除"与自己直接相关的信息碎片"。从管理角度，也可以采取措施，对一些恶意的大数据行为进行发现、监督和管控。另外，在必要的时候，还需要重塑"隐私"概念，因为，毕竟"隐私"本身就是一个与时间、地点、民族、宗教、文化等有关的东西，在某种意义上也是一种约定俗成的东西。从来就没有永恒不变的"隐私"，特别是当某种东西已经不可保密时，无论如何它也不该再被看成"隐私"了。

针对今后的网络行为，在大数据时代，应该如何来保护自己的隐私，至少不要把过多的没必要的碎片信息遗留在网上呢？伙计，别急，请打开我的锦囊，其中自有妙计。先来一段搞笑段子：

澡堂着火了，美女们不顾一切冲出室外；才发现自己却是赤身裸体，慌乱中赶紧捂住下身。惊呆了的看门大爷，急中生智，高叫一声："捂脸，下面大家都一样！"于是，一场大面积、情节恶劣的隐私泄露事件，就这样被轻松化解了。回放一下整个事件，关键在哪里呢？对，关键就是两个字：匿名！只要做好匿名工作，那么，对"大家都一样"的东西谈论什么"隐私泄露"，就是无本之木、无源之水了。

匿名的重点主要有四个方面。

身份匿名。任何绯闻或丑事儿，当大家并不知道你就是当事人时，请问你的隐私被泄露了吗？当然没有！没准你还踮着脚，伸着长脖子往前挤，还想多看几眼热闹呢！

属性匿名。如果你觉得自己的某些属性（比如，在哪里工作、有啥爱好、病史记录等）需要保密，那么，请记住：打死也不要在网上发布自己的这些消息，甚至要有意避开与这些属性相关的东西。这样别人就很难对你顺藤摸瓜了。

关系匿名。如果你不想让别人知道你与张三是朋友，那么，最好在网上离张三远一点，不要去关注与他相关的任何事情，更别与他搭讪。这一点，做得最好的，就是那些特务和地下工作者。

位置匿名。伙计，这一点用不着我来教你了吧。至少别主动在社交媒体上随时暴露自己的行踪，好像生怕别人不知道"你现在正在某饭店喝酒"一样。

概括一下，在大数据之前，隐私保护的哲学是：把"私"藏起来，而我的身份可公开。今后，大数据隐私保护的哲学将变成：把"私"公开（实际上是没法不公开），而我的身份却被藏起来，即匿名。

当然，要想实现绝对的匿名，也是不可能的。主要的匿名技术包括三个方面。

基于数据失真的匿名技术。假如你能够像孙悟空同志那样，一会儿是猫，一会儿成鸟，一会儿变蛇，一会儿为草，那么，除了观音菩萨，谁能知道你就是大师兄呢（观音博士为啥能认出悟空呢，因为她或他能够还原失真）？你本来要上山，却偏要说下河；本来要杀鸡，却偏要说宰鹅……那么，谁会知道你到底要干什么，或者到底已经干了什么呢？

基于数据加密的匿名技术。数据的加密和解密，是安全的重要方面，而且，这种技术的应用几乎遍地开花。我们将专门开辟相关章节来论述密码，所以，此处就不赘述了。不过，请你想想看，如果别人连你发布的信息都读不懂，他怎么会知道那是你的隐私；就算他知道是你的隐私，他又怎么知道隐私的具体内容，毕竟人人都有隐私嘛；如果他不知道你的隐私内容，那么，你就安心睡觉吧。

基于限制发布的匿名技术。不该说的就别说，不该问的就别问，不该动的东西就别动，只要人人都严格按照规矩，老老实实地约束自己在网上的言行，那么，何愁隐私泄露？老兄，如果你不老实的话，嘿嘿，这项技术就是专门为你量身定制的；如果你胆敢越雷池半步，那么，对不起，你的这条信息它就发不出去，甚至还有可能被追究责任！

当然，在隐私保护方面，绝没有万能的灵丹妙药，任何手段也都有其局限性，否则，科学和技术就不会前进了。保护隐私的最高境界就是：没有隐私（这显然是不可能的）。比如，假若某些人和事是你的隐私，如果你不愿意告诉别人，那就得想办法让别人无法知晓；但这可不是一件容易的事情，因为，俗话说：要想人不知，除非己莫为！

大数据隐私可以变成钱，因为挖掘出来的隐私一般都可以卖出去；但是，大数据隐私又不直接就是钱。只要你能够将隐私与自己的身份完美地隔离开来，那么，淘金者既能够挣到钱，而你也不会有什么损失。但是，如果黑客不只是要挖掘你的隐私，而是要直接偷你的钱，那么，身份匿名等技术就南辕北辙了；因为，坏蛋们只在乎你的钱，而不在乎你到底是谁！

大数据隐私是像孙悟空那样，突然从石缝中蹦出来的吗？当然不是！虽然"大数据"确实是一个新名词，但是由大数据上演的戏剧，其核心情节却完全是连贯的。甚至，整个人类史，根本就是一部"大数据隐私史"，它可分为相互斗争的两大主旋律：保护隐私和发现隐私，或者说隐私和挖掘。

从字面上看，隐私=隐+私，即有"私"之后，才有需要"隐"的对象，也才产生了"隐私"；有了"隐"之后，才有去发现被隐之"私"的动力，才诞生了"挖掘"去发现隐私。可见，作为安全的一个方面，与"安全"和"不安全"这对孪生兄弟类似，"隐私保护"和"隐私挖掘"也是孪生的：没有私，就不用隐；有了私，就得隐。这两兄弟几乎同时来到人间，如果非要在它们之间排出个长幼的话，那么，也许"隐私"是兄，"挖掘"是弟；不过，下面时光穿梭机呈现的画面，可能又会将剧情颠倒。虽然不敢肯定谁是兄、谁为弟，但是，有一点是肯定的，即这对双胞胎永远不即不离、不依不饶，永远都在吵架，甚至拳脚相加；虽然互有输赢，也轮流占上风，但整体上还是旗鼓相当。据算命先生说，这对"同年同月同日生"的兄弟俩，也会"同年同月同日死"，即没有了"隐私"，也就没有了"挖掘"，没有了"挖掘"，也同样没有了"隐私"。

好了，现在让我们乘坐"爱因斯坦号"时光穿梭机，去考察一下"隐私"双胞胎的出生现场吧。

先看人体自身的隐私是如何诞生的。在那遥远的原始社会之前，虽然无论男女，大家都还光着屁股，但那时却没有隐私。不过，"大数据挖掘"就已登场了。比如，某位院士级"智人"，看了看眼前的一堆脚印，闻了闻地上的那滩鲜粪，摸了摸蹭在树干上的长毛，然后将这三维"大数据"（那时，"3"已算是很大的天文数字了）输入大脑后，掐指一算：不好了，附近有猛虎，快逃！于是，一哄而散，该"院士"就算拯救了一次人类。后来，又不知哪位专家发现，若用树叶挡住下身，更有利于激发异性的荷尔蒙，可显著提高生育率；于是，大家都相继模仿，便产生了也许是人类身体上的第一片"隐私"。不管这位专家后来是否获得过诺贝尔医学奖，反正，自从人类开始穿上裤子，再穿上衣服，接着身上的长毛几乎掉光之后，人体上的"隐私"就越来越多了。屁股成了隐私，胸部成了隐私，大腿成了隐私……然而对于比基尼女郎来说，除了"那三点"，就再也没有别的隐私了；在某些海滩上，对赤身裸体的日光浴者来说，人体隐私又再次全部消失了。

再看看身外隐私是如何诞生的。也许在比"智人"还早的时候，祖先们身上肯定还长满长毛，虽然既无冰箱，更无保险柜，但是，也许悟空他爹突然灵光一现，将捕获的多余猎物，悄悄挖个坑，埋起来，再撒泡尿，标上只有自己懂得的记号，以备应急之需。于是，人类的第一个身外"隐私"就诞生了。也许忘了申请专利，所以，至今像松鼠、猎豹等野生动物，都还在无偿地使用这项隐私保护技术。因而，在很长一段时间内，"藏"都是"隐私"，而且"藏"还是"物质隐私"的最有效保护办法。随着人类私有化的推进，"私"越来越多，需要"隐"的对象也越来越多，"隐"的方法也越来越巧妙，

"隐私"也就越来越复杂。与之相反，发现隐私的动力也越来越大，挖掘隐私的手段越来越丰富，因为"隐私"的利用价值越来越大。

后来，家庭产生了，"隐私"的保护和发现也不再限于个体了，因为家庭也有家庭的隐私了。由于此时的"隐私"基本上都是物质形态的，所以，攻方可以通过武力，强行闯入别人家庭，获得某些生活必需品等物质隐私；同样，守方也可通过武力来捍卫自己的物质隐私。

再后来，部落产生了，语言出现了，"隐私"也从物质形态，扩大到了声音形态，即信息形态。部落成员之间，既可以通过自己的语言相互交流和沟通，同时，也可防止其他部落的人偷听其隐私，比如，在哪里能找到水，哪里有食物，何时行动去抢劫另一部落的食物，等等。

再后来，国家诞生了，文字发明了，隐私信息不但能够从甲地传到乙地，而且还能够从今天传到明天，甚至从祖辈传给子孙了。同时，"隐"的方法也更丰富了，包括各种密码、咒语、符号等，都变成了某种意义上的隐私保护方法。

总之，为了将各种"私"给"隐"好、用好，几千年来，人类真可谓是绞尽脑汁。比如，把隐私信息一分为多，使每部分都不成其为"私"，而合并起来才是"私"，这其实就是如今"大数据挖掘"的逆过程；这种技巧的典型代表就是皇帝调兵遣将的"兵符"。又比如，把"隐私"编制成各种独特的符号，使得没有特殊的额外知识者，就读不懂这些符号；历代巫师的秘籍和宝典，就主要是用这类办法传递的。还比如，军事家的排兵布阵、八卦陷阱等，就是要让不懂"隐私"者付出生命代价。干脆我们可以说，法律的制定、道德的建设、文化的形成、武器的发明、技术的进步等，其实从某种意义上来看，都是为了保护各种各样的"隐私"。本书的大部分章节，其实也都是在为保护隐私提供便利，所以，关于"隐私保护"我们就不再赘述了。

人类对"隐私挖掘"的兴趣，一点也不亚于"隐私保护"。其实，人类不但热心于挖掘"自身隐私"，而且，对所有可能的"隐私"都想挖挖。正是由于在生物进化的激烈竞争过程中，人类在隐私挖掘方面大胜于豺狼虎豹，所以才登上了主宰动物的宝座。在记录人类隐私挖掘成果方面，由于过去使用了完全不同的"专业术语"，以至许多人都没有意识到各专业间的关联，甚至他们身在其中。现在就让我们试试，如果将这些"珍珠"重新穿成项链，将会出现何种奇妙？

哲学家们的野心大，他们既要挖掘世界的全部隐私，又要像小区保安那样，盯住你死问：你是谁？你从哪里来？你要到哪里去？他们要寻找理性的本质，以及自存与世界其他存在物的关系，他们要定性、逻辑地认识宇宙整体变化规律，他们还要定性地研究与实在、存在、知识、价值、理性、心灵、语言等有关的基本问题，等等。老子的哲学成果体现在人与自然之间的关系上，他认为：道是世界本原，人应该顺应自然，无为而无不为。孔子的哲学成果试图解决人与人、人与社会之间的关系，他认为：人应该修身、齐家、治国、平天下，仁者人也。墨子的哲学成果主要在认识论方面，他创建了中国第一个逻辑思想体系，以"耳目之实"的直接感觉经验为认识的唯一来源，提出了检验认识真伪的标准，坚持以人为本，主张以实正名，名副其实。

科学家们则实实在在地潜心于挖掘大自然的隐私。虽然他们也想探索宇宙万物变化规律的知识体系，但是，与哲学家不同的是，他们给出的解释是"可检验的"，他们的知识系统是有序的，并且能够"对客观事物的形式、组织等进行预测"。例如：哥白尼发现了地球在围绕太阳转；伽利略发现了自由落体规律；牛顿发现了万有引力；爱因斯坦发现了物质与能量之间的相互转化规律；爱迪生发明了电灯；瓦特发明了蒸汽机；法拉第发现了电磁感应、抗磁性及电解；麦克斯韦建立了电磁场理论并预言了电磁波的存在；巴斯德建立了细菌理论；

道尔顿创立了近代化学；霍金在广义相对论和宇宙论研究方面的成果首屈一指。当然，霍金还出版了几乎家喻户晓的《时间简史》；也正是这本传奇之作，才激发我们来尝试写作《安全简史》。社会科学家们也用科学的方法去研究人类社会的种种现象，包括但不限于经济学、政治学、法学、伦理学、历史学、社会学、心理学、教育学、管理学、人类学、民俗学、新闻学、传播学等。

文学家们则用语言文字，以小说、散文、戏剧、诗歌等形式，浪漫地表达客观现实；用艺术去挖掘人类情感的隐私。他们让你哭，你就得哭；让你笑，你就得笑；让你怒，你就得怒；让你哀，你就得哀；让你惧，你就得惧；让你爱，你就得爱；让你恶心，你就得恶心；让你欲火烧身，你就得欲火烧身。反正，林黛玉一葬花，你就得跟着流泪；一想起朱自清的《背影》，你就得孝心大增；一看见金山寺住持法海大师，误将白蛇镇法，你就会顿生无尽叹息；一听见李白"日照香炉生紫烟，遥看瀑布挂前川"，你就会马上跟着"飞流直下三千尺，疑是银河落九天"。

至于胡同里的大爷、大妈们，哇，他们更是隐私挖掘的高手、高手、高高手。什么张家媳妇不孝顺呀，李家女儿有男朋友了呀，王家的小狗今天又丢了呀，等等。总之，大家都像寓言中的那位愚公一样，面对隐私这座大山，天天挖山不止；挖呀挖呀……自己不行了还有儿子，儿子死了还有孙子，子子孙孙无穷无尽。你也许觉得单位领导就是英明，他经常会做出许多意外但事后证明又是非常正确的决定。这是为什么呢？答案也在大数据中。因为领导嘛，从各个渠道都能获得一些信息（数据），通过对这些数据的挖掘，所得出的决定自然就更加全面了。

好了，不再啰唆了。你看人类各种各样的活动，特别是过去称为"研究"的活动，其实许多都是在挖掘隐私，包括星云的隐私、地球

的隐私、海洋的隐私、大陆的隐私、动物的隐私、植物的隐私、遗传
的隐私、量子的隐私，等等。

最后，让我们套用著名诗人余光中的《乡愁》，来归纳并小结本
章。

小时候，还只有电脑，

隐私只是小小的疑虑，

因为，秘密在屋里头，威胁在屋外头；

长大后，出现了网络，

隐私变成萌萌的小虎，

因为，隐私在网这头，黑客在网那头；

现如今，有了大数据，

隐私已是倒悬的利剑，

因为，秘密在云里头，我也在云里头；

看未来，万物互联了，

隐私早已被牢牢控制，

因为，秘密虽在屋外头，我却安然藏在屋里头。

第2章

恶意代码与病毒

恶意代码能有多恶？这样说吧，从理论上看，它想有多恶，就能多恶！

如果说普通代码（或善意代码）是佛，那么，恶意代码就是魔。佛与魔除了分别代表正义和邪恶，其他本领其实都不相上下。伙计，请注意，我这里只在说恶意或善意代码，可并没有仅限于计算机代码哟。实事上，如今代码已被植入了几乎所有通信、控制类设备之中，绝不再是电脑的专利了。

你看，若佛能使无人驾驶汽车在满大街自如穿梭，那魔就能让车中的你魂飞魄散，或下河，或砸锅；若佛能让机器美女温良恭俭让，魔就能让她打滚撒泼，让你不得活；佛能使卫星上天，魔就能让火箭转弯；佛能让飞机自动续航，魔能让机长撞墙；佛让数控车床精准加工，魔让机器失控发疯；佛让你轻松转账，魔让你无法上网……若佛能送你上天堂，那魔就可送你下地狱，让你这辈子白忙。

总之，从恶意代码的作恶能力来看，只有你想不到，没有它做不到；你若今天想到，也许明天它就能做到。伙计，真不是我吓唬你，还是让事实来说话吧！

听说过波斯帝国吗？对，就是现在的伊朗！它可不得了啦：中东霸主，亚洲经济强国，石油出口总量世界第二，联合国创始成员，军队人数全球第九，除了核武器，其他杀手锏应有尽有……；更可怕的是，伊朗浓缩铀的提纯进展突飞猛进。这令有些组织感到极其不安，怎么办呀，怎么办？！突然，"一休哥"灵光乍现，终于想出了一条妙计：请恶意代码帮忙嘛！

但是，核电站与世隔绝，根本没接通因特网，无法远程入侵；工厂内部的设施结构等一点也不知；要害在哪，如何攻击，连门都摸不到。总之，虽然能找到东、南、西，可就是找不到北！不过，有几点可以肯定：厂内一定有电脑，靠算盘是不可能建设核电站的，而且很可能用了视窗操作系统，毕竟全世界的电脑几乎都在用微软嘛；要么有内部局域网，要么至少某台电脑上有U盘接口；当然还会用工业控制系统，否则咋能提纯核原料呢，而世界主流的工业控制软件也就那几家，不难一网打尽。于是，仅仅基于这几条猜测，"一休集团"经过努力，开发出了现在叫"震网"的那几行恶意代码，就无声无息地将伊朗的核设施给搞瘫了：上千台离心机运行失控，数以万计的终端被感染，监控录像被篡改……

其实，恶意代码"震网"能够成功的关键，是它同时调用了几个所谓的"零日漏洞"，即新发现的还未被他人恶意利用过的软件漏洞，或软件缺陷。这几个漏洞分别叫RPC远程执行漏洞、快捷方式文件解析漏洞、打印机后台程序服务漏洞、内核模式驱动程序漏洞、任务计划程序漏洞。如果你搞不懂这些漏洞的细节，也没关系；形象地说吧，这几个漏洞家伙，既分工又合作——有的打掩护感染U盘；有的四下侦探，寻找攻击目标；有的假冒长官，向其他电脑发号施令，让它们胡作非为；有的蒙骗操作人员，让他们以为平安无事；有的消除痕迹，让网络巡警麻痹大意，甚至事后都找不到踪迹，至今也不知"一休"是何方神圣。终于，一场精妙绝伦的科幻电影，就这样实实在在地，被几行代码就给演绎了。

虽然"震网"被吹嘘成无比精准的"网络导弹"，但实际上，它在攻击核设施时，还是造成了大面积的误伤。据统计，这次"震网"感染了全球超过45 000台电脑，其中伊朗遭受的损失最为惨重（占60%），同时也殃及印度尼西亚、印度、阿塞拜疆、巴基斯坦，甚至连美国的某些电脑也被躺枪！

虽然"震网"也许是专门为攻击伊朗核电站而量身打造的，但是千万别以为它的历史使命已经结束。其实，它还能进入多种工业控制软件，并夺取一系列核心生产设备的控制权；能够攻击石油运输管道、发电厂、大型通信设施、机场等多种工业和民用基础设施；能够威胁钢铁、汽车、电力、运输、水利、化工、石油等核心领域。虽然它对你口袋里的那几个银子不感兴趣，但是还是要提醒你，别被恶意代码盯上，否则，你将成为别人的免费提款机。

如果说伊朗还不够强大，还有某些全球或地区超级大国胆敢联合起来，用恶意软件"修理"它，破坏它的国家战略；那么，美国怎么样？！它可是全世界拳头最硬、钱包最鼓、底气最足的"老大"哟。美国的网络攻防水平无与伦比，而且美国拥有规模庞大、人员众多的网络部队。曾有报道称，如果美国发现可信证据显示即将遭受大规模网络攻击，美国总统有权下令采取先发制人的网络攻击。请问，哪个国家敢说半个"不"字！结果怎么样？还不是常常被恶意代码搞得鼻青脸肿，满地找牙！远的不说，就说近期的吧。

不知山姆大叔得罪了何方神圣，2016年10月22日凌晨，美国域名服务器管理服务供应商Dyn宣布，该公司遭遇了一次DDoS攻击，从而导致近半个美国的网络瘫痪，东海岸的许多网站无法正常运营，能说得出姓名的著名网站，就有Twitter、Tumblr、Netflix、亚马逊、Shopify、Reddit、Airbnb、PayPal和Yelp等。

啥叫DDoS攻击呢？DDoS就是"分布式拒绝服务攻击"的简称（在本章结束时套用的诗中，我们将更加简单地称其为"拒服攻击"）。形象地说，它意指黑客借用恶意代码，从世界各地，无偿雇用了一大批"帮手"，让他们同时挤向Dyn公司的大门，使其水泄不通；于是，Dyn便无法像以往那样，出门向正常客户提供服务了。据事后权威调查，本次这批"帮手"，人数多达上千万，主要包含被恶意代码控制了的常规设备，其中，几百万的主力是物联网中的"智能家居"产品，没准还包括你家的冰箱或电视呢。不信你就回家去审问一下，看看它们是否曾经被恶意代码变成过"僵尸"，被人指挥着，稀里糊涂地在人家Dyn门口静坐过。

为啥Dyn一死，其他众多公司就会亡呢？这就是由该公司的特殊使命所决定的了，它可不像一般烧饼铺，关门几天后，顾客可以改吃油条。Dyn提供的是"域名服务器管理服务"，也就是说，它是网络连接的中转站。想想看，中转站都关门了，农贸市场都倒闭了，你买卖双方还有啥好瞎忙的，只能歇业嘛。你也许会很聪明地建议：为啥不多搞几个中转站？！伙计，如果满世界都是农贸市场了，怎么管理啊，还不乱套了吗？！

虽然美国国土安全部和FBI等机关，现在都忙着寻找凶手，并研究恶意代码到底是如何出招的，是不是属于违法行为等。但是，我们只想强调的是：像世界超级大哥这样的铁汉，都会被莫名其妙地调戏，更不用说你我等普通小弟、小妹了。你说恶意代码，它还不够恶吗？

那么，恶意代码为什么能有这么恶呢？这就得从电脑说起了。

电脑由硬件和软件两部分组成，前者决定了它的体力，后者决定了它的智力。软件的具体表现形式，其实就是称作代码的东西，它们不过只是一些逻辑命令而已，让电脑第一步这样，第二步那样……电脑也很听话，指令让它干什么，它就干什么；让它做好事，它就做好事；让它做坏事，它就做坏事；甚至让它自杀，它也会毫不犹豫地遵令行事。虽然人类一厢情愿地，将做好事的代码称为善意代码，简称为代码，将做坏事的代码称为恶意代码；但是，从电脑角度来看，它们都是代码，都是应该一视同仁地执行的命令。

对于人类想要做的任何事情，只要能够被分解成一连串逻辑指令，即代码，那么，电脑就能够完成任务；只不过，有时会因为"体力"不够，致使完工时间会很长，甚至拖延到猴年马月。

如果人类本来是想做善事，那么，他们完成相应的（善意）代码后，便可敲锣打鼓、名正言顺地将这些代码，植入现行的所有电脑和其他设备中，让它们为人类造福。如果有人本来就是想作恶，那么，他们完成相应的（恶意）代码后，便只能偷偷摸摸、神不知鬼不觉地，将这些恶意代码植入目标设备中，让它们行凶。这正应验了王阳明的心学四诀：无善无恶心之体，有善有恶意之动；知善知恶是良知，为善去恶是格物。

在当今信息时代，电脑已不再是过去那种方方正正的盒子了：从形态上，它们已经千变万化，既可大如房屋，也可小如芝麻；从摆放的位置来看，既可以摊在桌上办公，又可以植入电表、车船、手表等几乎所有电子和电气设备中，甚至还可以植入你的体内。因此，凡是电脑可以做的事情，即（善意）代码可做的善事，都可以由恶意代码转换成恶事。这就是恶意代码"其恶无边"的理论根据。

仅仅从代码的角度来看，编写恶意代码更容易，编写善意代码更难。因为善意代码的目标是要把某些工作做成，而恶意代码则是要把这些工作搞砸。然而普遍的规律是：败事容易，成事难。当然，善意代码也有自己的优势，特别是善意代码之间，原则上是互相协调、互相帮助的，并且后来者可以获得先前代码的主要细节，甚至前辈和后生们，大家一起同心协力来把事情做好。

恶意代码的优势和劣势，却几乎与善意代码完全相反。其优势是，只需要把事情搞砸就行了。其劣势是，一方面，目标系统的已有（善意）代码，不会主动配合，当然，事先已被埋入的"间谍"代码除外；另一方面，即使是恶意代码已经被成功植入目标系统，操作（善意）代码的用户，也不会主动去点击明知有害的按钮。

为了克服恶意代码的天生劣势，黑客必须花大力气，做下面这两件事情：

其一，让被攻击的对象代码，配合恶意代码来攻击自己。猛地听起来，这好像是天方夜谭一样，世界上哪有这种傻瓜？！别说，还真有，没准你就是。为什么会出现这样的怪事呢？主要原因有三个。第一，冗长的（善意）代码肯定是人编写的，是人就一定会犯错误，哪怕他再认真，工作再负责。据统计，平均每千行代码，就会出现10~20个错误。在这些错误当中，有些虽不关痛痒，但有些却可能是重大缺陷，或称为致命漏洞；比如，在前面"震网"案例中，就是有五个这样的致命漏洞，被黑客发现并利用了。第二，编写（善意）代码的目的是"把事情做成"，而不是"刚好把事情做成"；所以，已有的（善意）代码难免还会有"余热"可被利用，使得黑客可趁机为非作歹。类似的情况，在我们日常生活中也屡见不鲜，比如，本来用于切菜的工具，也可用作凶器来伤害人，这显然防不胜防。第三，在电脑看来，它并不区分善意或恶意代码，只要是代码，它就遵令而行。

其二，将恶意代码植入目标系统，并按时启动"爆炸"按钮。这又是一道初看起来无法解决的难题。不过，别急，人性始终是有弱点的；充分利用这些弱点，就没有办不成的事！解决该难题的法宝，就隐藏在一门名叫"社会工程学"（本书将有专门章节来论述）的学问中。比如，利用"好奇害死猫"定律，总有某个用户会自愿点击有害按钮，将恶意代码下载到自己的电脑中；然后，该"活雷锋"会通过网络将此恶意代码，帮你传遍其亲朋好友。又比如，总有许多机会，你的电脑会落入他人手中（修理环节、外出办公、遗失、被盗等），于是，把事先准备好了的"内应"或"定时炸弹"植入你的电脑，这不是易如反掌吗。还比如，许多连网终端本来就在野外（特别是众多传感器设备），黑客当然有大把的时间，来做自己想做的事情；退一万步讲，就算你是铁板一块，如何保证你身边的所有人都是铁板一块呢？！

所以，恶意代码只要能克服其劣势，那么，它的危害程度，怎么说也都不过分了。

恶意代码肯定不是一根独苗，而是一个庞大的家族，甚至已经形成了一个个黑色部落。为突出重点，我们只介绍几种"罪大恶极"的代表。

病毒，全称"计算机病毒"，光听这名字就让人不寒而栗，不得不联想起埃博拉病毒、马尔堡病毒、汉坦病毒、拉沙热病毒、狂犬病病毒、天花病毒、登革热病毒等。妈呀，好可怕！沾上则死，碰到就亡呀！

其实，如果把生物病毒比喻成恶意代码，那么，细菌就可以比喻为普通（善意）代码；有缺陷或漏洞的代码，就相当于被感染的细菌了。别看细菌个头小，它们可是自然界中分布最广、个体数量最多的有机体，是大自然中，物质循环的主要参与者。除了细菌专家，普通百姓都严重忽略了细菌为人类做过大量的好事。比如，若没有细菌的发酵，就没有奶酪、泡菜、酱油、醋、酒等美食；细菌还能降解多种有机化合物，从而帮助人类处理废水，清洁环境污染等；细菌还能发电、增强肠胃的消化功能；细菌还能充当个体识别的"指纹"，因为，每个人身上的细菌都各不相同。当然，与带漏洞的（善意）代码类似，细菌一旦被感染，其危害相当严重，比如，熟知的破伤风、伤寒、肺炎、梅毒、霍乱和肺结核等的病因，都是细菌感染的。

计算机病毒是恶意代码的祖师爷，其家族形成已快70年了，不过其破坏力一点也不显老；而且还时不时地，表现出返老还童的迹象。它虽然不是生物病毒，但是，在行为特征方面，与其同名恶友相比，有过之而无不及。比如，传播性、隐蔽性、感染性、潜伏性、可激发性、表现性等破坏性一个也不少，还能自我繁殖、互相传染和激活再生等。它能够像寄生虫那样，把自己附着在各种类型的文件上，当文件被复制或在网上传播时，病毒也就随同文件一起快速蔓延。由于其独特的复制能力，而且还很难从正常文件中将其切割，所以病毒对资源的消耗和破坏能力都很强，并且不易根除。

有一个事实，可能被长期忽略了，本章在此借机提醒一下，但愿有用。那就是，维纳创立"赛博学"（过去称为"控制论"）的终极目标本来是研制出能够自我繁殖的机器！而能自我繁殖的计算机病毒，不正是这个终极目标的一个里程碑吗？当软件已能自我繁殖之后，如果今后某天，硬件也能自我繁殖了，那么，"赛博学"的初心就实现了。

自1949年冯·诺伊曼预见到了病毒的可能性后，1986年，该家族的第一个成员以"大脑"为名，在巴基斯坦诞生；次年，其弟弟"小球"和"石头"等降世；随后，计算机病毒就越生越多，并开始为害全球，一发不可收拾了。

按其感染策略，病毒家族可分为以下两个分支：

非常驻型病毒，它由侦察尖兵连和主力部队组成。一旦摸清了敌情，病毒们便一哄而上，有的感染文件，有的繁殖自身，有的赶紧作恶，然后撤退。

常驻型病毒，它隐藏在受害者的"体内"，一旦时机成熟，比如，当操作系统运行某个特定的动作时，病毒们就像癌细胞那样，不断分裂，不断复制自身，不断感染并消耗系统资源，不断作恶。甚至有时，它们竟然能将杀毒软件都给感染了，这真是胆敢"在太岁头上动土"！为了不被杀毒软件发现，它们也学会了"静若处子，动若脱兔"。

当然，与生物分类的多样性类似，病毒也有千奇百怪的分类法。比如：按照破坏性的大小，可分为良性病毒、恶性病毒、极恶性病毒、灾难性病毒；按照传染方式，可分为引导区型病毒、文件型病毒、混合型病毒、宏病毒；按照连接方式，可分为源码型病毒、入侵型病毒、操作系统型病毒、外壳型病毒；按照病毒存在的媒体，可分为网络病毒、文件病毒、引导型病毒，以及它们的混合；按照病毒传染渠道，可分为驻留型病毒、非驻留型病毒；按照实现的算法，可分为伴随型病毒、蠕虫型病毒、寄生型病毒、练习型病毒、诡秘型病毒、变型病毒等。如果你记不住这么多病毒名称和分类，也没关系，只要你知道"病毒很多，离它们远一点"就行了。

蠕虫，是我们要介绍的第二种典型的恶意代码，这倒不是因为它的名字听起来特别恶心；当然，确实很恶心：想想看，粪便中的肉蛆或毛毛虫，仅靠肌肉收缩着，在你脖子上爬呀爬呀，蠕来蠕去，你有啥感觉？！

此处单独为蠕虫立小传，主要是因为，作为病毒的一种，历史上它们确实太作恶多端了。如果你喜欢听新闻，那么，下面这些臭名昭著的家伙，都是其家族成员：莫里斯蠕虫、美丽杀手、爱虫病毒、红色代码、求职信、SQL蠕虫王，等等。

不过计算机蠕虫病毒，还真能够像生物蠕虫那样，既可无限再生，又可迅速传播。蠕虫病毒是能够独立作战的"自包含程序"，它能将其自身功能的全部或部分，传染到网上的其他终端。与一般病毒不同，蠕虫不需要寄生到宿主代码上，就能开始干坏事了。

蠕虫主要包括主机蠕虫和网络蠕虫，前者完全包含在其运行的主机中，并且通过网络将自身复制到其他终端。一旦它完成复制动作后，就会自杀，让其克隆物继续作恶；因此，在任何时刻，都只有一个蠕虫复制在运行。蠕虫病毒对一种特有的漏洞，行话称为"1434端口漏洞"，情有独钟。蠕虫有时也会换一个比较好听的名字，叫"野兔"。

僵尸，这又是一个让人胆战心惊的名字。虽然字典对僵尸的解释——"僵硬的死尸"，显得很中性，但是电影、电视、小说和故事等对僵尸的演绎就阴森恐怖多了。想想看，在某个月黑风高的夜晚，当你路过荒郊坟场时，只听见密林中，"咚咚咚……"，不时传出阵阵怪响。回忆起前天刚刚上吊的老王，他那长长的紫色舌头，在你眼前晃呀晃呀。你倒吸一口凉气，紧了紧衣服，加快步伐，目不斜视，想尽早冲出坟场野地。突然，一阵阴气从背后袭来，你下意识一回头，只见几条鬼影，直着膝盖就朝你快速蹦来。你转身刚要想跑，结果一抬头，却见另一条僵尸挡住了去路！"妈呀……"一声还未说出口，你的头就被生吞了！

关于僵尸，还有另一种传说。过去交通十分不畅，客死他乡的外地人，如何才能"落叶归根"呢？于是，在一些地区便产生了一种特殊的职业——"赶尸"，即把死者的尸体运回老家。

虽然僵尸病毒并没有传说中的僵尸那么可怕，但是，你也别轻视它。

僵尸病毒，又称为僵尸网络，它通过"互联网中继聊天服务器（IRC）"来控制一大群计算机；其实，此时这些所谓的"计算机"已不再是计算机了，它们应该更形象地被称为"僵尸"，因为，它们早已失去了独立的行动能力，而只能听由"赶尸者"，即黑客指挥。只要黑客一念咒语，叫干什么，成群结队的"僵尸"就干什么；只要黑客一叫停，它们就会立马原地躺下不动，隐藏起来。回忆一下，在前面美国Dyn遭受攻击的案例中，"赶尸者"一下子就把上千万的"僵尸"，赶到了Dyn公司的服务器门口。所以，僵尸病毒往往被用来发起大规模的网络攻击，如DDoS和海量垃圾邮件等。同时，黑客还可以随时取用"僵尸计算机"中的信息，窃取大量机密；就像赶尸者可以随时掏取僵尸衣袋，取走银子那样。

因此，无论从网络安全运行，还是从用户数据保护方面来说，僵尸都极其危险。然而，试图发现一个僵尸网络，却是非常困难的；因为黑客通常远程、隐蔽地控制着分散在全世界网络上的"僵尸主机"，而这些主机的用户却并不知情。目前，僵尸已经成为互联网上，黑客最青睐的作案工具之一了。据不完全统计，历史上，包括金融、能源、政府等部门在内的，全球近百万家机构和个人，都曾经被僵尸踩躏过，涉及190多个国家，尤其以美国、沙特阿拉伯、埃及、土耳其和墨西哥等为甚。

针对手机用户，僵尸的攻击更加传奇。轻者，其手机被莫名扣费，朋友被广告短信深夜骚扰；重者，存款泡汤，为害八方。手机僵尸的扩散特点很像传销组织，一级感染一级，时间越长，被感染和控制的手机也就越多，呈指数级爆炸型增长。即使是电信运营商，也很难发觉这种僵尸，更甭说普通用户了。而且，它还在不断变异。有些变异后，竟然能够在关机或锁定的情况下，让手机仍然自动发送信息；甚至，还能反过来将"试图杀死它的杀毒软件"给灭了！

我们要介绍的第四种恶意代码，总算有一个不太坏的名字，木马，或全称"特洛伊木马"。

对古希腊感兴趣的读者朋友，也许知道这样一个故事。

传说很久很久以前，在殖民地特洛伊，有一位王子，名叫帕里斯。他来到希腊，在斯巴达王墨涅拉俄斯的皇宫中做客，并受到了麦尼劳斯的盛情款待。但是，这位王子（帕里斯）太不地道，竟然反客为主，拐走了主人家麦尼劳斯的老婆——海伦。朋友妻不可欺！于是，麦尼劳斯和他的兄弟阿伽门农，决定讨伐特洛伊。由于特洛伊城池坚固，易守难攻，结果十年未能如愿。终于，一位英雄奥德修斯献计：让迈锡尼士兵烧毁营帐，登上战船离开，造成放弃攻城、撤退回家的假象，并故意在城下留下一匹巨大的木马。特洛伊人不知是计，便把木马当作战利品拖进城内。结果，当晚正当特洛伊人醋歌畅饮、欢庆胜利时，藏在木马中的迈锡尼士兵悄悄溜出，打开城门，放进早已埋伏在城外的希腊军队；于是，一夜之间特洛伊城化为废墟，老婆是否"物归原主"则不得而知。

现在人们常用"特洛伊木马"来表示"害人的礼物"，或比喻"在敌方阵营里埋下伏兵"或"里应外合的计谋"。黑客也把借用该计谋的一种恶意代码取名为"特洛伊木马"，或简称为"木马"。

木马，也称木马病毒。它通过特定程序（木马程序）来控制另一台计算机，因此，又有点像是一个主人（控制端），远远地牵着一匹马（被控制端）。木马与一般病毒不同，它不会自我繁殖，也并不刻意感染其他文件；相反，它却要尽量别动，躲在那里，并尽量伪装自己，别引起外界的注意，让某个"倒霉蛋"在不知不觉中将其植入自己的电脑，使其成为"被控制端"。待到冲锋号响起后，黑客在控制端发出命令，于是"隐藏在木马中的士兵"就开始行动，或毁坏被控制端，或从中窃取任何文件、增加口令，或浏览、移动、复制、删除、修改注册表和计算机配置等，甚至远程操控那位"倒霉蛋"。

仅从行为上来看，木马与网络中常见的"远程控制软件"很相似，只不过，后者是"善意"的，是为了远程维修设备或遥控等正当活动，因此不需隐瞒；木马则完全相反，隐蔽性不强的木马毫无价值。这再一次验证了：邪恶最怕阳光。

木马病毒并不像其原型"特洛伊木马"那么巨大，甚至可容纳许多士兵；相反，它十分精巧，运行时也不需太多资源，因此若无专用杀毒软件，就很难发现它的踪迹。它一旦启动，就很难被阻止，因为，它会将自己加载到核心软件中，系统每次启用，它就自动开始运行；干完坏事后，它还会立刻隐形（自动变更文件名），或马上将自身复制到其他文件夹中，还可以不经用户准许就偷偷获得使用权。

木马家族人丁兴旺，至今已经N世同堂了，包括但不限于，第一代，祖爷爷，主要通过电子邮件窃取密码；第二代，好心办了坏事的意外产物，能实现远程访问和控制；第三代，利用畸形报文传递数据，使其查杀识别更难；第四代，隐藏技巧大幅度提高；第五代，升级为驱动级木马，甚至可干掉其天敌（杀毒防火墙）；第六代，不但能盗取和篡改用户敏感信息，而且能威胁最新的身份认证法宝：动态口令和硬证书；等等。

从种类上看，名目繁多的木马，让人眼花缭乱。像"网游木马"和"网银木马"等这样的木马，单从名称上就能猜出其大概。另外，还有下载类木马，专门负责从网上获取其他病毒程序或安装广告软件；代理类木马，它拿"倒霉蛋"当"跳板"，以被感染用户的身份进行破坏活动，既能隐藏自己，又能嫁祸于人；FTP木马，它可进行最高权限的上传和下载操作，窃取受害者的机密文件；通信软件类木马，包括发送消息型（通过即时通信软件自动发送含有恶意网址的消息）、盗号型（盗窃即时通信软件的登录账号和密码）、传播自身型；网页点击类木马，它能恶意模拟用户点击广告等动作，在短时间内便可产生数以万计的点击量。

普通个人用户，应该如何防范恶意代码呢？好吧，作为忠实读者，既然你已经耐着性子，看到此处，快看完本章了，那现在就教你几招吧，但愿有效。

第1招，永远不要执行任何来历不明的软件或程序，除非你确信自己的防毒水平已登峰造极；

第2招，永远不要相信你邮箱不会收到含有恶意代码的邮件；

第3招，用电邮给朋友发软件时，记得叮嘱对方先查毒，因为在你电脑上不发作的病毒，没准在朋友电脑上就复活了；

第4招，永远不要因为对方是你的好朋友，就轻易执行他发过来的软件或程序，因为你无法确信他是否安装过病毒防火墙，也许你的朋友中了黑客程序还不知道，还以为是什么好东西寄来与你分享呢！

第5招，千万不要随便留下你的个人资料，因为你永远不会知道是否有人会处心积虑地收集起来，用于今后找你麻烦；

第6招，千万不要轻易相信网络上认识的新朋友，因为"在网络上，没有人会知道你是谁"！你无法判断，对方是否想把你当作实验品；等等。

最后，让我们套用著名诗人徐志摩的《再别康桥》，来归纳并小结本章。

悄悄的我走了，
正如我悄悄的来；
我悄悄一动手，
就划走你的钱财。

你电脑的秘密，
是夕阳中的新娘；
骑上无形的木马，
疯狂奔向我心房。

软件上的蠕虫，
悠悠的在网上招摇；
在互联的世界里，
你甘心不如菜鸟！

那云端下的一潭，
不是清泉，是病毒宏；
揉碎在代码间，
正为你沉淀着噩梦。

寻梦？像一只僵尸，
向青草更青处漫溯；
满载一船喽啰，
在拒服攻击里放歌。

但你不能放歌，
悄悄躲着泪流成河；
夏虫也为你沉默，
沉默因今晚的事故！

轻轻的我走了，
正如我轻轻的来；
我抹一抹踪迹，
不带走一片云彩。

第3章
社会工程学

伙计，听说过吗，"社会工程学"这个名词？

如果没听说过，那就太正常不过了。不但普通百姓没听过，就算是网络空间安全界的专家们，对它也比较陌生；因为，直到最近这几年，"社会工程学"这个名词才慢慢浮出水面。但是，别忘了，在水下，这家伙可是一座巨大无比的冰山哟！

如果你不想听，也不想了解"社会工程学"的话，那么，你就又错了，而且还大错特错！因为，它可不是吃素的，就算你不理它，它也可能不会放过你哟。万一被它击中，你就惨了，后悔都来不及了！与黑客的所有其他工具不同，"社会工程学"对你的电脑几乎不感兴趣，对你的硬件、软件、系统等所有你严加防范的东西，也几乎都不感兴趣；因为，这些东西对它来说，简直是小菜一碟，根本就用不着劳它亲自驾到，只需它的喽啰出手就行了。它自己则有更重要的事情要做，是的，它只攻击一样东西，就是那个有血有肉、能说会道还自以为是的活物。对，就是你！听明白了吗，就是你！如果你不理它，那么，它基本上可以百发百中，打得你哭爹喊娘；当然，如果你关注了它，那么，你就会马上掌握主动权，因为，"社会工程学"其实是易守难攻的，就怕你不屑一守。

好了，吓着了吧！那么，下面就请你跟我来一起了解"社会工程学"吧。

首先，别以为"××学"这些带"学"的学问，都像"数学""化学""物理学"那样，是"高大上"的阳春白雪。虽然"社会工程学"确有"白富美"的成分（这也是本章将介绍的主流），但是，我必须提醒你：像坑、蒙、拐、骗等"下三烂"的东西，也充斥其间，也是"社会工程学"不可或缺的内容。比如，大家深恶痛绝的电信网络诈骗，所使用的手法，大部分都属于"社会工程学"。也许这些人渣并未系统学习过这门学问，甚至，不知道世上还有"社会工程学"这回事；但是，他们却仅凭那一点"鸡鸣狗盗"的本事，就能把你搞得狼狈不堪。因此，本章繁简程度的拿捏就非常困难：太仔细了吧，就好像我在教人犯罪似的；太粗略了吧，又怕伙计你受骗！不过，有一点可以肯定，那就是，我们不能采取鸵鸟政策，对"社会工程学"中的恶，假装视而不见，听而不闻。对于普通用户来说，防范电信网络诈骗还相对比较容易，毕竟，骗子看重的只是你的钱。所以，你只需记住"别谈钱，谈钱就翻脸"就行了。但是，要对付"社会工程学者"这样的黑客，就困难多了。因为，他们的目标千变万化，让你防不胜防；而且，整个攻击行动的路线清晰、节奏分明。若没有足够的警惕性和应对措施，那么，你必定就范。"社会工程学"既可能直接攻击你本人，包括但不限于你知道的信息、你的小辫子、你的财产、你的隐私、你的软肋等；轻者让你名利俱损，重者被牵住鼻子，任人摆布，生不如死；更有甚者，逼你从事危害国家和社会的违法活动。"社会工程学"还可能间接攻击你，包括但不限于，把你当作攻击别人的跳板。比如：先获取你的身份，然后，冒充你去攻击别人等；或者从你身上收集别人信息，为后续的进攻打下坚实基础等。总之，"社会工程学"所能够发动的进攻，招数之多，只有你想不到，没有它做不到；真实案例之精彩，完全不亚于任何小说、科幻和谍战片。

其次，"社会工程学"的名称虽然是新的，但其内容却绝不是新的，是典型的"旧酒装新瓶"。古今中外的正史、野史、传说、神话等，无一不留下它的明晰身影。你看，当年在伊甸园中，那条蛇就是利用"社会工程学"，引诱夏娃吃了一个苹果，并让亚当也吃了。好处是，从此人类有了"明白是非善恶的智慧"；坏处是，上帝震怒了，作为惩罚，把人类赶出了伊甸园，从此，子孙世代便在尘世间承受各种苦难。要不然，没准你我这时还正在伊甸园里荡秋千呢！在另一个"当年"，铜制兵器精良坚利、部众勇猛剽悍、生性善战、擅长角牴的蚩尤，本来可以轻松战胜炎帝和黄帝联军的；但是，由于后者善于利用"社会工程学"，政治和军事两手抓，而且两手都较硬，最后竟然以弱胜强，奠定了炎黄占据广大中原地区的基础。历史上"社会工程学"的成功案例多如牛毛，可以这样说吧，历史上的成功人士，没有一个不是"社会工程学"的高手。关于"社会工程学"的学术专著，绝对不止车载斗量，只不过书名有所变化而已。《三十六计》中，计计皆含"社会工程学"之精华，特别是金蝉脱壳、借刀杀人、趁火打劫、浑水摸鱼、打草惊蛇、瞒天过海、反间计、调虎离山、指桑骂槐、暗度陈仓、欲擒故纵、空城计、苦肉计、偷梁换柱、美人计、借尸还魂、围魏救赵、连环计等，简直把"社会工程学"演绎得目不暇接、眼花缭乱。《孙子兵法》八十二篇中，篇篇都是"社会工程学"的杰作，甚至连再明白不过的"间谍"概念，也都还要更进一步地细分为：敌方普通人做间谍的"因间"；敌方的官吏做间谍的"内间"；收买或利用敌方派来的间谍为我效力的"反间"；故意散布虚假情况给对方间谍，让其误导敌方并被处死的"死间"；派往敌方侦察后，能活着回报敌情的"生间"；等等。当五种间谍同时使用，更能使敌人莫测高深，而无从应付。总之，虽然不敢说整个人类史就是一部"社会工程学"史，但是如果抽去"社会工程学"，历史可能将会变得相当苍白、无趣。

最后，别以为"社会工程学"这个名称看上去很面善，其实它很凶险。过去人们都习惯于，把网络看成一个由硬件和软件组成的系统，认为可以通过不断的软件升级、硬件加固、严防死守等办法来保障安全；但是，却往往忽略了一个最重要、最薄弱的关键环节，那就是人！这个"人"，既包括网络的合法用户及其亲朋好友，又包括网络的保卫者及其亲朋好友等。因为完整地看，只有将软件、硬件和人三者结合在一起来考虑，才可能形成一个闭环；而只有保证了这个闭环的整体安全后，才能真正建成有效的安全保障体系。更明白地说，硬件和软件其实是没有"天敌"的，只要不断地"水涨船高"，总能够解决已有的软、硬件的安全问题。但是，"社会工程学"却是"人"的天敌，每一招对所有人来说，都有效；每一招还都不会过时，都长期具有杀伤力；"旧招"不但不会被淘汰，新招还层出不穷。针对人性的每一处弱项，迟早会产生至少一项"社会工程学"狠招。而随着社会信息化步伐的加快，人性的缺陷和漏洞将暴露得越来越多，当然就会被"社会工程学"揍得越来越惨。如果你还不知道"社会工程学"到底有多厉害，那就请看下面这个真实的故事吧。

美国联邦调查局，俗称FBI，厉害吧！其局长直接由美国总统任命，并经参议院批准。FBI不但在反暴、反毒、反有组织犯罪、反外国间谍和反白领犯罪等方面享有最高特权，而且在"社会工程学"的资源、积累和能力等方面，如果它谦虚点自称老二的话，那么，估计没人敢号称老大。可是就是这么一个巨无霸，竟然被一位单枪匹马的黑客——凯文·米特尼克，仅仅利用"社会工程学"就让FBI头痛不已。在这匹黑马面前，FBI的所谓通缉令简直就像手纸一张，完全没有任何约束力。费了九牛二虎之力，当然也主要是"社会工程学"手段，好不容易才将其捉拿归案吧，刚要严禁他与外界联系，结果，就在监狱中，当着狱长的面，这家伙却略施小计就拨通了外界电话，让官方大跌眼镜。刑满释放了，为了不重蹈尴尬，政府还不得不赶紧拍其马屁，为他安排一个光荣而高薪的"网络安全咨询师"职业。如今，这位世界"头号电脑黑客"，已将其传奇的"社会工程学"应用经历，写成了多本畅销书：《反欺骗的艺术》《反入侵的艺术》和《线上幽灵：世界头号黑客米特尼克自传》等。

你看看，这家伙竟然将"社会工程学"玩成了艺术，简直不可思议！

好了，现在插播有关这位超级黑客的几则小故事，就算是课间休息吧，也顺便让你头上冒点汗，背上发点凉。

相信，米特尼克的"事迹"，会促使你从此认真了解"社会工程学"，因为你肯定不愿意自己将来成为这种"社会工程学者"的牺牲品。当然，必须承认，凯文·米特尼克的"成功"，主要取决于他强大的心理素质和娴熟的运用技巧；幸好，并非每位学过"社会工程学"的黑客都能这么牛。

除了超强的"社会工程学"能力，其实，凯文·米特尼克与其他黑客并无本质区别。这位生于1963年，因父母离异而性格孤僻、倔强的家伙，从小就迷上了无线电、计算机和网络系统。作为学渣，他在读小学时，就因袭击邻居学校的网络而被迫退学。哪知，他不但不改邪归正，反而发誓，要干出一番"大事"来。于是他成功地闯入了

"北美空中防护指挥系统";进入了"太平洋电话公司通信网络系统",不但可以任意免费拨打电话,还可随时偷听别人聊天,还篡改了许多重要信息,包括一些知名人士的号码和通信地址等;后来,他还觉得不过瘾,就干脆入侵了FBI的网络和美国五角大楼的电脑系统。不过,因为那时他还只是初出茅庐,而且又被同伙的女朋友举报,所以才被FBI逮捕并投入了"少管所"。

在"少管所"里,凯文·米特尼克"面壁思过",认真总结了经验教训,大大提高了"社会工程学"水平。被保释出来后,便如虎添翼,在很短的时间里,一举攻破了包括Sun系统公司、Novell电脑公司、NEC美国公司,以及诺基亚移动电话等多家巨型公司的网络,不断破坏其核心系统,造成巨额损失。1988年,他再次因非法入侵他人系统而入狱。由于系重犯,他被处以一年徒刑,并被禁止从事电脑网络工作;因为警察当局认为,他只要拥有键盘,就会对社会构成威胁。

在监狱中的这一年,又是他在"社会工程学"方面"闭关修行、突飞猛进"的一年。出狱后,早已"无招胜有招"的他,按捺不住内心激动,马上施展绝技,瞬间就造成了3亿美元的损失(FBI的评估结果)。待警察想再度将其绳之以法时,他已口念咒语,像白骨精那样,一道闪电就不见了。从此,米特尼克就与FBI玩起了长达数年的老鼠戏猫的游戏。

在顶着"头号通缉令"的逃亡期间,米特尼克一刻也不曾闲着,一会儿窃听警察局的电话,看看他们是如何设计来试图抓捕他的;一会儿向位于圣迭戈的超级计算机中心发动攻击,"将整个互联网置于一种危险的境地"(《纽约时报》的评语)。最后,FBI不得不"以其人之道,还治其人之身",仍然采用"社会工程学",出重金收买了他最要好的朋友,并经过五年多漫长而艰难的缉拿行动,终于在

1995年发现了其行踪；随后动用FBI的精锐力量，将其捉拿，并指控他犯有23项罪，后又增加了25项附加罪。

在服刑期间，他当然再次不被允许接触任何数字设备，包括程控电话、手机和任何电脑。但是，即使这样，也发生了令人哭笑不得的事故：也不知从哪里弄到了一台微型收音机，他将它改造后，竟然用来偷听狱管人员的谈话；为此，他被监狱当局，从普通牢房转到隔离牢房，实行24小时连续监管。

好了，课间休息结束了，咱们继续上课吧。下面该介绍"社会工程学"的严肃内容了。

与兵法类似，要想成为一名优秀的"社会工程学者"，绝不能仅靠死记硬背，更不可纸上谈兵；但是，作为普通网友，如果你只需防范上当，那么，在很大程度上，读完此章就够了，除非你确实被超级黑客盯上了。当然，假如黑客真的要吃定你的话，我也只能帮你到这里了，劝你还是赶紧报案吧。

其实，"社会工程学"也并非黑客的专利，许多人都会在某种程度上依赖于它。比如：律师和医生（特别是心理医生），需要采用它来诱导当事人，通过见机行事的对话，心理医生可以让病人做出期望的行动；销售人员需要掌握丰富的人际交往技巧，提高业绩；骗子，需要利用人性的贪婪，以"发财致富"为诱饵，来达到目的；间谍，更需要不择手段地滥用"社会工程学"；等等。不过，他们并非本章所要介绍的重点，这里就一笔带过了。

那么，到底什么是"社会工程学"呢？

从网络空间安全的角度来看，所谓"社会工程学"主要指的是一类特殊的黑客攻击手段。它的攻击目标是人，是要钻人性的空子，更准确地说，是要充分利用人性的弱点、本能反应、好奇心、信任、贪婪等心理特质，来对受害者进行诸如欺骗、恐吓、威逼等，以获取自身利益。随着网络化程度的不断提高，"社会工程学"的运用门槛越来越低，难度越来越小，危害也越来越大，甚至有被滥用的趋势。因此，必须让普通网民对它有所了解，促使大家提高警惕，避免上当受骗，减少不必要的损失。

擅长"社会工程学"的黑客，首先需要做的，也是最重要的事情，就是"收集你的信息"；否则，再巧的媳妇，也做不出无米之炊！他可以借助于任何工具，从网上获取尽可能多的相关信息；也可利用任何机会，从你的亲朋好友、邻居、同事等处，获得大量的间接资料。这些手段你可能都已经想到，也不用再赘述了。但是，有个损招，一定会出乎你的意料！那就是，你的最直接、最私密的信息，却大部分都隐藏在你每天随手丢弃的垃圾里！真的，不是开玩笑，还记得课间休息的那位"世界头号黑客"吗？他正是通过翻捡垃圾，获得了FBI的入门证，然后，大摇大摆地闯了进去，当然，这需要超强的心理承受力。想想看，面对荷枪实弹的卫兵，谁不腿软呀。

"拉关系"也是你见得较少的、"社会工程学者"收集信息的重要手段。其原理是：通过获得被攻击者的认可，营造出信任的氛围，然后诱导你说出有价值的信息，或让你去点击某个链接，或做任何危害自己的蠢事等。这怎么可能呢？确实可能！因为，人性中至少有这样的善良弱点：当别人对你敞开心扉，愿意信任你并分享他们的生活信息时，你也会在这种"亲近感"（或"信任感"）的驱使下，毫不犹豫地说出自己的秘密。"社会工程学者"已经总结出了与你"拉关系"的如下十条口诀（你要小心哟）。

人为时间限制：让你知道，他不会打扰你很长时间。

配合默契的非语言行为：确保他的"非语言行为"与其言语是匹

配的，否则会露馅。比如，谈到悲伤处时，不妨掉几滴泪。这里的"非语言行为"主要是指肢体语言，这在后面还会详细介绍，因为它重要嘛。

放慢语速：慢点说话，才不会表现出紧张的情绪。

打同情牌：对你使用有力的语言，比如："求求你啦！"

自我抑制：假装认可你的所有观点和行为，即使他心里在骂你。

包容：用"温暖"和"真诚"包容你，以及你的知识和技能等，这也算是"爱屋及乌"了吧。

询问：不断地问你"怎么样""什么时候""为什么"等，因为，询问既能够引出更多话茬，又便于套取你的秘密。

让步条件：他将稍稍释放一些信息，让你感到舒适，进而诱导你分享一些信息给他。

互惠互利：予人玫瑰，手有余香。提醒你：别只顾闻香，小心被刺扎了手！

调控预期：他将随时调整其预期，如果进展顺利，就会穷追猛打；如果不行，见好就收，绝不太贪心。因为，即使本次坑你失败，下次还有机会！

信息收集当然是越多越好，但是，还有必要对这些信息进行深入分析，争取从中发现你的软肋，至少找出你的特点吧。为此，既可以使用"高大上"的所谓"大数据分析技术"，但也别排斥下里巴人的直觉推断，更要充分利用丰富的经验。比如，从你的厨房垃圾中，傻瓜都找得到你的饮食习惯；从废信封上，没准就能与你那远在天边的二舅妈"偶然"成为好朋友，然后，把你的家底查个一清二楚；通过阅读每天发布的微博，你的行踪当然暴露无遗；万一幸运的话，从收集到的信息中，发现了一些有关你的经济、生活或人事关系等方面的蛛丝马迹，那么，再加以适当诱导，没准你的把柄就牢牢掌握在他手中了。

如果说上网搜索和刨垃圾等，算是间接收集和分析信息的话，那么，"察言观色"就算是直接的火力侦察了；这既是普通网民容易中招的一环，也是稍加警惕就能避免上当的一环，所以，我们在此多费一点笔墨。该方面，水平最高，也是大家最熟悉的，应该是算命先生了。下面我们就来解剖这只麻雀，见识一下算命先生是如何与你短兵相接的。

算命先生的功课主要有五门：前棚、后棚、悬管、炳点和托门。

所谓前棚，就是招揽客户的手段，即运用心理技巧来引你注意，进而让你相信他，并最终心悦诚服地坐下来，求他为你占一卦。"这位施主，看你印堂发黑，七日内必有血光之灾。"伙计，当你听到这话，又假如你碰巧正在躲债的话，难道你不会觉得是老天开眼，让活神仙下凡，来指引你逃脱苦难吗？还不赶紧磕头求签，更待何时？"前棚"又叫"拴马桩"，意指要把你给拴住，为此，占卦界总结了祖传秘籍"金点十三簧"。如果再加"水火簧"的灵活运用，嘿嘿，伙计，就算你是白龙马，也在劫难逃，定被拴牢。当然，如果你压根不理他，只是淡淡一笑，那么，该"印堂发黑"的，就不是你，而是他了。

"前棚"完事后，就该"后棚"了。拴住你，只是手段；让你"出血"才是目的，这就是"后棚"的功夫了。通常"后棚"开场的第一句话，就会单刀直入问你要钱。但是，妙就妙在，这钱你还不好意思不给，甚至还恨不得快点给，给多点。比如，"天师"高风亮节道：既然你我有缘，我就破例给你一卦，但该卦不能白起，你得给

"相礼"（其实就是钱）；不过，这钱我不拿，你就放桌上，先听听我说得对不对。如果对了，这钱归我，咱们继续往下说；如果不对，你拿钱走人，我分文不取。

不过，这钱只要一上桌，你就别想再拿回；因为，善于见风使舵的半仙，一定会说出虚虚实实、模棱两可的话来，让你佩服得五体投地。比如，当得知你与两朋友刚买了彩票，想知道发财结果后，他只需要亮出一根手指头，甚至连话都不用说，就百分之百地算出了精准结果！你看，如果你们仨都没中奖，那么，他那一个手指头说的就是"一个都不中"；如果只有一个人中奖，那么，他的那个指头说的就是"只一个人中"；如果有两个人中奖了，那么，他的那个指头说的就是"只一个不中"；如果三人全都中奖了，那么，他的那个指头也仍然所向披靡，因为，那意味着"一起中奖了"！这虽是笑话，但是，算命先生的"后棚"就是这么回事，只不过"特事特办"而已。

好不容易逮住个"冤大头"，刚刚用"后棚"割下你的第一块肉，哪能就轻易让煮熟了的鸭子飞了呢？于是，第三门功课"悬管"就开始了。既然你已经彻底相信了面前这位半仙，为何不再多烧几炷香，多问几件事呢？比如，最近有没有艳福呀，官运何时亨通呀，办公室的桌子是不是该调个方位呀，祖坟该不该重修呀，等等。反正，你敢问，他就敢答，而且，还都八九不离十；你就等着乖乖地、一份接着一份地掏钱吧。"后棚"挣下的钱，叫"头道杵"，即第一份钱；"悬管"是"二道杵"。一般来说，哪怕只有"副教授"水平的算命先生，在经历了"前棚"和"后棚"之后，基本上就对你了如指掌了。于是，他便可以随意打着"命理"旗号，不断敲诈你；而且，你还坚信不疑，甚至，还可能由最初的信服，演变为迫不及待地掏钱。这是多么形象的"悬管"呀，把自己悬着，让他去管！

再往后就进入第四门功课"炳点"。经过前面几门功课，真人已经掐指算出了你命中的"血灾",而且,这些天灾马上就会变为现实,全世界没有任何人能够为你消灾,哪怕是玉皇大帝下凡。但是,幸好刚才阎王捎来信说:小仙能够勉强为你消灾,但却会为此削减阳寿;所以,你就回家等死吧。这时,已经彻底崩溃的你,哪肯离开,无论如何也要缠住活神仙:"求求您,行行好,帮我消掉此灾吧,多少钱都行……"最后,熬不过你的执着,终于"活雷锋"痛苦地为你消灾了。并且,在收完钱后,果然,惨叫一声,倒地不起。你甚至为他这种勇于自我牺牲的精神,正感动得热泪盈眶呢。

当然,"炳点"还有一种可能的结局就是:半仙大义凛然,掏出前面你已经给出的钱,装着要退回。哥们儿,你还好意思伸手接回这些钱吗?就算你脸皮超级厚,他又会突然语重心长地冒一句:"卦钱我都还给你,可这些打点各路神仙的钱,还是别动吧,留着给你消灾解难。"说完递给你一张小票,把其余的百元大钞装进了口袋。你给算命先生的最后那笔钱,叫"绝后杵",意思是收完这钱后,此单生意就做完了,你按照他的破解之法走人,他则喝口茶润润嗓子,等着下一单生意。

对了,别忘了,算命先生还有最后一门功课,叫"托门"。它其实就是处理善后,主要是叮嘱你"天机不可外泄,不要对旁人说起,否则,就不灵了等"。此话把屁股擦得很干净,即使以后不灵验,也算有了推脱之词。因为,毕竟"小仙"还要在这儿长驻,"打一枪换个地方"有失"天师"风范,只有对门那家伙才干这种缺德事儿。

即使不能像算命先生那样,与你面对面交流并套取信息,"社会工程学者"也还有其他办法读懂你的心,并向你发动进攻。比如,阅读你的肢体语言,观察你的面部表情等。其实,心理学家已经发现:一个人要向外界传达完整的信息,单纯的语言成分只占7%,声调占38%,另外的55%信息都需要由非语言的体态来传达。而且,由于肢体语言通常是下意识的举动，所以它很少具有欺骗性，换句话说，你就很容易被"社会工程学者"掌握实情。

伙计，说来你可能还不信，但是，绝对千真万确：黑客可以通过你的头、眼、颈、手、肘、臂、身、胯、足等部位的协调活动，来分析你的思想，了解你的心态，掌握你的情绪等。当然，我不是指"鼓掌表示兴奋，顿足代表生气，搓手表示焦虑，垂头代表沮丧，摊手表示无奈，捶胸代表痛苦等"这些妇孺皆知的常识，而是指一些你可能在不经意间泄露的秘密。来看看下面的行为信息。

距离的秘密。他与你面对面时，如果你们彼此间的距离不足0.5米，那么，他可能是你的亲人；如果相距0.5～1.25米，那么，他可能是你的好友；如果你们在3米开外对话，那他也许只是陌生人。

眉目传情。看到喜欢的人，你就会不自觉地扬眉或低眉，虽然这种潜意识的动作，只会持续短短的1/5秒；你见到暗恋女神时，唇部会有瞬间的机械性开启。如果某男盯住你最美的部位，毫不掩饰地欣赏你优美的体形，那么，美女，你该注意防狼了。

仪态说话。若某帅哥笔直面对你，且衣着得体，肩膀自然下垂，那么，他可能想向你展示挺拔的姿态，希望引起你的注意；如果他身体稍稍前倾，靠近你，听你谈话，那么，他可能对你有好感；如果他不断地修正领带或整理头发，那么，他可能想吸引你的注意；如果他抠纽扣，表明他可能很紧张。

女为悦己者容。不时把滑落的头发理顺，或不停地咂嘴，那么，她可能对你有好感；如果鞋尖朝向你，可能对你感兴趣；如果膝盖朝你而坐，可能暗示着想与你建立更亲密的关系；如果把手掌和腕部暴露给你，那么，她可能是想引起你的注意；如果她盘腿而坐，并把膝部暴露给你，这很可能意味着：该你主动出击了。

行为有含义。兴奋时，你会喜欢把玩杯子，或用刀叉轻敲桌面，或用手指触摸物品；为了掩饰内心的慌乱，你会不时摸摸下巴、耳朵和面颊。当你喜欢某人时，唇部和脸的下半部，就会变得特别敏感。比如，若你在抽烟，此时会猛吸；若在喝水，便会不由自主地牛饮。

读懂男人。他将手放在你的肘或肩部，是想表达一种保护；抚摸嘴唇，也许在暗示，想吻你啊；寒流突袭时，如果向你提供自己的外套，可能想表达某种所有权，比如，"这是我的，也是你的"。

握手的秘密。男女握手时，如果对方手心干爽，表明她性格开朗，或对本次晤面没兴趣；如果她手心潮湿，表明她性情较内向，或内心恐惧紧张。握手时，手心朝上的女人，多是柔顺易于相处的；手心朝下的女人，多是争强好胜不肯服输的；而只伸出手指的女人，多是精于世故、吝啬贪婪，也许同时还传达出一层蔑视。一般来说，女人与男人握手时，较少用力；但如果突然施力，肯定是在暗示着什么。

怎么样，"社会工程学"收集信息、分析信息的学问够多吧，难度够大吧。不过，这还不是最难的。比如，"伪装"就还更难，即：你必须像孙猴子那样，拥有72变的本领，要可以伪装成任何人；甚至还要比悟空更厉害，变成土地庙后，不能竖着一根多余的尾巴当旗杆！因此，当你需要冒充成警察，想混进局里时，至少要懂得基本的执法规矩吧；当你假装修电脑，按约定进入猎物办公室时，你必须真的能把那台电脑修好哦；当你需要进入机要大院，去收集垃圾情报时，你得有专用工作服，并会使用装卸机啊；当你要以四川老乡的身份，打电话套取相关信息时，不能满口山东话哟。总之，你需要演谁，就得像谁，而且，还要真正把自己当成那谁；否则，在关键时刻，一紧张就保准露馅。当然，万一露馅，也要随机应变，扭转乾坤。

伪装也有其基本原则。比如：事前调查越充分，收集信息越丰富，那么，伪装的成功率就越大；如果伪装的角色有鲜明的个人爱好，那么，伪装成功的可能性就越大；如果被伪装者与自己的本性越靠近，那么，伪装也就越容易；掌握尽可能多的方言、地方习惯等，将在关键时刻，帮助你伪装成功。与面对面伪装相比，"通过电话伪装"被识破的概率更低，虽然电话伪装需要做的预备工作并未减少。伪装越简单，成功率越高；伪装最好尽可能地自然；每一次伪装行动，都要为下一次的行动埋下伏笔，不能断绝后路；等等。

"社会工程学"中，最难的也是最关键的环节，就是所谓的"诱导"，即牢牢控制你，让你像僵尸那样，乖乖地接受指挥，叫干啥干啥，哪怕是自杀。我肯定不能教你如何去"诱导"别人，但是，你的下述人性弱点，很可能被黑客用来"诱导"你。所以，建议你花上几秒钟，照照下面的镜子。

互惠互利。让你在感受到恩惠时，主动泄密。

义务。让你因感激而去做某些事，哪怕明知在违规，否则你会心里有愧。

让步。假装做一些让步，然后，趁机询问你更重要的问题。

不足。残缺的信息可能更有用，也许你以为只提供了只言片语，但是，他却有本事将它们整合成完整的信息。

权威。是人就有服从权威的天性，你也不例外。

坚持和承诺。他会步步为营，不会突然逼你太甚；他会分阶段实施，不会一下子就亮出底牌。

爱好。每个人都喜欢志同道合者。他会让你感到，你很受欢迎；那么，作为回报，你是不是也该给他提供一点他喜欢的信息呢？

社会认可。如果别人都这么做，那么，我也该这么做；但是，你怎么知道那个"别人"是不是在演戏呢！

当然，"社会工程学"是一本永远也读不完、写不尽的书。不过，本章的目的，绝不是想把你培养成优秀的"社会工程学者"，而只是要让你具备必要的免疫力，别成为"米特尼克"的菜。

好了，既然你已花费了大把精力，读到这里了，那么，作为奖励，我愿将"超级社会工程学者、世界头号黑客"凯文·米特尼克亲自总结的"反欺骗十大招"分享给你。但愿对你有用，毕竟以毒攻毒最有效嘛。

（1）备份资料。记住你的系统永远不会是无懈可击的，灾难性的数据损失会发生在你身上，只需一条蠕虫或一只木马就已足够。

（2）选择很难猜的口令。不要随意填上几个与你有关的数字当作口令，在任何情况下，都要及时修改默认口令。

（3）记得安装杀毒软件，并让它及时更新升级。

（4）及时更新操作系统，时刻留意软件制造商发布的各种补丁，并及时安装应用。

（5）不用电脑时，千万别忘了断开网线和电源。

（6）在浏览器中会出现一些黑客钓鱼，对此要保持清醒，拒绝点击，同时将电子邮件客户端的自动脚本功能关闭。

（7）在发送敏感邮件时要加密，也可用加密软件保护你的硬盘数据。

（8）安装一个或几个反间谍程序，并且要经常运行检查。

（9）使用个人防火墙并正确设置它，阻止其他计算机、网络和网址与你的计算机建立连接，指定哪些程序可以自动连接到网络。

（10）关闭所有你不使用的系统服务，特别是那些可以让别人远程控制你的计算机的服务，如RemoteDesktop、RealVNC和NetBIOS等。

在一个充满陷阱的网络世界里，要想保护自己，的确很不容易。请你时刻提醒自己：在某个角落里，某些毫无道德的人，正在刺探你的漏洞，并利用它们来窃取你的敏感秘密。

希望你不是下一位上当者！

最后，让我们套用北宋诗人苏东坡的代表作《水调歌头》，来归纳和小结本章。

安全几时有？

把酒问青天。

不知"社会工程学"者，

吃亏定在眼前。

我欲细论详情，

又恐误用双刃剑，

反诱出人渣行骗。

揭秘弄清影，

正义留人间。

减私欲，

少贪婪，

补缺陷。

不应有恨，

凡事警惕长心眼。

人有好坏善恶，

月有阴晴圆缺，

此事古难全。

但愿人长久，

网上共婵娟。

第4章
黑客

唉，为黑客立传，可真难呀！

如果要写著名黑客吧，人家的故事早已铺天盖地，在电影、电视、小说、网络中都热得发烫了；如果只写一般菜鸟吧，谁有兴趣看呀！

如果严谨点吧，那么，按学术标准来写，就该是这样："黑客是一个离散随机变量，其杀伤能力由该随机变量的熵值决定：熵越小，则杀伤力越强；准确地说，每当其熵减少1比特，那么，其杀伤力将翻倍。黑客还可看成遵守生物繁殖规律的特殊软件集，其诞生、发展、合作、竞争、迁移、死亡等生态环节的动力学方程是……（详见专著《安全通论》第7、8、16章）"伙计，感觉怎么样？如果按这种纯学术笔法写下去，本章肯定将是一篇美妙绝伦的催眠曲！

如果不写这一章吧，作为《安全简史》没有"黑客"，就像写《西游记》没"齐天大圣"一样。唉，想来想去，还是从人性出发，晒晒黑客们的前世今生吧。

在线新华字典说："黑客，指精通计算机技术，善于从互联网中发现漏洞并提出改进措施的人；或指通过互联网非法侵入他人的电子计算机系统查看、更改、窃取保密数据或干扰计算机程序的人。"这样的解释，显然隔靴搔痒。

百度百科说："黑客，通常是指对计算机科学、编辑和设计方面具有高度理解的人"这好像更离谱！

黑客的定义还有很多，反正我都不满意！

依我说吧，最准确的解释应该是：黑客，就是指网络空间中的孙悟空！这猴子既可爱，又可恨；既聪明，又很傻；智商高，情商低；树敌多，朋友少；本领强，运气差；……反正，他就是一个活脱脱的矛盾体，而且，在去西天取经的路上，还绝对少不了他。他的优点和缺点泾渭分明，与大熊猫一样，其照片永远非黑即白，没有过渡。

算了，别纠缠黑客的定义了。还是先来回答百姓们最关心的问题吧！为什么要有黑客，为什么不把他们彻底消灭？

这样说吧，人们开发软件、研制信息产品、建设网络系统时，肯定都希望安全第一。但是，"理想很丰满，现实很骨感"，任何系统都不可能绝对安全，其安全性也无法事先严格证明，只能由实践来检验。无论多么认真，无论花费多少时间和精力，只要是人造的东西，就一定会有安全缺陷；而且，这些缺陷有时还很难发现。怎么办呢？当然只好由专门检测人员，利用特制工具，来挖掘、修补和处理这些潜在的缺陷。除了有工资，从纯技术角度看，这些检测人员与黑客有相似之处；而且，他们显然都是绝不可少的，因为"带着缺陷运行的系统"更危险、更可怕。回忆一下，世纪之交时，那个"千年危机"（注意，这里竟然用了"危机"两字，可见问题是多么严重）把人类搞得多惨呀！如果检测员或黑客早几年发现了该缺陷，哪怕厂家为此多支付点漏洞代价，也不至于让全世界，在这个"定时炸弹"面前发抖数年，而且还将继续肝儿颤。

如果大家已经"好了伤疤忘了疼"的话（其实现在伤疤还未好呢），那就来简单"忆苦思甜"一下。

所谓"千年危机"，又叫计算机2000年问题、电脑千禧年问题或千年虫问题。这一问题，完全是由人类的疏忽造成的。早年，在计算机智能系统（包括自动控制芯片等）中，人们将其中的年份只用了两位十进制数来表示。因此，当系统涉及跨世纪的日期处理运算时，就会出现错误，进而引发各种各样的系统功能紊乱，甚至崩溃。

"千年危机"的祸根，始于20世纪60年代。当时计算机存储器的成本很高，如果用四位数字表示年份，就要多占存储器空间。因此为节省起见，人们便采用两位数字表示年份。后来，虽然存储器的价格降低了，但这个习惯却被无意中保留下来了。检测人员和黑客都没发现这个问题，直到新世纪即将来临，人类才突然意识到：用两位数字表示年份，将无法正确辨识公元2000年及其以后的年份。于是，在1997年，倒计时前的三年，全球才拉响了"千年虫"警报。

一时间，那个局面之乱哟，简直不堪想象：不但PC的BIOS在大喊救命，而且从微码到操作系统、数据库软件、商用软件和应用系统等，也到处东奔西跑寻找"防空洞"；至于像什么程控交换机、银行自动取款机、保安系统、工厂自动化系统等，不是在哭爹，就是在叫娘；甚至包括使用了嵌入式芯片技术的电子电器、机械设备和控制系统等，也都在绝望中成为了"难民"。世界各国政府早已方寸大乱，公众也只剩下躲在角落中瑟瑟发抖的份儿了；因为眼见着首轮轰炸已经从天而降：冈比亚的国家电力供应已被中断，海空交通、金融和政府服务大受影响，其中财政部、税务局和海关也完全瘫痪。全球金融、保险、电信、电力、税务、医疗、交通等关键行业，无一不是下一轮的攻击目标。埃及、索马里、美国和中国等发展中国家和发达国家，也都统统成了"千年虫"的猎物。

别以为"千年危机"已经过去了，其实，这家伙在沉寂十年之后，于2010年再次悄然现身，至少造成了包括银行卡失灵、手机故障、出租车计价崩溃等问题。另外，它至少还将在2038年，再次死灰复燃，而且可能会更具有破坏力，因为，那时系统最底层的时间控制功能也有可能在劫难逃。

虽然我们无法估计"千年危机"最终将造成多大损失，但是，有一点是可以肯定的：为了渡过这场危机，全世界的整体花销，必定远远超过支付给任何黑客的经费。

好了，忆苦思甜结束了。从今以后，人类应该牢记：绝不让系统带着缺陷运行，哪怕这个缺陷看起来微不足道；更不该害怕别人（无论检测人员还是黑客）发现潜在的问题，哪怕有人恶意利用这些问题；黑客的存在并不都是坏事，他们有助于我们及时发现威胁，并提醒我们亡羊补牢。

当然，黑客的产生也是不可避免的。因为，即使是经过高级专门人员检测后，也还会遗留一些未被发现的缺陷；于是，社会上便出现了一批"志愿者"，他们不分昼夜、不辞辛劳，对这些系统反复进行地毯式搜索，希望找到更多的漏洞去换钱，或以此证明自己的能力。这批"志愿者"就俗称黑客。可见，黑客对网络安全保障确实是必不可少的，我们没必要彻底消灭他们，同时，他们也是不可能被彻底消灭的；就像悟空那样，即使没爹没妈、没有出生证，它照样也能从石头缝中蹦出来！

其实，真正的问题，不是该不该有黑客；而是，黑客挖到漏洞后该如何去换钱的问题！想想看，一群可怜巴巴的穷孩子，从矿主反复淘洗后的、丢弃的、脏兮兮的金沙中，千辛万苦，才偶尔发现了一粒金子，他应该如何处理？是无偿退回给矿主，还是交给警察叔叔，还是自己私吞，或拿去干坏事？我不知道，反正，这才是问题的关键。

观音菩萨对孙悟空的妥善处置，也许值得我们借鉴：一方面，给它戴上紧箍咒，随时控制；另一方面，帮助唐僧降妖伏魔，助其上西天取经，给孙悟空成佛的机会。总之，两手抓，两手都很硬。既然在"换钱"的问题上没答案，那么，本章也就不介入该方面的细节，而只讨论黑客精神的本质。

通过对全球名列前茅的黑客，进行大数据分析后，他们的特质便跃然纸上。

首先，在诸如性格孤僻、举止古怪、严重偏科、不修边幅、不善言谈、穿着任性、外貌奇特、讨厌约束、沉溺游戏、昼夜颠倒、写字很丑、做事不计后果等数不清的表面缺点之下，真正隐藏着的其实只是三个字：情商低！为什么他们会情商低呢？因为，他们根本就不想融入社会，更不愿意按常规出牌，并希望借用这种我行我素的反叛，来表达其存在感。其实那孙悟空也是这样：刚刚出世，就幸运入主水帘洞，当上了"一把手"，整个花果山上的男女老少，都得以他为中心。他想干啥，就干啥；他说东，你就不能西。反正，"情商"对他毫无用处，只有猢狲们才需要那玩意儿，用来巴结讨好他。后来，自我极度膨胀，干脆一溜烟打上南天门，逼宫玉皇大帝，直到捧着"齐天大圣"证书，被压在五指山下。500年的反省，情商一点儿也未充值。就算被唐僧救出，也只牢记了"对师傅感恩"。取经途中，仍然一根筋，认死理，不愿墨守成规，继续反对主流文化；自我感觉超级棒，对他人缺乏耐心，更不擅长谈判和用计。当然，取经成佛后，"大师兄"的情商是否增长了，我不得而知，因为，吴承恩老先生在《西游记》中没写。

当然，大部分黑客都拥有类同的，甚至有点过于理想的价值观。比如，他们认为：第一，对计算机的访问不应该受限制，任何人都有动手尝试的权利，也有认识世界事物的权利；第二，所有的信息都应该能够自由获取；第三，不迷信权威，主张分权；第四，黑客不分学位、年龄、种族、性别和职位，技术才是核心；第五，计算机可以创造艺术和美；第六，计算机可以让生活更美好。

其次，大部分黑客都是学渣，都害怕考试。但是，千万别因此而低估他们的智商。实际上，黑客是智商最高的学渣。学霸们所自豪的什么微积分啦、相对论啦，等等，在黑客眼里，简直就是不屑一顾的小儿科；只要他们愿意，你多牛的学霸，都不是其对手，在他们面前最终都得沦为学渣。他们只痴迷于计算机、网络和软件等少数东西，而且喜欢冒险，不迷信权威，想象力还极其丰富。他们有强烈的好奇心，越费脑筋的事情，他们就越有热情；对硬骨头能够长期持续专注，对许多看上去是毫无意义的事情，也绝不放过。黑客虽不擅长面对面沟通，但其文字沟通能力却非常了得，对语言中的细微差异很敏感，对语言的使用相当精确。在"聪明"方面，黑客们看上去又是活脱脱的孙悟空。在菩提老祖门下学功夫时，那神仙只是背后悄悄伸出仨指头，这家伙就知道半夜三更去后院学习独门绝技。请问你，哪位学霸能有如此高的悟性？！他连"空"都能"悟"，更别说万事万物这些"非空"了。从这一点来看，顶级黑客的智商也还需在"悟空"方面大幅度提高，直到能够从"空"中悟出"实"来。当然，这并不是要"无中生有"。

在技术精湛方面，黑客可以说已经达到了登峰造极的"极客"水平，个个都像患了不食人间烟火的计算机癖，人人都是典型的、离经叛道的计算机嬉皮士。他们极高的技术能力，以及对网络的痴迷程度，简直达到了不可理喻的程度。如果说他们是"非正常人类"，一点也不过分。伙计，如果你对这些文字描述的印象还不够深刻的话，那么，下面这几个有代表性的"极客"将会给你打下深深的烙印。

史蒂夫·乔布斯，在其短暂的56年生命中，这位孤独的科技先知，至少改变了PC产业、数字娱乐产业、音乐产业和出版业；并留下了一家作为神一样的，令人顶礼膜拜的高科技公司。

比尔·盖茨，微软公司创始人，其发明的操作系统，至今还统治着全世界的主流电脑桌面。作为世界首富的他，竟然还放出如此雷人的语录："我希望自己有机会编写更多代码。我确实是在管闲事。他们不许把我编写的代码放入发布的软件产品中。过去几年他们一直在这样做。而我说加入他们行列，利用周末编写代码时，他们显得很诧异，确实不再像以往那样相信我的编程能力了。"

马克·扎克伯格，Facebook创始人兼CEO，全球最年轻的，自我创业的亿万富豪。他的"极客"语录是："社会走到了新的临界点。互联网和手机都已成为一种基本工具，大多数人分享所思、所为和所感的工具。"

拉里·佩奇，谷歌联合创始人兼CEO和产品总监。其发明的搜索技术，不但颠覆了现行商业模式，还成功地提高了人类获取信息的效率。他的"极客"语录说："我知道这个世界看起来已支离破碎，但这是一个伟大的时代，在你的一生中可以疯狂些，跟随你的好奇心，积极进取。不要放弃你的梦想。世界需要你们。"

怎么样，通过这些"极客"榜样，你知道了黑客的技术本性了吧。不过，与普通"极客"不同的是，黑客的大部分技术本领，不是通过教材学来的，也不是通过课堂学来的，更不是从教授那里学来的，而是靠自己没日没夜地，从数十万行味同嚼蜡的代码中，一行行地爬出来的……反正，他们的本领主要是从"体制外"学来的，其艰辛程度怎么形容也不为过。正如悟空的"筋斗云"和"72变"等旁门左道，也不是从如来佛那学来的，不是从太白金星那里学来的，不是从托塔天王那里学来的……反正，不是从任何神仙那里学来的，而是从某个犄角旮旯的道士——菩提老祖，那里学来的；而且，出师时，还没发给文凭，并要求对其毕业的"学校"和"导师"姓名严格保密，否则，必遭血灾。

胆大包天，是黑客的又一个重要标签，这一点也无不继承了石猴祖师爷的基因。你看那"弼马温"官不大，脾气大！先去东海龙宫抢了金箍棒，又去地府强销了生死簿，不但自封"齐天大圣"，还干脆拖根棍子打到天宫，强行谋得蟠桃园总经理职位，独享了王母娘娘的寿宴，盗食了太上老君的长生不老金丹，打翻了炼丹炉，把神兵天将打得屁滚尿流；即使在背上五行山之前，也还没忘记，把一泡猴尿标记在至尊手上……如果说悟空这位孤胆英雄，仅仅是神话传说的话，那么，下面可就是一个活生生的、网络世界的"孙大圣"了！

他的名字叫利安·保罗·阿桑奇，"维基解密"的创始人，又称为"黑客罗宾汉"。这位生于1971年的"石猴子"，从未接受过正规的学校教育，对权力和权威极其鄙视。还未满14岁，就随母亲四处漂泊，搬了37次家。其间，与一家电子商店为邻，天资聪颖的他很快就学会了写代码和破解计算机程序，从而成为了一名年轻的黑客。

那仅有的一台笔记本电脑，就是他的"金箍棒"。这位未老先衰的猴王，直到39岁，仍然居无定所，总是驾着"筋斗云"，马不停蹄地往来于世界各地。从贫穷的肯尼亚、坦桑尼亚，到发达的澳大利亚、美国和欧洲，无不留下他上蹿下跳的足迹；有时甚至一连几天都住在机场。全部家当就是随身携带的一个小口袋，也许还有一身"猴毛"。若只听口音，你甚至根本分不清，他到底是哪国人。本来凭借其过人的才华，他可以在"花果山"上，永远享受收入颇丰的"计算机安全顾问"职位的；但是，他却不愿墨守成规，非要向"玉皇大帝"挑战。

于是，便于2007年，发起了"维基解密"网站，从此，走上了通过"泄密"来对抗世界各国政府的不归路,把那些依靠"隐瞒真相来维持政权"的政府搞得狼狈不堪。肯尼亚政府的腐败内幕被曝光了,关塔那摩监狱的秘密被公开了,9万多份驻阿美军的机要文件被放网上了……

"玉皇大帝"发怒了:美国政府对阿桑奇提出了强烈谴责,赶紧派国务院发言人出来"擦屁股",当然是"越抹越黑";美国还多次要求澳大利亚政府,对这位"大师兄"和"维基解密"的其他人员进行监视;然后,白宫官员马不停蹄地对阿桑奇发出了追捕令。甚至,"维基解密"曾贴出消息说:阿桑奇可能已遭美国情报部门的暗杀。

王母娘娘们也视"弼马温"为"眼中钉":指责他打着自由的旗号,损害国家利益;"维基解密"也卷入了百余场泄密官司,场场都想置他于死地;国际刑警组织,对他发出了红色逮捕令。几名蒙面大汉,更是闯进阿桑奇的卧室,命他趴下,要结果其性命;幸好他巧妙地招来保安,才没去阎王殿报到。

终于,有人抓住了这只泼猴的"小辫子",因为他涉嫌在瑞典性侵了2名女性,于是,通缉令瞬间下达。在向伦敦警方自首后,随即被押送到法院出席引渡聆讯,其保释申请也被驳回。总算依靠菩萨赐的"脑后那三根救命毫毛"脱离监狱,获得了厄瓜多尔的政治庇护;但是,猴子就是猴子,野性一点也未减:在参加网络访谈节目时,暗示还将继续公开更多秘密。于是,在得知他打算离开厄瓜多尔驻英国大使馆、向警方自首后,瑞典法院马上裁决:继续维持对阿桑奇的逮捕令。伦敦警察厅也特别卖力地监控其一举一动,他致信法国总统请求政治庇护,但却遭法国拒绝。

即使是被"千夫所指","孙行者"也从来不曾害怕过。他勇敢地登上了美国《时代》杂志封面。在接受德国媒体采访时,毫不掩饰自己的反战立场。“最危险的人是那些掌控战争的人，人们应阻止他们。如果这样令他们视我为威胁，那也无所谓。”他撇了撇嘴，若无其事地说。

就算在各地逃亡期间，他也没忘记冷不丁地，杀它几个回马枪。他威胁称，如果遭到任何国家的逮捕或暗杀，他的支持者将公布大量爆炸性机密。据说，他已将包含墨西哥湾漏油事件、美军在阿富汗杀害平民的证据、美国银行文件等众多机密的“加密毒药”，发送给了他的若干黑客粉丝。

据说，阿桑奇领导的“维基解密”的最新战果是：毁掉了希拉里的总统梦！要不是希拉里的私密邮件被泄露的话，美国第45任当选总统可能就不是特朗普了。这算不算孙猴子在如来佛手心中撒的最后那泡尿呢？！

再来看看斯诺登，他生于1983年，虽不是野生黑客，但确实是官养黑客，而且还是那种最厉害的官方机构——美国中央情报局（CIA）所养的黑客；后来又供职于国防项目承包商博思艾伦咨询公司。

关于他的黑客水平怎么样，我们不得而知。但是，从“早在2007年，就被美国中央情报局派驻瑞士日内瓦，负责维护计算机网络安全，并给予其外交身份掩护”，以及“在国安局工作4年”等资历看，他绝不是菜鸟级黑客。

你看，他先是将“美国国家安全局关于PRISM监听项目（包括臭名昭著的‘棱镜’项目）秘密文档”披露给了《卫报》和《华盛顿邮报》，随即遭美国政府通缉；后来，又通过《卫报》再次曝光了英国“颞颥”秘密情报监视项目；甚至在逃亡途中，他也没忘记揭露“美国国家安全局侵入中国通信行业”的事实；接着将美国更大规模监控计划“Xkeyscore”的细节曝光；还发表声明，抨击美国总统奥巴马和美国政府，并威胁将向外界披露更多机密……总之，没有他不敢捅的马蜂窝！

如果再换个角度看，黑客也可以看作网络空间中的刺客！黑客"行刺"的原因很多，或受人指使，或出于私恨，或为钱财名声，或为国家人民，或为宗教理想，或仅仅是"想做出惊天动地的大事，来满足自己的虚荣心"等，不一而足。在对网络目标实施攻击时，有的黑客单独行刺，有的则是多人协作；有的是受过严格训练的专职黑客，有的则因客观环境影响而偶然成为黑客。甚至许多国家安全局的黑客和刺客，本来就是相互配合、共同实施"刺杀"计划的。在网络时代，某些恐怖组织也有专门暗杀、谋杀各国要员的刺客，他们的帮凶仍然少不了黑客。

黑客还是某种意义上的"剑客"，只不过，他们将祖宗的"剑"换成了"键"，即键盘的键，当然也包括鼠标。在网络时代，武术已失去了当年风采，鼠标取代了枪林弹雨和刀光剑影，剑客虽已不知去向；但是，从某种角度上来说，他们的精神却被一些黑客传承了下来。英雄依然是偶像，黑客照样成传奇！

本章虽然没像有些媒体那样，将黑客描述成血盆獠牙的坏蛋，但是，作为普通网民，我还是劝你离他们远一点：既不要试图去当黑客，也要注意保护自己，不被黑客所害。毕竟，咱们不是江湖中人嘛。为此，下面十点建议也许对你有益。

一是使用杀毒软件并经常升级，从而使恶意程序远离你的计算机；

二是别允许网店储存你的信用卡资料，哪怕是为了方便你今后购物；

三是设置口令时，请使用由数字和字母混排而成的，难以破译的口令；

四是对不同的网站和程序，使用不同的口令，以防止被黑客破译；

五是使用最新版本的浏览器、电子邮件和其他网络软件；

六是别向可疑网站发送信用卡号，留意浏览器信息栏中显示的挂锁图标或钥匙图标；

七是确认你要点击的网站地址正确无误，别被黑客用"李鬼"钓了鱼；

八是使用"对cookie程序有控制权"的安全程序；

九是如果你连接因特网，请安装防火墙软件，并监视数据流动；

十是别轻易打开电子邮件的附件，除非你确认信息的来源安全。

最后，让我们套用宋代文学家苏轼的词《念奴娇·赤壁怀古》，来归纳并小结本章。

大江东去，浪淘尽，千古黑客人物。
故垒西边，人道是，三国侠客剑客。
乱石穿空，惊涛拍岸，卷起千堆雪。
江山如画，一时多少豪杰。

遥想荆轲当年，小瞧孤家了，雄姿英发。
羽扇纶巾，谈笑间，刺客灰飞烟灭。
悟空神游，多情应笑我，早生毫发。
人生如梦，极客还酹江月。

第5章
密电码

信息时代的关键是安全，安全的核心是密码学，密码学的"代言人"是一对金童玉女。可惜，这对金童玉女的名字，常被人们搞混淆！

金童的学名叫"密码"，主要是对信息进行加密和解密，可老百姓们更愿意称它为"密电码"；虽然，早在富兰克林玩风筝取"电"之前，金童就已诞生了。既然是科普，咱就得尊重大众意见吧，所以，本章名称，还是讨好读者，取名为"密电码"。据考证，"密电码"这个名字，之所以家喻户晓，可能是因为在"样板戏年代"，全国人民都已被《红灯记》中的"密电码"，打上了深深的烙印。当然，在本章主体内容中，我们仍然正本清源，叫它为"密码"。

玉女的学名叫"认证"，笔名之一也叫"口令"，主要包括信息认证、身份认证和行为认证等，或者说是对消息、行为和身份进行验明正身；可老百姓又调皮了，非要叫"口令"为"密码"。其实，玉女"认证"（后面章节内容）与金童"密码"可谓是天壤之别：一个是阆苑仙葩，一个是美玉无瑕。

一说起"密码"或"密电码",人们马上想到的就是战争!确实,古今中外,人类历史上的每一场战争,无论大小或长短,几乎都与密码脱不了干系;甚至可以说:战争的胜负,在很大程度上,直接取决于敌对双方"密码对抗"的胜负。因为,密码对抗的胜者,要么能把机密指令传给友军,以便同心协力,打败敌方;要么能够破译敌方"密电码",从而掌握敌方的情况,始终把握主动权。密码失败者只有挨打的份儿,没有还手之力。

密码对战争走向的颠覆性影响,到底有多大呢?还是让实例说话吧。

在第二次世界大战中,日本就是一个军国主义的、穷兵黩武的国家,把亚太地区祸害惨了;同时,它自己也被密码给收拾惨了。

在日本的众多武士中,有一位其父56岁才生他的家伙,名叫五十六;后随母姓,改为"山本五十六"。这家伙的罪恶很多,简直罄竹难书,咱们还是说说他与密码的事吧。山本一生的成败,与其说是与战争密切相关,还不如说是与密码密切相关。

他的最大"功绩"就是策划并实施了"偷袭美军珍珠港"。其如意算盘是:"一开战就猛力击破敌军舰队,置美国海军及国民于无可挽救之地,使其士气沮丧……"反正,其大意就是:先给美国来顿杀威棒,打它一个皮开肉绽,让其老老实实地俯首称臣;然后,再来收拾其他喽啰,并最终建立"大东亚共荣圈"。其实,本来这次偷袭是会失败的,因为,中国密码学家池步洲,破译了一份日本驻美大使的特级密电,得知大使先生被要求"立即烧毁一切机密文件;尽可能通知有关存款人,将存款转移到中立国家银行;帝国政府决定采取断然行动"等。据此,池步洲判断,这是"东风,雨"(即日美开战)的先兆。然后,结合"日本正在大量搜集美国檀香山海军基地"等密码破译结果，池步洲掐指一算，抛出两卦：一是开战时间在星期天；二是地点在檀香山珍珠港海军基地。可惜，当这么重要的破译结果，通过"亚洲战区总司令"，报告给时任美国总统富兰克林·罗斯福时，由于当时美国的旁观情绪正浓，不想介入战争，所以，罗大总统竟然不信这两卦，甚至还 点也末防备！结果，血光之灾果然应验，美国珍珠港海军几乎全军覆没：8艘战列舰中，4艘被击沉，一艘搁浅，其余都受重创；6艘巡洋舰和3艘驱逐舰被击伤，188架飞机被击毁，数千官兵伤亡。欲知这次美国被炸得有多惨，建议你下载电影"虎，虎，虎"自己找答案。而日本却只损失了区区29架飞机、55名飞行员和2艘潜艇。日本大胜，山本五十六从此也飞黄腾达了。

你看，由于日本密码的"胜利"（因为罗总统不信嘛），山本也就胜利了。但是，日本的密码噩运，马上就要来了！

借助偷袭珍珠港的余威，日本急于一鼓作气，再给美军来个雪上加霜；于是，便精心策划了中途岛战役。与刚受重创的山姆大叔相比，日军可谓计划周详，组织严密，时机掌握得当，而且还兵多将广；比如，其可投入决战的战舰，多达4艘舰队航母、2艘轻型航母、11艘战列舰、16艘巡洋舰和46艘驱逐舰，等等。然而，美军却捉襟见肘，哪怕翻箱倒柜，也只拿得出可怜巴巴的3艘航母、8艘巡洋舰和15艘驱逐舰；因为其他舰船，刚被日本沉入海底。日美双方兵力悬殊，看上去，山本几乎必胜无疑，美国你就等着投降吧。天皇升任地球"球长"，几乎已成定局。

可是，结果却完全相反！日军大败，山本这位赌场高手，甚至连老本都赔光了：不得不放弃中途岛，并全军撤退。小日本的扩张也到此为止，美军开始转入战略反攻，星条旗终于飘起来了。为什么会如此意外呢？最根本的原因就是：美军对日本的作战计划了如指掌，因为，美国破译了日本海军的D号密码（美军称为JN-25密码），而日本却被完全蒙在鼓里！比如，美国太平洋舰队司令，通过密码破译，早就知道了山本设下的陷阱，于是将美方仅有的部队，配置在最适合的位置，来伏击日军航母。相反，日本还得意扬扬，按既定计划对美佯攻，试图诱其上当；但是，美军航母早已成竹在胸，只是专心设伏，关门打狗。于是，就在战役开始当天——1942年6月4日，美军抓住最佳时机，一举击沉了日本的全部4艘舰队航母。

密码破译给山本的苦头，还没完呢！

1943年4月14日，又是那位中国密码学家——池步洲，截获并破译了一份日本密电，得知山本五十六要出宫了：他将于1943年4月18日早上，从拉包尔起飞，前往所罗门群岛附近的野战机场；甚至还知道他搭乘的飞机型号和护航阵容等。这次，当"亚洲战区总司令"将破译结果交给罗斯福时，这位美国总统终于相信了，而且马上下令："干掉山本！"

于是，一个中队的闪电式战斗机，受命拦截一名"重要的高级军官"。精选的18位飞行员，经过430英里的无线电静默超低空飞行，虽然只有16架飞机到达目标空域，但是，仍然在东京时间9点43分，与山本的6架零式护航战斗机短兵相接，并在30秒之内，把舷号为T1-323的山本座机打成了筛子。电光火石之间，日本海军部最高统帅就这样去了阎王殿。事后，据日军搜救小队回忆，山本的尸体压在飞机残骸之外的一棵树下，仍然僵硬地坐在座椅上，戴着白手套的魔掌仍拄着日本军刀。解剖报告显示，山本共中了两粒枪弹：一粒自身后穿透左肩；另一粒从下颌左后方射入，从右眼上方穿出。当然，为防止日军得知自己的密码已被破译，美军愣是没有公开其大部分刺杀行动。

山本之死，对开战以来，自以为不可一世的小日本，可以说是沉重打击。日本朝野震惊，当局一再隐瞒，直到一个多月后的1943年5

月21日，才公布了山本的死讯。

密码不但将山本送上了黄泉路，而且，也把小日本赶进了十八层地狱。实际上，据战后评估，正是因为盟军在密码破译方面的绝对优势，使得法西斯们节节败退，最终，二战至少被提前两年结束！

当然，密码也绝不是战争的专利。后面我们将会看到，密码及其衍生品，在人类历史上，一直就扮演着不可替代的重要角色；甚至，日常生活的许多细节都已完全融入到密码之中，就像空气和阳光那样，以至于根本感觉不到它的存在了。比如，你身边的几乎所有IT及周边产品（电脑、手机、电视、饭卡、身份证、汽车、银行卡等）中，最核心的部分都是密码；你每天的网上活动（购物、支付、收发信件等）的安全保障，也离不开密码。而且，人类对密码的依赖程度，还将越来越高。

那么，密码到底是什么呢？所谓的加密和解密又是怎么实现的呢？

单单从名词解释角度来看，答案其实很清楚：加密嘛，就是把明白的东西（称为"明文"）变糊涂，当然是让非法人员糊涂，而合法人员仍然保持清晰；加密后的东西叫"密文"。解密嘛，也叫"破译"（仅对非法解密者而言），就是把糊涂的东西搞明白；或者说，把"密文"变成"明文"。对合法人员来说，解密易如反掌，因为，他事先已经知道了"解除魔法的咒语"；但是，对非法人员来说，解密却异常困难，所以又称为"破译"，他要么得想法搞到咒语，要么另辟蹊径，把魔法打回原形。而"密码"就是"加密"和"解密"两件事情的统称。比如，山本的故事中，日军将机要的军事命令，变换成乱七八糟的密文，一般人根本就读不懂；而当这些乱码被传到日军自己的相关部门后，由于他们事先已有一些称为"密钥"的约定，所以，便能很快恢复出原来的机要信息，这个过程就是"解密"。但是，"一般人根本就读不懂"并不意味着"所有人都读不懂"，而有时还真会碰巧出现几位能够读懂这些乱码的神人，比如，前面的池步洲，于是，这份密电码就被破译了。

但是，要想从技术上来具体说明"加密和解密到底是怎么实现的"，这可不是一件容易的事情！因为，历史事实表明，在加密和解密方面，根本就没有规矩可言：只有你想不到的，没有密码学家们做不到的！既然说不清楚，那怎么办呢？想来想去，只好玩趟穿越，到遥远的古代去重新进化一次，顺便请教几位最著名的密码专家，看看他们是如何加密、解密和使用密码的。

各位伙计请注意，穿越马上就要开始啦！

到古代了，到中古了，到远古了，到伊甸园门外了。好了，现在可以睁眼了！

大家请看，那个门内就是伊甸园。据说，里面特舒服：学生不考试，老师不考核，工人不上班，农民不下田；而且，人人都土豪，喝酸奶都不舔盖，手机也不贴膜……反正，想吃啥肉吃啥肉，想炖粉条炖粉条。什么？那位游客说，想进伊甸园去看看？！抱歉，咱没资格，因为，人类就是从那里被赶出来的。

谁干的？请看，就是墙上画的这位。别看他长得和你我一样，其实，我们只不过是他的泥土仿制品。他就是有文字记载的第一位，也是最著名的一位密码学家，名字叫"上帝"！

上帝教授，也许已是院士了，真可谓著作等身，他最有影响的代表作就是《圣经》，密码只不过是其中一小节而已。那他为什么要发明密码呢？唉，说来话长呀！

当年，亚当和夏娃同学偷吃禁果后，人类就被赶出了伊甸园，并受到了滔天洪水的惩罚，几乎绝种。幸好诺亚造船厂厂长——诺亚先生躲过一劫。俗话说"大难不死，必有后福"，果然，诺厂长又多活了350年。他的三个儿子繁衍了人类的三大支系，居住在世界各地。那时候人类的语言、口音都没有分别。后来，他们开始东迁，并在示拿平原会合，于是，就在那里住下，发明了制砖，并建造了繁华的巴比伦城。这时，人类开始膨胀，并忘乎所以了，打算在巴比伦修一座通天高塔，一来传颂威名，二来方便集合天下兄弟，以免分散。因为大家语言相通，同心协力，所以，通天塔的修建相当顺利，很快就高耸入云了，严重干扰了上帝教授的工作和生活。

教授很仁慈，不想再用洪水来袭击人类，但又必须阻止人类的狂妄。于是，上帝加班加点，设计了若干套名叫"语言"的密码，并亲自离开天国来到人间，让不同的族人讲不同的语言。终于，人们各自操起不同的语言，感情无法交流，思想很难统一。互相猜疑就出现了，开始各执己见了，甚至争吵斗殴了。当然，通天塔工程，也终于因语言纷争而停止了。人类分裂了，按照不同的语言，形成许多部族，又散落到世界各地去了。

伙计们，你们也许不全信《圣经》，甚至可能怀疑上帝的知识产权，不过，这丝毫不影响一个铁的事实：语言确实是一种密码！因为，甚至N年后，当日历翻到1942—1945年的太平洋战争时，人类还在使用语言密码哦！

具体地说，当时美国征召了420名印第安纳瓦霍族人，让他们用自己的土著语言来传递密码。由于纳瓦霍语没有文字，语法和发音又极其复杂，所以，日军一直无法破译，并称这种密码为"不可破译的密码"。又过了约半个世纪，2001年7月16日，时任美国总统的布什先生，还隆重地向4名健在的、白发苍苍的土著密码员颁发了"国会金质奖章"呢！

如果非要找出语言这种密码，与其他密码有什么区别的话，那么，只不过这时加密者和合法的解密者不再是少数人，而是一族人，甚至是一国人而已。

好了，请大家与上帝说再见，咱们继续拜访第二位密码专家。

如果说上帝是加密专家的话，那么，这第二位就是解密专家。他的名字叫莱桑德，与上帝相比，这个名字几乎可以忽略不计；但是，他所破解的密码却是人类历史上最重要的两种密码之一，称为"滚筒密码"。

注意，此时咱们已进入公元前405年了。确实跑得快了点，但是，时间紧呀，咱还得赶路呀，不然就来不及了！

话说，雅典和斯巴达之间的战争已近尾声，虽然双方都精疲力竭了，但是，斯巴达好像逐渐占了上风。就在擂主斯巴达准备给挑战者雅典最后一记连环拳，要结束其性命时，突然，裁判员波斯帝国翻脸了。要知道，本来斯巴达已经买通裁判为盟友的，现在关键时刻，他却不帮斯巴达吹黑哨了。莫非裁判想让雅典和斯巴达两败俱伤，以便从中渔利？但是，仅仅猜想而已，没有证据呀！怎么才能摸清波斯帝国的底牌呢？

幸运的密码之神降临了！斯巴达军队碰巧捕获了一名信使，他正从波斯帝国回雅典送密码信件呢。仔细搜查俘虏后，发现了"一条布满杂乱无章的希腊字母的普通腰带"。情报肯定就藏在腰带上，躲在这些杂乱的字母之中；但是，谁能读懂这些乱码呢？严刑拷问信使，也一无所获，因为，他真的什么也不知道，只知道系了一条别致的腰带而已。

怎么办呀，怎么办？！正当大家抓耳挠腮，无计可施时，咱们的第二位密码专家出现了！他就是斯巴达军队的统帅，莱桑德讲师（肯定不能是教授，否则就是对上帝的不尊）。只见他面对这些天书似的文字，反复琢磨、研究，用各种方法进行重新排列组合，看看能否排出有含义的文字来。时间一分一秒地过去了，太阳升起来又落下去了；胡子长了，头发乱了，能用的办法都想尽了，可还是解不出秘密来。

最后，莱桑德几乎失望了，他一边摆弄着那条腰带，一边思考着其他可能的破解途径。无意中，他把腰带，呈螺旋形无缝缠绕在手中的剑鞘上；这时，奇迹出现了：腰带上那些杂乱无章的字母，竟然组成了一段文字！原来是一份惊天情报：波斯帝国准备在斯巴达消灭雅典的那一瞬间，突袭斯巴达。于是，斯巴达转手就是一拳，向波斯发动了闪电战，一举将裁判打倒在地，解除了后顾之忧。随后，斯巴达顺便收拾了雅典，终于再一次捍卫了自己的擂主地位，取得了最后胜利。

腰带上的这种密码，为什么要叫"滚筒密码"呢？其实，它是世界上有文字记载的最早的密码，采用的加密解密规则是：加密方，先将腰带（或羊皮纸带）呈螺旋形地、无缝地缠绕在约定直径的圆筒上，然后，将情报按正常顺序直接书写在圆筒上，再取下腰带就行了。而合法的解密方在收到腰带后，他只需要仍然将它呈螺旋形地、无缝地缠绕在约定直径的圆筒上，便可直接读出情报原文。但是，对破译方来说，由于他不知圆筒的直径，所以，就读不懂密文，除非像莱桑德讲师那样，刚好"瞎猫碰到死耗子"。

伙计们，现在咱们又穿越了400年，可以考察第三位密码专家了。

他既不是加密专家，也不是解密专家，但是，却是千真万确的密码使用专家，估计已达到副教授水平。他使用密码的本领，已经炉火纯青了。他的一生，既是战斗的一生，也是使用密码的一生。作为著名的军事家、政治家和罗马帝国的奠基者，他不但在战争中经常使用密码，而且，还在给朋友写信的时候，也要使用密码；好像离开了密码就不会写字似的。由于他擅长使用某种密码，以至于现在这类密码就干脆以他的名字命名了。而且，该密码还不是一般的密码，它与前面的那个"滚筒密码"一起，构成了所有算法密码的两个重要基石。换句话说，到目前为止，包括最先进的现代密码在内的一切算法密码，其实都可以最终分解为这两类"基石密码"的某种融合。至于到底如何融合，咱这篇科普就够不着了。

由于这第三位密码专家的名字太牛，直接说出来怕吓着你，所以，我先介绍一下他的简历，就算是打个预防针吧。他，公元前58年，被任命为高卢总督。仰仗高超的密码使用技巧，刚上任的他，就发动了高卢战争；并经过九年的血雨腥风，夺取了整个高卢地区，将比利牛斯山、阿尔卑斯山、塞文山、莱茵河和罗纳河等围成的，周长超过3000英里的地区变成了高卢省，并强征了大量的税赋。接着，他跨过莱茵河，征讨西班牙、希腊，并在公元前48年，彻底击败其女婿，将他追杀到埃及。他还干涉埃及内政，不但与艳后"插了一腿"，而且还反客为主，宣布由他的情人和正宗的托勒密十三世，一起共享埃及王位；后来，干脆杀了正宗王，让艳后独占王位。再后来，他又找了个借口，征讨潘特斯王国，说别人"破坏罗马协约"。公元前46年，他又杀到北非，把女婿的余党赶尽杀绝。之后，他回到罗马，举行了长达十天的凯旋仪式；然后，开始改革：将"罗马公民权"赐给了北意大利和西西里岛人民，制作了新的历法《儒略历》，建立了和平广场等。公元前45年，他再次远征西班牙，干掉了两个外孙；最后，于公元前44年回国，宣布自己成为终生独裁官。

伙计，通过这个简历，也许你已隐隐约约猜到他是谁了。但是，我敢打赌，你绝对不知道他的全名，因为，这位副教授有好几个全名，而且读起来都像密码：盖厄斯·儒略·恺撒、葛约斯·尤利乌斯·恺撒、盖乌斯·尤利乌斯·恺撒、朱利叶斯·恺撒！

算了，别兜圈子玩密码了！干脆用他名字中最后两个字来称呼他吧，那就是：恺撒！对，就是那位，史称"恺撒大帝"的恺撒。以他名字命名的密码，就叫"恺撒密码"。

恺撒密码虽不是恺撒设计的，但是，根据《高卢战记》的描述，确实是由他将该密码的作用发挥到了极致；并因此使其军事生涯从一个辉煌，走向另一个更大的辉煌。

对恺撒密码原理感兴趣的读者，可顺序阅读此段；只想看热闹的朋友，建议直接跳入下一段。恺撒密码的加解密其实很简单：通过把字母移动一定的位数来实现加密和解密，即明文中的所有字母都在字母表上向后（或向前），按照一个固定数目进行偏移后，被替换成密文。这里的"位数"，就是恺撒密码加密和解密的密钥。例如，当偏移量是3的时候，所有的字母A将被替换成D，B变成E；以此类推，X将变成A，Y变成B，Z变成C。于是，明文句子"A boy"便被加密为"D erb"，这对破译者来说显然是天书，而对合法的解密者来说，他只需要将每个字母换成标准字母表中其前面第3个字母就行了（比如，D变回成A，e变回成b，r变回成o，b变回成y；于是"D erb"就变回成了"A boy"，解密完成）。

伙计，别告诉我说恺撒密码太简单，你都能破译。的确，我信你的话，但是，如果把你送回到两千多年前，你还能吹此大牛吗？冒冒失失地去揭榜，小心掉脑袋哟，况且恺撒在真正使用时，还添了油、加了醋呢，比如，把A国文字换成B国字母等！

各位伙计，到此我们已考察过三位顶级密码专家了。但是，由于时间太紧，后面我们只能将单独考察换为群体考察；而且，穿越的年代也将更长。干脆，我们下一步，直接穿越2000年，跨入到电子时代吧……

73

伙计们，电子时代到了，大家可以下车了。请看，这是电报，那是电话，旁边是无线通信设备！注意啦，现在传送密电码，已经不用快马，而是改用远程电波传递了；破译者也不用逮俘房，而是直接从空中截获密文信号了。当然，"抓舌头"还是有必要的，万一他知道某些密码细节呢。

这一阶段的加密和解密工作，主要依靠机械方式来完成。所以，像什么"高大上"的"群环域"呀、数论呀等复杂运算，根本就无法进行，只能弃之不用。设计加密算法的手段也相当有限，仅能采用一些"用转盘和齿轮等就能实现的简单替换和置换"。

特别提醒一下：现在人类正进行第二次世界大战，所以，请伙计们注意安全，不要打扰各方密码专家，静静旁观，看看他们是如何斗智斗勇就行了。

首先，请大家往这边看，这台机器就是"恩尼格玛密码机"，它是纳粹德国的主战密码；于1918年，由德国发明家发明。它是人类第一款自动编码机，首次利用电气技术来取代手工编码加密。

该密码的破译过程，也算惊心动魄。话说，1928年，波兰情报部门从海关扣押了一个邮包，一个寄往德国驻波兰使馆的邮包，并从中偶然发现了一台"恩尼格玛密码机"，这算是天上掉馅饼吧。接着，1931年，出了一个德国奸细（德国国防部密码局的提罗·施密特同学），他将恩尼格玛密码机的详细情报，泄露给了法国情报人员，这算是送货上门吧。法国当然将这些资料，转给了波兰盟友。但是，即使有了这些情报和样机，要想破译恩尼格玛也还早着呢，因为，如果采用常规的穷举法，盟军就还得测试数以亿亿计的组合，这在当时，显然是不可能的。终于，名字最后都带一个"基"字的，三位"基字辈"天才数学家登场了。他们是亨里克·佐加尔斯基、杰尔兹·罗佐基和马里安·雷杰夫斯基。这三位可了不得呀,是波兰密码界的"三杰"。只见他们站如松,坐如钟;眼观鼻,鼻观心;气沉丹田,双手合十;嘴里叽里呱啦,念念有词;接着,突然一睁眼,大吼一声:开!只听得晴天霹雳,恰似原子弹爆炸;然后,你再看那恩尼格玛密码,早已被打回了原形,德军密码就这样神奇般地被破译了!

德军不服,于1938年12月,又对该密码进行了改进,使得原来波兰的"原子弹破译法"完全失效。于是,英国只好在伦敦远郊的布莱切利庄园,开设了一期"太极神功班",集中招募了多位顶级数学家和语言学家,让他们全职进行密码破译,这便引出了图灵大战恩尼格玛密码的传奇故事。

对,就是图灵,伙计,你没听错!他就是你所熟悉的那位"计算机之父"和"人工智能之父"——艾伦·图灵。现在"计算机界的诺贝尔奖",就是以他的名字命名的"图灵奖"。这位神人,不但是著名的数学家,而且还是逻辑学家。正是因为图灵"发现了一种不依赖重复密钥的破解方法"——这绝对是太极高手的"四两拨千斤法"——才最终将恩尼格玛家族,永远、彻底赶出了密码领域!

看过纳粹密码后,请大家往那边看:那台像"王八盖"样的密码机,叫"九七式密码",它是日本的主战密码。其名字听起来很怪,主要源于它的诞生日期:日本纪元2597年。盟军称它为"紫密"。

它与纳粹的"恩尼格玛密码"大不相同,更加先进:它不用机械转盘,而是使用电话交换开关,所以更难破译。

1938年山姆大叔发誓,哪怕是长征,也要攻破紫密。经过20个月的围追堵截,终于在1940年秋,迈出了长征的第一步,即仿制出了一台"九七式"密码打字机。1941年初春,美国特工设圈套迈出了第二步:他们以检查毒品为名,在旧金山,强行拦截了一艘开往德国的日本油船，并从船长室的保险柜中，抢走了一套日本《船舶密码本》。于是，美国便获得日本的密码本了。由于日本商船是海上兵力的重要组成部分，因此，《船舶密码本》当然也是日本海军的密码核心。最后，又是两位天才的密码学家——威廉·弗里德曼和弗兰克·罗莱特依靠其"绝世神功"，最终将"紫密"全面破译。于是，美军就像长了一双透视眼，把日军的五脏六腑看得清清楚楚了。

好了，请大家赶紧上车，继续密码考察。现在是咱们的最后一站：计算机时代！

计算机，又称电脑，可不得了啦，啥事都能干。更有好事者，将电脑连成了一张网，称为互联网。于是，通信方便了，加密方便了，解密也方便了，普通老百姓也开始频繁使用密码了。由于这时加密和解密算法都必须公开，唯一保密的只是"密钥"而已；所以，对加密算法的设计要求就相当高，挑战也极其严厉。怎么应对这些挑战呢？老办法，一个字：打！两个字：摆擂！三个字：淘汰赛！

于是，1976年，山姆大叔搭起了高高的擂台，"DES"三个血盆大字格外醒目。

规则很简单，无论是教授，还是老板，还是官员，甚至叫花子，只要你愿意都可以拿着你设计的密码算法，前来叫阵；无论是大公司，还是小企业，还是科学院，甚至特殊高校，都可以对公布的密码进行破译，而且还不算违法；无论你是亚洲，还是美洲，还是非洲，甚至南极洲，都可以既攻击别人的密码，又公布并捍卫自己的密码。

一时间，全世界密码界沸腾啦，大家奔走相告！江湖上，更是人人跃跃欲试，个个摩拳擦掌。少林派来了，武当派到了；峨眉派早已按捺不住，跳上擂台与南拳派干上了。天罗拳、地煞拳、哪吒拳，拳拳飞舞；金刚锤、观音锤、罗汉锤，锤锤致命；夜叉掌、铁砂掌、空门掌，掌掌生风；莫家腿、薛家腿、岳家腿，腿腿不让。但见，天昏地暗，日月倒转；喊声杀声哭笑声，掀起阵阵惊雷。刚躲过连环鸳鸯步，又迎面闪现鹿步梅花桩；你来一招孔明拜灯，他回敬一式达摩点穴。燕青十八翻开路，七十二插手断后；盖手六合拳攻左，九宫擒跌脚击右……

最后，经过历时三年多的入围赛、初赛和决赛，终于，只独独剩下蓝色巨人——IBM公司趴地上喘粗气了。它竟然用名不见经传的"揉面功"，也就是你我做馒头"和面"的功夫，打败了所有对手。这时，裁判入场，宣布：首个面向全社会公开的数据加密标准算法（DES）诞生啦！

当然，约30年后，美国又故技重演，同样用这种擂台法，淘汰了第一代拳王（DES）；选出了第二代拳王（AES），这回笑到最后的，是比利时的两位密码学家：Joan Daemen和Vincent Rijmen。

无论第一代拳王（DES），还是第二代拳王（AES），它们都有一个共同的学名，叫"对称密码"。形象地说，此时加密者将机要信息锁进了一个"结实的箱子"，而开锁的钥匙只有两个，一个留给加密者，另一个通过安全方式，事先发给合法的解密者。如果破译者没能截获这个"箱子"，那自然就不存在被破译的问题；当破译者获得这个"箱子"后，他要么想办法配出一个钥匙来开锁，要么，干脆直接砸坏"箱子"取出秘密。当合法解密者收到箱子后，他只需用事先获得的钥匙，打开此箱子就行了。至于破译者们如何配钥匙、偷钥匙、抢钥匙、骗钥匙，以及如何砸箱子，在许多电影和电视中都已经演绎得出神入化了。比如，大家所熟悉的《红灯记》，其主要情节就是加密者如何"事先将钥匙传递给合法的解密者"。

如果你还没明白"对称密码"是怎么回事的话，那么，请假想一下这样的场景：把你和破译者扔进某个巨大的迷宫中，这时你与破译者的地位是相同的，即"对称的"；但事先却悄悄告诉了你"迷宫地图"，这相当于你知道了"打开箱子的密钥"；而破译者却什么都不知道。于是，比赛开始后，你很快就能走出迷宫；而破译者则只能像无头苍蝇那样，永远陷在迷宫的密码中，扮演一只"热锅上的蚂蚁"。那么，实际中是如何来设置这种"迷宫"的呢？办法其实很原始，那就是前面已经描述过的方法：打擂！

如果说DES和AES是官方擂台拳王的话，那么，接下来，就请大家看看民间擂台的拳王：RSA。它的发明者是三位教授，至于打擂的过程，咱们就别浪费时间了，还是直奔加密主题吧。

在计算机时代，无论是加密还是解密，都离不开计算机的看家本领：快！那么，如何才能使加密者，在这场"以快治快"的竞争中，略占优势呢？唯一的思路就是"用足加密者的主动性优势"，毕竟是先加密，后解密嘛。为解释清楚RSA的做法，我们先介绍一点数学中的"单向函数"。

伙计，你会乘法和除法吧！你肯定知道乘法比除法容易，比如，给你两个比"天文级"还大的大素数p和q，那么，你便可以轻松求出它们的乘积$n=p\times q$；但是，如果你把这个已经乘好的数n交给全世界最伟大的数学家，并让他求出原来的p和q，那么，非常不好意思的是，他只能交白卷！你也许以为，多给他们一点时间就可以了，但是，数学家们早在300多年前就进考场了，至今仍在那里发呆呢！如果以为数学家不够聪明的话，那你进去试试，肯定更尴尬。

其实数学和日常生活中，像这样"从起点到终点"非常容易，但是"从终点返回起点"却非常困难的问题还有很多。加密者们正是充分利用了这种"不对称性"把简单的事情留给自己，并以此来加密；而把困难的事情推给敌人，让他去破译。比如，自己加密，只需要做"乘法"就行了；而破译者解密，则必须翻过"除法"这座大山。于是，虽然加密者和破译者都有极大的计算资源，甚至破译者的计算能力更强些；但是，由于他们所需的计算量完全不在一个档次，加密者几秒钟就能完成的加密运算，破译者为进行其逆运算，则需要几千年甚至几亿年。这就有点像两只青蛙玩游戏，一只在井底，另一只在井台，双方约定：谁先到达对方的地点，谁就获胜。但是，由于加密青蛙占主动，它肯定先选井台，破译青蛙就只剩井底了。于是，口哨一响，加密青蛙只需轻轻一跳，就锁定了胜局；如果井底足够深，井壁足够陡的话，那么，井底的破译青蛙可能永远也上不了井台！

细心的你也许会问，那么，合法的解密者怎么办呢，他们不会也花费成百上千年才能读懂加密信息吧？嘿嘿，问得好，当然不需要！因为他们已经事先知道了一些"破译者不知道的关键"。比如，仍然是从前面那个"从$n=p\times q$中，求出p"的问题。对破译者来说，他不会强过那些，至今还关在考场中的数学家们；而对合法解密者来说，因为它事先已经知道了q，于是从n中求p就是小菜一碟了！又比如说，那只加密青蛙，因为它事先已经知道了井底中的某个暗道，所以，即使是它跳入井底后，也能够通过暗道，轻松重上井台。虽然花费的时间会长过跳水时间，但是，这已经足够满意了。当然，要设置这种"暗道"，是相当困难的；技巧很多，水也很深。如果你非要自虐一把的话，那么，请在网上搜索"公钥密码"或"非对称密码"等关键词吧。

好了，各位旅客朋友，穿越结束了。如果大家还没考察够的话，且听本导游再多啰唆几句。

其实，从古至今，人类在任何时期的所有重要发现，都会首先被或多或少地应用到加密和解密当中。比如，量子纠缠才刚刚发芽，人们就已经迫不及待地要用它设计出"牢不可破的量子密码"之盾了；量子计算还没实现，人们却已在磨刀霍霍，要用量子计算机这支矛，去戳穿所有现行的密码之盾了！又比如，人类发明电子计算机的直接动因，其实就是密码破译，希望借助其神奇的快速计算能力，来破尽天下密码，永远称霸密码擂台，因为唯快不破嘛；而事实却是，电脑一诞生，加密专家们便迅速跳上新擂台，手持刚刚设计出的另类密码（也就是前面刚刚说过的"公钥密码"等）之盾，就完全挡住了任何计算机的强攻！在密码江湖上，类似的恩怨情仇数不胜数，反正加密专家和解密专家们，永远都在路上：今天你刚练习屠龙刀，明天他就掌握了金钟罩；这边刚学会遁地法，那边的火眼金睛却早又明察秋毫了……

既然是科普，本章就没有必要详细介绍加密专家和解密专家们的"武林秘籍"了。其实，即使是密码专家，往往也只有几招杀手锏，也不可能掌握所有的加解密技术；因为，这些技术几乎遍布了计算机、电子工程、信息与通信等各个学科，涉及数学、物理等绝大部分基础科学，而且还都是尖端部分。总之，既不可能，也无必要在这里晒出加密和解密的全部具体内容。

一个秘密（无论它是无形的信息，还是有形的实物）怎么才能让友人知悉，而同时又对敌人保密呢？！从逻辑上看，无非两招：其一，让敌人不知道"秘密"的存在，这不是本章所要研究的场景，因为它不算密码，后面"信息隐藏"一章将对它进行详述；其二，即使敌人知道"秘密就在这里"，但是他却得不到它，只能"望密兴叹"！

又怎么让敌人明明知道"秘密就在这里"，却眼巴巴地得不到呢？相应的办法，也只有两类。其一，让敌人近不了身，比如，在古代，镖局押镖时，情况就是这样：劫匪明知宝贝就在车上，可是，却无能为力，除非先取镖师性命；就在几年前，光纤保密通信也是这样，因为那时人们还无法对光纤进行搭线窃听，所以，黑客只能眼看着秘密信息在光纤中飞速传播，却根本近不了身，当然，现在光纤保密的神话已被打破了。据说，今后量子专家也仍然会这样，他们会充分利用"测不准原理"，把窃听者挡在门外干着急。不过，密码学要真正研究的内容绝不是"让解密者近不了身"，而是其二，敌人虽然能够获取加密信息，但是，却无法读懂它！

那么，又怎么才能让敌人无法读懂"就在手边的加密信息"呢？这可就是一个与时俱进的问题了，而且从哲学本质上说，这根本就是一个悖论！因为，既然任何加密都需要友人能（轻松）读懂，那么，也就可能会被敌人偶然读懂，毕竟友人和敌人是不可能被彻底分割清楚的。事实也是如此，在人类历史上，从来就没有哪个实用的密码是绝对安全的，虽然密码破译确实非常困难。

抱歉，都快要分别了，还给大家说这么多专业的东西，好像故意卖弄水平一样。作为补偿，最后再让大家轻松一下，看看上帝创造人类之前的密码场景。

当人类还是猴子的时候，其实就在使用密码了。如果再说远一点，自打动物出现以后，就有密码了，而且这些密码一直沿用至今。不但动物有密码，而且不同的动物还使用了不同的密码呢！比如，猫和狗为啥很难成朋友呢？因为它们使用了不同的密码，解密后经常会出现歧义。

狗狗"摇尾巴"的密文，正确解密后，应该是：主人好，你吃了吗？

然而，同样是"摇尾巴"的这个密文，由猫咪来解密时，结果却是：别动，我开枪了！

于是，当狗狗好心好意摇着尾巴去讨好猫咪时，换来的却是一顿暴打。唉，译错密码害死人啊！

如果再往前推，即使是动物还没进化出来的时候，也已有密码了！这个密码，就隐藏在植物基因中。君不见，现在全世界的生物学家们，都在忙忙叨叨地破译这些密码吗？当然，动物中也有这些基因密码。

那么，生物出现前有密码吗？还是有密码！其实，宇宙大爆炸就已经完成了这个密码的加密。如今，物理学家、天文学家等，不是都在努力破译这个密码吗？前段时间人类还因为"发现了宇宙大爆炸时，留下的背景辐射"而狂欢了好一阵子呢！

如果你还要追着问：宇宙诞生前，有密码吗？！嘿嘿，伙计，别再执着了。告诉你吧：仍然有密码！因为，"宇宙诞生前到底是什么情形"这个问题本身，就是人类想要破译的最终密码。

好了，伙计，别再一根筋了。咱们还是按惯例，套用宋朝诗人苏东坡的《江城子·密州出猎》，从加密和解密两个方面，来归纳并小结本章吧。

老夫聊发少年狂，

巧加密，赛铜墙。

密钥不知，穷举也白忙。

倾巢进攻一夫守，轻戏虎，笑看狼。

酒酣胸胆尚开张，

妙破密，又何妨？

持矛云中，铜墙变朽框。

手挽雕弓如满月，西北望，盾难挡。

第6章 认证

上章谈了"金童"，现在就该说说"玉女"了。先来看看她的简历：

姓名：认证；笔名：消息认证、身份认证等；俗名：密码；绰号：口令；诨名：暗号、黑话、密语、暗语等。

性别：女。更准确地说，其性别与观音相同；既有天仙之阴柔，更有力神之阳刚。

年龄：至少50亿岁。对，你没看错，即差不多是太阳系的年龄！

职业：用阳春白雪的话来说，就是"认证、验证"或"认证、被认证"；用下里巴人的话来说，就是"贴标签、验证标签"。嘿嘿，原来"玉女"竟然靠发小广告为生！

住址：地球的任何位置，当然，也许还有外星别墅。

爱好：变身。至少有72万变，超过孙悟空一万倍；或者与观音相同，具有无数种化身。

……

伙计，简历还没看完，估计你就头晕了吧；没办法，如果没这份简历，你会更晕！

都说女人是个谜，玉女更是谜中之谜！从古至今，即使是权威的安全专家，也从来没能看清过她的全貌；但是，即使是普通人，却也都可以对其局部了如指掌，并巧加运用。

都说"神龙见首，不见尾"，但是，这位玉女更神，以至于"迎面不见其首，随之而不见其尾"，她那"无形之形，无像之像"让人深不可究。反正，她既可无处不在，又可视而不见，听而不闻，触而不觉。说她光明吧，却也混沌；说她乌黑吧，却不昏暗。其延绵之状数十亿年，却又状不可言；好像虚幻无物，却又似有形，又似有像，又似有核。她始终初心如故，在混沌中规约万物，使世界恢复秩序，而自己却又恍又惚，恍恍惚惚。

都说女人似水，玉女更似水！其名"认证"本身，就是让人全无感觉的水，淡而无味的水。但是，正是这种无味，却蕴含着绝味，让人神魂颠倒的无尽的味；历史上不知有多少英雄豪杰，都曾拜倒在她的石榴裙下。玉女之水虽然柔弱，却能攻克万物，让混沌世界变得有序；能沉淀浊水，使之慢慢变清；能使躁动安宁，让虚静渐渐重生。玉女之水能胜刚强，能入无缝之体，能吸纳百川，能让天下长治久安。她虽为刚，却以静守柔，愿处天下低；虽能光明，却甘守暗昧，模范天下；虽可荣耀，却甘守羞辱，回归于质朴。所以，她始终默默无闻。

都说女人善变，玉女更善变。可以说她小，小到无内，因为她可以深入细胞，甚至变得微眇无形；可以说她大，大到无外，大到无边，并且还在飞速膨胀，膨胀至遥远。她既可生养万物，又能绵延不绝，用之不竭。可以说她快，在网络世界能快似闪电；也可以说她慢，在微生物世界慢如蜗牛。可以说她无声无形，宛如混沌；也可以说她惊天动地，始终独立，周而复始永不停息。

如果非要找个现成人物，来类比她的话，我觉得，观音菩萨最合适。一是因为她们都很美；二是因为她们都有无数个化身，且真身永远是个谜。当然，她们的区别还是有的：观音是专门救苦救难，哪里有灾，她就会在哪里出现；"玉女"则是专门治乱，哪里有混沌，她就会出现在哪里。当然，观音救难，只需用杨柳枝，在玉净瓶中，蘸点仙脂露，轻轻一洒，瞬间就能解决问题；而"玉女"治乱，则需永无休止地"贴标签"和"验证标签"。

总之，"玉女"实在是太重要了。天若得她，则清静；地若得她，则安宁；神若得她，则显灵；万物得她，则生长；社会得她，则天下正。

伙计，读到此时，你也许会怀疑我在故弄玄虚吧。不过，当看完本章后，无论是安全专家，还是普通百姓，你都将发现上面的描述，其实既不玄也不虚，甚至还有点保守呢。

50亿岁的她，是不是已经老态龙钟，行将就木了呢？当然不是，而且在如今的网络时代，她的回头率正变得越来越高，人也变得越来越美。到底有多美？嘿嘿，一想之美，即想有多美就有多美！不信你看，在信息安全的五个基本要素——保密性、完整性、真实性、可控性、不可抵赖性中，除了第一项"保密性"之外，其他四性的核心都是"认证"；换句话说，在网络空间安全领域中，五分天下，她涉其四！

为什么会出现如此奇观呢？这就得先回忆一下网络世界的特点。

网络本来是人类文明的最新成就，也是各种先进技术大融合的舞台。但是，到目前为止，如果从安全角度来看，网络世界干脆就是一个充满野蛮和原始的世界。网络现象是人类文明的一种"返祖"。

在这个网络原始世界里，人们没姓名、没身份、没荣耻、没道德、没法律、没人权，甚至连隐私都没有，大家都赤身裸体。在网络野蛮世界里，弱肉强食是最基本的生存法则，到处都闪烁着刀光剑影。网络人只认一个字："斗"！网络人只干两件事："攻"和"守"。为了"攻"，黑客们可以损人利己，也可以损人不利己，甚至可以损人又损己。总之，一句话，网络世界堕落了，失序了！

谁能重建秩序呢？当然，非"认证"莫属！因为历史上的每次混沌，几乎都离不开这位"玉女"；每一股浊流，最终都得靠她来澄清；每次文明的失落，都得仰仗她来拯救。

于是，便出现了你所熟悉的场景：网络中的许多操作，都会要求你输入"密码"（其实是口令），意在对你进行验明正身，阻止别有用心的人冒充你。虽然"密码"（口令）是最不安全的身份认证技术，但是，由于这玩意儿最简单、最接地气，所以，深受用户喜爱，以至于许多人便误以为，这就是认证的全部。你看，认证确实可以很肤浅吧，但是，认证其实非常高深，高深得连全球顶级的信息安全专家，至今仍在苦苦求索。

据不完全统计，到目前为止，仅仅为了在特殊情况下，实现网上的身份认证工作，人们就已经挖空心思，早把你大卸八块了：你的声纹、指纹、掌型、虹膜、脸型、视网膜、血管分布和DNA等，每一块都被当成了贴在肉体的标签；你的签名、语音、行走步态、说话的语气，甚至狐臭、体味等习惯特征，也都派上了用场。即使是前面提到的"口令"这道小菜，也被凉拌为一次性的、多次性的、动态的、静态的、双因素的、多层静态的、动态与静态融合的等花样。签名也被红烧成了数字的、软件的、硬件的、智能卡的、短信的等"硬菜"。反正，仅仅是身份认证，就已经至少有三大菜系：基于秘密信息的身份认证，即根据你独知的东西来证明你的身份（你知道什么）；基于信任物体的身份认证，即根据你独有的东西来证明你的身份（你有什么）；基于生物特征的身份认证，即直接根据你独特的体征来证明你的身份（你是谁）等。基于这三大菜系中的任何一类，都可以轻松摆出数桌满汉全席。

网络世界中的"认证"问题，绝不是吃一顿满汉全席就能解决了的，两顿也不行！比如，面对更抽象的"消息认证"等难题，就得再出新招，因为此时你必须面对抽象的消息，回答小区保安经常询问的，三个基本哲学问题：你是谁？从哪里来？到哪里去？用行话来说，就是要对消息内容进行认证（你是谁）；对消息来源进行认证（从哪里来）；对消息归宿进行认证（到哪里去）。当然，还得对消息的序号和操作时间等进行认证。这下可就不像"请老太太输密码"那么直观了，因为，如果不解决这些难题，网络秩序就会大乱，例如，黑客就会干出以下勾当：

伪装：向网络插入一条伪造消息，比如，你舅有难，赶紧汇钱；

内容修改：修改合法的消息内容，包括插入、删除、转换和修改等，比如，将"你欠我一百元"，修改为"你欠我一百万元"；

顺序修改：修改网络消息的顺序，包括插入、删除和重新排序，比如，将"我怕太太"改为"太太怕我"；

重放攻击：对消息进行延时和重放，比如，用旧口令来充当新口令，或形象地说，用前朝的剑来斩本朝的官；

赖账：否认自己在网上的所作所为，比如，删除上网痕迹，否认自己攻击过某个系统等；

泄密：把不该上网的机要消息透露出去；

等等。

不过，所有这些坏事，都有一个共同的特点，那就是充分利用了电子文档的"无痕修改"特性。而在传统世界中，所谓的"消息认证"根本就不是大问题。比如，你几乎不可能修改一张手写借条；而且即使篡改了，在法庭上也很容易被笔迹专家揭穿。

安全专家这些"老干部"们，是如何解决消息认证这个"新问题"的呢？如果你不怕专业术语唬人的话，那就请记住：MAC码、MDC码、鉴别码、非对称密码、对称密码、散列函数、数字签名、零知识证明、多方协议、挑战应答……反正，该清单还可以继续长下去，直到你满意为止。这些术语所涉及的技术，要多"高大上"，就有多"高大上"；相关理论要多难，就有多难，而且还遗留了好多世界级的未解难题呢。不过，如果我把这层窗户纸捅破的话，其实，它们的核心之一，却是一个人人都知道的常识，名叫"鸽子洞原理"；其大意是说：假如你有$N+1$个萝卜，却只挖了N个坑，那么，无论你有多大本事，要想把这些萝卜种完，则某个坑里至少要种两个或更多的萝卜。当然，我也想提醒你，信息安全专家也不是傻瓜，他们都难以解决的问题，这绝非儿戏。至于其中到底有哪些技巧，到底如何利用"鸽子洞原理"等；嘿嘿，欲知详情，欢迎报考我的密码学博士研究生，这也算顺便做个招生广告吧。

除了"身份认证"和"消息认证"这两种主要认证，在网络空间中，"行为认证"也必不可少。比如：哪些行为是合法的，哪些是非法的；哪些操作是善意的，哪些是恶意的；哪些是危险的，哪些是安全的；等等：对于这些都应该有精确的判断。每个人都有自己的上网习惯，如果某天这个习惯突然变化了，那么，这些异常行动的背后，很可能就有问题。一般来说，行为认证的技术核心主要是统计，所以大数据分析在这方面将发挥重要作用。

对了，还有一种认证，我差点给忘了，它叫"权限认证"。其目的就是，要给不同级别的上网者，分配合适的权力。既不会因权力太小，而影响工作；又不会因权力过大，而越权行事，造成安全隐患。比如，谁有权阅读相关内容，谁有权复制，谁有权存取，谁有权修改，等等，都必须清清楚楚、明明白白。总之，精度越细越好，每个用户的权限，都好像是为他量身定制的一样。其实，这种认证是由若干技术综合而成的。用行话来说，至少包括了统一授权、集中管理和集中审计等。

网络空间中的"认证"，绝不仅限于前面介绍过的"身份认证""消息认证""行为认证"和"权限认证"，还有许多其他更复杂、更抽象的"认证"，也还有许多需要巨额投资的认证，比如，即将进入你日常生活的"CA数字证书体系"等。而且，这些众多"认证"，在技术上千差万别，在理论上完全不同，在表现形式方面，让人眼花缭乱。但是，如果认真研读"玉女"的简历，不被她那"72万变"所迷惑的话，那么，你便可以牢牢抓住牛鼻子。因为，"玉女"的职业限定了，她只做两件事：贴标签和验证标签！

所谓"贴标签"，就是赋予被贴对象某种特性。如果再细分的话，又可分为两种。其一，先确认该对象具有这种特性后，再发给其证书，比如，你的健康证、护照、饭票等，都属于这种"标签"；其二，先赋予你某个"标签"所规定的权力，然后，你再依权行事，如邀请函和户口本等。

所谓"验证标签"，其实就是将你出示的"标签"，与验证者预先拥有的"档案"进行比较：如果一致，则验证通过；否则，验证失败。

好了，抓住"玉女"的职业本质后，再回过头来看看前面的所谓"身份认证""消息认证""行为认证"和"权限认证"等，这些乱麻，就突然厘清了！

　　确实，网络虚拟空间中的认证，除了贴标签，就是在验证标签。你看，你的小脸蛋，是不是已被当作贴在身体上的标签了呢？只要验证了脸蛋的真实性（与数据库中的脸蛋一致），那么，你的身份也就不会假了。口令数字（俗称"密码"），也被当作了标签，事先贴在账号上，如果你通过了验证，即说出了正确的口令（与后台的存档相同），那么，账号就归你使用了。所谓的"散列函数"，其实也是一个贴在被认证消息上的"标签"，如果验证了标签的真实性（即被认证消息的散列与预存值重合），那么消息的真实性也就没问题了。你的权限也是一个"标签"，它标明了哪些事你能干、哪些不能干等。总之，网络空间中的一切"认证"，无论它怎么千奇百怪，却永远是万变不离其宗：贴标签和验证标签！

　　网络空间中的"标签"可以分为四大类：有形载体上贴的有形标签、无形载体上贴的有形标签、有形载体上贴的无形标签和无形载体上贴的无形标签。如果你嫌这些绕口令太长的话，没关系，可以暂时不管它，后面你将突然顿悟。不过，请你千万别小看这一个个小标签，别看它们其貌不扬，若想建设网络秩序，还真少不了它们呢。因为"标签"辨明了敌友；当然，"标签"也产生了所有矛盾。

　　网络虚拟世界的"贴标签和验证标签"运动，现在才刚刚开始，并将永远进行下去，除非网络文明停止或倒退。

　　虚拟空间中的某些认证技术，确实比较抽象；但是它们的原理和思路，其实并不新鲜，甚至还很老套。所以，为了更好地理解认证的本质，也算是课间休息吧，我们介绍四个经典故事，分别对应于现实生活中的消息认证、身份认证、行为认证和权限认证。

　　先讲"消息认证"的故事。

　　从前，有座山，山里有个省，省里有个掌柜在讲故事。讲的什么呢？从前有座山，山的西边有个省，名叫山西省；省里有个县，名为平遥县；县里有个票号，称为"日升昌"。我们的故事，就发生在这家"中国第一票号"。那时还是道光三年，虽然"清朝华尔街"商铺林立，票号通达；但是，一个很棘手的问题，摆在这些"老银行家"面前：如何异地验证"老支票"的身份，即验证"老支票"消息的真假，防止坏人冒领银子。伙计，早在200多年前的1823年，那时可没有什么水印呀、防伪呀、短信确认呀等先进技术哟，而只有一张糙纸，用来写字和盖章。而外地票号的掌柜，只能根据这张糙纸，来判断持票人是否是骗子，是否该给他支付银子，以及支付多少银子等！聪明的日升昌老板，采用了一整套巧妙的认证技术，解决了这个难题；从而使山西逐渐变成了一个强大的票号商团，更为大清"金融"开辟了一条安全、便捷的流通之路。

日升昌认证体系，采用了步步为营的策略。

首先，接收汇款的票号，根据客官要求，单独写一封信给承兑票号。信中要标明取款人的年龄及相貌特征等，以便兑付时识别取款人。比如，"老朽独眼龙、大胖墩儿，李麻子将来取款"。这一关，显然就是所谓的"生理特征认证"嘛，约等于现在的虹膜认证。

其次，采用笔迹认证法。由于模仿笔迹很困难，故汇款票号由专人书写汇票，其笔迹还要事先通报给各分号，并让各分号都能熟悉辨认。如果写票人变了，则必须将新笔迹，立即通知各分号，以便辨认。

以上两步只是"形式认证"而已，傻瓜都能想到。但是，接下来的"内容认证"（即消息认证）就很绝了。因为，即使是笔迹被模仿，取款人被克隆，如果没掌握如下技巧，诸如写出"票号在5月15日汇银300两"等字样，那么，冒领者仍然会露馅。

"老支票"到底该如何写呢？

年号你也许可以随意写，但是，月号和日号，可千万不能照实写哟！正确的写法是：

全年12个月，1月至12月的这12个数字，分别用12字的诗句"谨防假票冒取，勿忘细视书章"中相应的字来替代。比如，"5月"就该写为"冒"。

每月有30天，1号至30号的这30个数字，分别用30字的诗句"堪笑世情薄，天道最公平，昧心图自利，阴谋害他人，善恶终有报，到头必分明"中相应的字来替代。比如，"15日"就该写为"利"。

代表银两多少的10个数——0到9，分别用10字诗句"赵氏连城璧，由来天下传"中相应的字来替代，比如，"3"就写为"连"。

最后，银两的单位（万、千、百、两），也不能直接书写，而是用4字诗句"国宝通流"中相应的字来替代。比如，"百两"就该写为"通流"。

因此，"票号在5月15日汇银300两"这句话，在合格的"老支票"上，就该写为"冒利连通流"。

怎么样，伙计，古人厉害吧，竟然用很简单的方法，解决了很头痛的难题！

然后，再讲"身份认证"的故事。

公元前546年，经过战国这个"第0次世界大战"后，在宋国举行了"联合国停战会议"：以晋国为首的"南约集团"和以楚国为首的"北约集团"签订了和平协议。但是，50年后，"北约"渐渐衰落了，而且开始内乱。为了争抢"董事长"位置，今天你杀我，明天我杀他。于是，一位副国级领导伍奢，就被关进了监狱；而且，还逼迫他，给两个儿子写信，骗他们回家受死。果然，大儿子上当，被擒杀头。小儿子腿快，从楚国逃到了"联合国"所在地宋国。可倒霉的是，宋国也乱了。他又逃到了郑国，并在那里摊上了大事；被通缉后，又不得不再次逃出郑国。

为了抓住这个官二代，"北约集团"画了他的像，挂在各地城门入口，并嘱咐官吏严加盘查。于是，伍公子就只好白天躲藏，晚上赶路。总算来到了吴楚两国交界处，却发现过关特别难，因为官吏盘查很紧。这下可愁坏了伍公子，他一连数日吃不下饭，睡不着觉，连头发都愁白了。碰巧，他的一个粉丝，东皋公，发现了他，并将他接到自己家里。更巧的是，粉丝有个朋友，名叫皇甫讷，模样很像伍老二。于是，粉丝给朋友化了妆，也给偶像化了妆。并让朋友冒充伍嫌犯去闯关，幸运的是，假冒者被当作真凶给逮住了。然而真凶却因为头发已全白，面目已全非，穿着打扮也不同了，结果，卫兵竟然没认出来，真让他蒙混过关了。

正是由于卫兵的这次失误，由于没能正确完成"身份认证"，才成就了，后来在中国历史上，翻江倒海的一位英雄人物：伍子胥！

接下来，再讲"行为认证"的故事。

这个故事来自于《水浒传》的第四十三回。有位认证者，名叫李逵；有位被认证者名叫李鬼。被认证者声称，自己是经过认证的"李逵"，于是，拉大旗作虎皮，冒充自己是"江湖上有名目，提起好汉大名，神鬼也怕"的黑旋风，干起了拦路抢劫的买卖。一般小民见他脸上乌黑，手持两把板斧，便结合传说中的生理特征来验证其身份，相信了他的认证；于是，只好扔了行李，望风而逃。可是，某天李鬼遇到了李逵。这李逵，当然不会采用"生理特征来展开认证"，而是直接对他进行了"行为认证"：只轻轻一招，就把李鬼打回了原形。你看，"行为认证"还是很有用吧。

最后，再讲"权限认证"的故事。

一说起姜子牙，你也许会想到"愿者上钩"，也许会想到周朝开国功臣，也许会想到白发老者等；但是，无论如何，你可能想不到：他竟然是中国最早的"权限认证"专家！

实际上，姜子牙发明的"符节"，已经成为数千年来，古代朝廷传达命令、调兵遣将等的"权限认证"手段。"符节"家族中，最著名的要算"兵符"和"虎符"了；使用时双方各执一半，合之以验真假。根据权限的大小，即调遣军队数量的不同，符节的原料可为金、铜、玉、角、竹、木等；比如，金质符节的权限大于铜质。到了宋朝，"符节"又演化出了腰牌，以此来标明官员的权限和官阶。即使到现在，"符节"也仍然被广泛使用。但愿你别碰到某人向你出示"符节"，并说：举起手来，别动，我是警察！

好了，课间休息结束了。咱们继续上课吧。

伙计，经典故事你也听了，"玄虚"也看了，虚拟空间中的"高大上"认证技术也见识了；但是，你可能没意识到，认证其实离你很近，很近！甚至可以说：你的一生，就是认证的一生，是背负各种"标签"的一生；既是争取光荣"标签"的一生，也是回避倒霉"标签"的一生。想想看，当你呱呱坠地时，护士小姐马上就给你做一标记，以防与别的宝宝混淆，这也许算是你的第一份认证吧；接着，有了自己的名字，一个陪伴终生的认证"标签"；然后，你开始读书、工作、结婚、生子等，并获得了毕业证、工作证、结婚证、退休证……直到最后，去阎王殿报到时，还有一张死亡证。所有这些证书，都是一次次的认证；除了有证书的认证，无证书的各种认证就更多了，比如，像什么家庭称呼呀，社会关系呀，被人背地里取的外号呀，等等，反正，多得无法罗列。

不但个人离不开认证，社会也离不开认证；更准确地说：社会其实也是一个"标签社会"。无论是主动的，还是被动的；无论是贴标签，还是验证标签；无论是给自己贴，还是给别人贴；无论是自己验证，还是给别人验证：反正，国家之间、民族之间、宗教之间、文化之间、集团之间，甚至家庭之间的关系，其本质就是标签关系。相互关联的行为，其实就是标签行为。

人类与认证的关系到底有多密切？！

对此，我一直很苦恼，因为确实找不到合适的描述办法。用数学公式吧，没法证明；用物理推论吧，不知从何处下手；用哲学手段吧，好像是在诡辩；用化学实验吧，牛头不对马嘴。突然，我灵机一动，哈哈，用语文，对，就是语文方法最好！你看，每个名词，都是一个"标签"吧，每个形容词也会紧连着一个"标签"吧，这些"标签"也都是"认证"吧；反过来，每个"标签"，也一定对应着某个名词或形容词吧。如果没有"标签"，那么，我们就会生活在一个"没有名词，没有形容词"的世界中，这将是一个多么恐怖的混沌世界呀！

原来，人类数千年文明，竟然可以浓缩为仅仅两个字——认证。

真是太出人意料了，简直是醍醐灌顶呀！

伙计，读到此时，你是不是该觉得，本章开头时对"玉女"的描述既不玄，也不虚，确实还有点保守了吧！

你可能还会问："玉女50亿岁"的根据在哪里？下面就来回答这个问题。

网络世界绝非第一个混沌世界，为了更好地理解"玉女"的未来，让我们看看她的过去，看看在网络世界诞生之前，她是如何把乱七八糟的世界，变得井井有条的。其实，"贴标签"的目的就是"区别"，验明了"区别"便能"对症下药"，于是，便能从混沌中分离出秩序。

再次提醒你:"玉女"可有无数化身哟,她可以变成你,变成我,变成任何人;甚至可以变成猫,变成狗,变成任何动物;还可以变成植物,变成万物,甚至变成无形。反正,哪里需要"区别",哪里就有"玉女",她就会在哪里开展认证工作,建设秩序。

话说,大约在50亿年前,那时"玉女"还无形,宇宙也还是一团弥漫的尘埃,一切都处于混沌之中。"玉女"便责无旁贷地,前来建立秩序了。

只见,她虚步而立,膝盖弯曲,脚尖点地;然后,腕低于手,肘低于肩,沉肩坠肘,摆出"太极抱球"招式;只轻轻一搓,就将缓缓转动的部分气体,揉成了"尘埃云",并贴上了"原始太阳系"标签。到了47亿年前,她又将"原始太阳系"中的一些尘埃云分离出来,凝聚形成了另一个小球,称之为"地球"。到了大约36亿年前,"玉女"又从原始海洋中,凝合出一些特殊的物质,并取名为"核酸和蛋白质";紧接着名叫"病毒类"的简单生物就出现了。

为了更精确地"认证"这些简单生命体,"玉女"采用了原始基因,核糖核酸(RNA),来标记和区别每种生物。而且,还将这些"标签"以"核苷酸的排列顺序"的形式进行遗传,于是生物体的生长、繁殖和新陈代谢等"认证信息",就在微小失真的前提下,被击鼓传花,一站一站地继承下去了。而正是因为这些"微小失真"的日积月累,便产生了新的"标签",于是新的物种就诞生了;生物也井然有序地,从简单走向复杂,从低级走向高级。

后来,"玉女"又发现:只有一条链的RNA,已经不足以标记高级的复杂生物了。于是,她做了改进,采用了"有两条链的DNA"作为新"标签",并一直沿用至今。据说,DNA这个新标签,具有螺旋结构,能够更好地贮藏、复制和传递生命信息。与RNA相比,

DNA有两个明显的优点：其一，更加稳定，在遗传过程中的"信息失真率"更小，能够更好地保存生命信息；其二，RNA是单链，如果受到损伤，生命信息就会丢失，而DNA是双链，一条链发生损伤后，可以用另一条链来修复。

总之，用DNA作为"标签"后，生命世界就更加有序了：无论是植物、动物，还是人类，每一个生命个体的DNA"标签"都不相同；而且，还可根据这些"标签"的差异程度，判断出彼此之间的血缘关系和亲疏程度。

植物懂得认证：树木用枝、叶、根、果作为"标签"；花草用色、香、味作为"标签"……反正，每种植物都有自己的"标签"。动物也是认证专家，其实，每天傍晚遛弯时，你家小狗的主要工作，就是做认证：它通过不断的撒尿，来标记其地盘；当然，它也许是嫌房价太高，想给你圈块宅基地吧。

当然，人类才是"贴标签"和"验证标签"的真正高手。甚至整个人类史，就是一部认证史。人类的认证成果实在太多，不可能详述；为突出重点，我们从"标签"角度，来重新审视过去熟悉的几样东西。

首先来看语言。说话过程，其实是"贴标签"的过程，是将自己的"思想标签"贴在听者脑海中的过程。通过彼此"贴标签"，人们便能互相沟通。歌唱家的"标签"，让你心旷神怡；相声大师的"标签"，让你捧腹大笑；情侣的"标签"，让你如痴如醉。语言还是思维的"标签"，一旦贴在思维上后，便与之形影相随，不可分离。如果"标签"掉了或乱了，那么，你就语无伦次，吞吞吐吐了。如果"标签"足够丰富、合理，那么，我们就能不断认识世界，改造世界。

再来说民族。它也是一个"标签"。如果贴得正确，这个"标签"将有利于凝聚民族力量，维护民族生存稳定，促进民族发展，协调民族关系，增进民族认同，展示民族形象，推动民族发展，等等。

但是，如果贴得不正确，那么，这个"标签"将引发狭隘性，强化保守性，增加排他性，膨胀利己性，阻滞正常的民族交往。

最后再来说说宗教。这是一个非常强力的"标签"，一旦被贴在灵魂上，那么，它就能规范你的行为，维护社会秩序，提高道德水平，而且，在许多方面还具有不可替代的作用。正确使用该"标签"后，心理将得到安慰，感情将有所依赖，世界观将得到改造，知识也将更加丰富。当然，若错用了该"标签"，也将引起极大的负面影响，甚至战争。

好了，认证这位"玉女"实在是太丰富了，我们无法详述。还是按惯例，套用北宋词人苏轼的《江城子·乙卯正月二十日夜记梦》，来归纳网络虚拟世界中的主要认证——"信息认证"和"身份认证"，并以此结束本章。

实连身世两茫茫，
不思量，自难忘。
千里网民，
确认身份无话讲。
纵使相逢却不识，
尘满面，应无双。

夜来幽梦忽还乡，
数据库，小视窗。
相顾无言，
认证信息云里藏。
料得黑客篡改处，
无月夜，也曝光。

所谓"信息隐藏"，就是隐藏信息！

如果这个"信息"，像人民币那样，乖乖待在你钱包里，那么，我相信你早就是"隐藏信息专家"了！伙计，别害羞，你那点糗事，我早知道了。你隐藏私房钱的本领，可老高啦；若不是老婆训练了家里的宠物狗，谁都别想找到你的小金库。

可问题是，这个"信息"，既无味道，又无重量，还无大小；虽有颜色，偶尔看得见，但却永远摸不到！更麻烦的是，它绝不老老实实躲在家里，却喜欢满世界招摇：在公共网络上东奔西跑，今天在谷歌云中过夜，明天去服务器家中做客，后天又在路由器上光速穿梭；刚才还在视频里跳舞，现在又挂在了墙上的画中；转眼又钻进了话筒，变成音乐，娱乐你的耳朵；突然又躺在文档上，睡起了大觉；咦，它咋又混入大数据了呢……唉，你说，像这样一位上蹿下跳的孙猴子，怎能将它隐藏！咱安全专家，容易吗，悟空它不配合呀！真恨不能，再借如来佛的五指山，把那猴头多压几百年！

要是只有毛猴捣蛋也就罢了，可那黑客也趁机落井下石，好像他也炼成了火眼金睛：你要是藏得不好，哪怕有一丁点瑕疵，只露一根毫毛，就会被他顺藤摸瓜，扒个精光，连一丝遮羞布都不给你留！唉，问世间"藏"为何物，可真是一物降一物呀！

如果允许不限手段来隐藏信息的话，那就只需用唐僧的"蔽日袈裟"，把整个太阳罩住，便能一了百了，所有的信息都被彻底隐藏了。可是，安全专家又被绑了手脚，要求只能将"信息"隐藏在"同样是活蹦乱跳的另一种信息"之中。隐藏一只猴子已经够难的了，现在又要求"只能将这只猴子隐藏于另一悟空的身后"。这无异于要调教两位齐天大圣，让他们俯首听命，唱双簧；或叫一群泼猴，在舞台上，协调一致，出演千手观音。伙计，啥叫"雪上加霜"，这回你该明白了吧。

隐藏信息的人，肯定是安全专家；但是，可能出乎你意料的是，那些扒你信息的"火眼金睛"，也是安全专家，而且还是水平更高的专家。因此，我们这些可怜的安全专家，既要打造"任何矛都刺不穿"的盾，又得冶炼"任何盾都能刺穿"的矛。唉，"安全"水太深，我要回农村！

信息隐藏可谓花样繁多，令人目不暇接。从"被隐藏信息"和"藏信息的载体"上看，至少有视频隐藏、大数据隐藏、图像隐藏、文本隐藏、多媒体隐藏，以及它们的各种可能组合。从隐藏的方式来看，至少有电子方式、原子方式、机械方式等，以及它们的可能组合。相关信息既可能写在纸上，也可能嵌在任何物体中，更多的是，存在于看得见却摸不着的多媒体内。

算了，闲话少说，书归正传！

首先，在欣赏安全专家的"矛盾之歌"前，需要澄清一个误会。许多人都将"信息加密"和"信息隐藏"混为一谈，其实它们根本就不是一家人，最多算个表兄弟。黑客面对"加密"时，他是"明知山有虎，偏向虎山行"，要强行破译密文中的信息；而面对"信息隐藏"时，黑客却只是"不识庐山真面目，只缘身在此山中"，根本就不知道眼前这个"信息"在演"碟中谍"。因此，只要隐藏得足够好，"机要信息"便可安心在"公开信息"中睡大觉。

"信息隐藏"的实质，就是"骗人"，即骗取黑客感官的误会：让他眼睛失明，耳朵失聪，鼻子不觉香，舌头不辨味，身体不知痛；这样便可大摇大摆，从他跟前溜掉。但是，"骗人"谈何容易，骗黑客更是在"摸老虎屁股"，殊不知他们不但警惕性高，而且还拥有先进的检测设备，可动用强大的计算资源、存储资源和通信资源。总之，最好别招惹他们，悄悄地"鱼目混珠"就行了。

什么样的"信息隐藏"才算好呢？目的不同，答案当然也不相同；甚至为了避免混淆，有时名称都不相同。比如：隐写术呀，数字水印呀，可视密码呀，潜信道呀，数字指纹呀，等等；反正都是一根藤上长出的葫芦娃，本领虽不同，但基因却很相近。

那么，葫芦娃们在出山之前，需要先练就哪些基本功呢？

首先是"隐身功"，用行话说，就是"不可感知性"。也就是说，无论你翻箱倒柜也好，挖地三尺也好，刑讯逼供也好，听也好，看也好，闻也好，摸也好，统计分析也好，用尽所有先进设备和算法也好，总之，你就是找不到他。其实，他一直就在你身边，甚至在尾随你偷笑呢。这种场景，在《西游记》中已是家常便饭了。

其次是"不死功"，用行话说，叫"鲁棒性"。也就是说，要像孙猴子大闹天宫那样，刀劈斧剁不死，雷公电闪不死，八卦真火烧不死，正常工作（数/模转换、模/数转换）累不死；泰山压顶（有损压缩）不死，粉身碎骨（低通滤波、再取样、再量化）也不死，缺胳膊

101

少腿（剪切）还不死，任意扭曲（位移、变形）更不会死。总之，不但有九条命，而且还能够随时满血复活。

第三是"大肚功"，用行话说，叫"隐藏容量"。也就是说，要像八戒那样，能吃能喝，再怎么吃也不嫌多。既能吸干东海水，又能吞下数头牛，反正，若干比特下肚后，都能够很快消化，让黑客找不到破绽，更不会因为吃得太多而影响隐身功的发挥。

第四是"蚯蚓功"，用行话说，叫"自恢复性"。也就是说，要像蚯蚓那样，即使被拦腰斩断，也能在截断处，分别重新长出尾和头，从而变成两条蚯蚓。其实，蚯蚓功的高手并非蚯蚓，而是全息照片：从该照片的任意碎块中，你都可以看到原来的完整图像。

第五是"碰瓷功"，用行话说，叫"易损性"。也就是说，要像大街上的无赖那样，敢于碰瓷，善于碰瓷。任何黑客，无论他多么小心翼翼，只要胆敢对你非礼，你就马上倒地，死给他看。"碰瓷功"这个名称，虽然难听，但却很形象。

好了，现在葫芦爷爷的七个葫芦娃已练好基本功，可以出山了。

看，他们正整装待发，下面逐一介绍，请各位检阅！

先看这位，他是大娃，名叫"隐写术"。这家伙既是千里眼，又是顺风耳，还是大力士。作为长子，他几乎是全才，除了碰瓷功，其他功夫都是门门精，样样绝。因为他肩负着保密通信的重担。尤其是他那大肚功，十分了得，能吞下很多机要信息，而且还面不改色心不跳；飞到目的地后，再将肚中信息原样吐出，于是，机要通信就这样安全、可靠地完成了。如果途中有岗哨，他也不用强行过关斩将，隐身功自然能帮他顺利过关。万一不幸被捕，不死功将帮他浴火重生；就算只捡回半条命，蚯蚓功不但能够让他重新复原，而且，肚中的机要信息一点也不会减少。而可怜的黑客们，面对大娃的另一段蚯蚓，却只能望而兴叹，得不到1比特的机要信息。

这是二娃，名叫"数字版权"，最擅长不死功和蚯蚓功。当他化身为多媒体产品时，便吞下某个类似于"葫芦爷爷版权所有，盗版必究"的标签；然后，这个标签便被迅速消化，融入血液，遍布全身。如果盗版者将他非法复制，哪怕只是对其部分进行非法复制，那么，葫芦爷爷，只需要面对二娃或其残肢，念念有词，略施魔法就行了。因为，这时当初被二娃吞下的标签，便会立马显现，盗版者也只能认罪伏法了。当然，如果二娃化身为任何信息，而吞下的标签为"我是王麻子"，那么，此时的身份认证问题也就解决了；如果标签是"此事是我干的"，那么，这便是行为认证了；如果标签是文档所有者的名字，那么，数字签名就实现了。

这个闺女是三娃，名叫"完整性"。她与二娃是龙凤双胞胎，长得很像，但又略有不同。从小娇生惯养的她，练得一手绝世碰瓷功。不但有颗琉璃心，还有一个琉璃身，弱不禁风的她，连走路都摇摇晃晃，直叫人提心吊胆。伙计，见到她时，千万别妄生歹意，否则后悔莫及。当她化身为数字作品后，便将某个事先约定的任意标签，悬乎乎地嵌在体内。如果黑客想愚弄葫芦爷爷，给这个数字作品添点油，加点醋，比如，切掉一块，或补上一片，或改变一下顺序等，总之，只要做了任何改动，那么，对不起，只听"吧唧"一声，你就摊上大事了，就出人命了；再看三娃时，她早已碎成一地了。同时，三娃之魂，也已飞回报信，提醒葫芦爷爷，自己被篡改过了，不再完整，不再真实了。于是，葫芦爷爷只需再次略施魔法，让三娃起死回生就行了。

啊，这谁呀？这么丑！远看像张飞，近瞧似李逵，原来他是葫芦四娃，名叫"可视密码"。在七个葫芦中，数他最丑。别人最多是满脸麻子，可他倒好，全身都是麻子：密密的白麻子上，铺满了层层黑麻子；团团小麻子，围着大麻子；大麻子里边，又遍布小麻子；小麻子的内核，还藏着更小的麻子；除去所有这些麻子后，余下的又是另一层，鸡皮疙瘩样的黑白麻子。但是，伙计，别看四娃丑，他却很温柔。若论隐身功，他打遍天下无敌手。只要一甩脸，就化身为数张透明麻子胶片，然后分兵各路，到达目的地。任何黑客，无论多大本事，只要没能截获全部麻片，那么，就绝不可能知道机要信息的任何比特。但是，到达目的地后，葫芦爷爷只需要将这些麻片轻轻重叠，机要信息便清晰可见了。

这是五娃，名叫"潜信道"，也是一位隐身高手。远比四哥英俊潇洒，而且，其隐身方法也完全不同。他特擅长挖地道，成天像蚯虫一样，在信道里边，挖呀挖呀，一直挖到目的地；而且，从表面上看，信道还完好无损，其实早已中空。于是，当你以为信道在传送普通信息时，五娃却偷偷地通过"蚯虫暗道"，把机要信息送给了葫芦爷爷。谁会想到，五娃也玩地道战呢！

这位小个子就是六娃，名叫"数字水印"。这家伙，人小心大，姐姐和哥哥们的所有功夫，他都全会。想隐身时，摇身一变，机要信息就不见了，无论你怎么找，都不见踪影。想不死时，一念咒语，哪怕你对他煎、炒、烹、炸，都伤不了半根毫毛。想要大肚时，只需双手合十，盘坐于地，于是弥勒佛就现身了。想玩蚯蚓时，只要闪闪腰，瞬间就定了格；待你一刀劈下去时，两个葫芦就出现了；再补一刀，又成四个了。想碰瓷时，这回不再做任何动作，只需意念一想，于是，景德镇的瓷娃娃，就新鲜出炉了！嵌在多媒体中的"数字水印"，有时明晃晃地摆在那里，就像人民币上的水印一样，这时的水印叫"可见水印"；否则就叫"不可见水印"。

这位长得像魏延的家伙，是七娃，名叫"隐写分析"。他从小就生有反骨，总与姐姐和哥哥唱反调。大哥练（功）不死，他却（偏）

不让活；二哥变蚯蚓，他却变只鸡；三姐要碰瓷，他却要录像；四哥要隐身，他却搞剧透；五哥挖地道，他却灌臭水；六哥想大肚，他却练封嘴。唉，没办法，谁叫他是老幺呢，葫芦爷爷的心肝宝贝嘛。虽然扮演着"假黑客"的角色，其实，七娃的功劳也是大大的。正是有了他，姐姐和哥哥们就不敢偷懒了；练功时被七弟教训，总好过输给江湖中的真黑客吧。而且，哥哥姐姐们的功夫，如果连七娃都斗不过的话，葫芦爷爷是不准他们出师的。

好了，葫芦战队介绍完了。你也许想知道，他们的绝世神功是怎么练成的吧。

粗略地说，答案很简单：勤奋呗，亲身实践呗！武林高手，哪一个不是冬练三九，夏练三伏？哪一个不脱掉几层筋骨皮，才能最终称霸江湖呢？！

什么？！你想追问，葫芦秘籍！这可为难我了，其实没什么秘籍，所有技巧都已公开，不信的话，请你查阅诸如《数字水印技术》《信息隐藏与分析基础》《数字版权管理》等学术专著和研究生教材。如果你觉得这些书籍太过简单的话，那么，我悄悄告诉你几个绝招。这些祖传秘方，本来是传男不传女的，你可千万别告诉其他人哟。但愿你有足够的造化，能够早日穿上隐身衣。

第一个秘籍，专家称为"替换"，我叫它"天王盖地宝"。专家的解释是："用秘密信息比特，替换掉伪装载体中不重要的部分，以达到对秘密信息进行编码的目的……"我的祖传秘方上，则将它简记为"狸猫换太子"。

第二个秘籍，专家称为"变换"，我叫它"悟空戏八戒"。专家的解释是："把机要信息隐藏在变换域中，包括DFT、DCT、DWT、DHT……"嗨，其实没那么玄。如果你是美女的话，每天上班前，你都在用粉饼、眉笔和胭脂等，在自己脸上做"变换"；睡觉前，又再做"逆变换"，变回本来的自己。如果可怜的你，没见过美女的话，那就建议你，花二两银子，去看场川剧，体验一下变脸神功吧。

第三个秘籍，专家称为"扩频"，我叫它"天女散花"。专家的解释是："在整个伪装载体中多次嵌入同一比特，使得隐藏信息在过滤后仍能保留下来……"抱歉，我的祖传秘方，好像又在揭你短哟。它说：其实，你早就是"扩频"专家了，你藏私房钱时，在鞋里放一毛，书里夹一毛，箱里锁一毛，盆里栽一毛，床下压一毛……这种分散隐藏的做法，就是典型的"扩频"。再次抱歉，让你难堪了，其实我们都知道，你的零花钱可多啦，"五毛"不过毛毛雨而已；你在家里，绝对是大老爷们儿，绝对是吊睛白额一猛虎！哥们儿，请问，你家武松下班了吗？！

第四个秘籍是……算了，算了，不说了。把所有秘籍都告诉你后，万一你"打翻天印"咋办呢，我还得留一招上树呀！

对了，还该重点说说七娃，毕竟他的功夫与众不同。其实，从纯技术角度看，他就是一个活脱脱的"黑客"。七娃的老师们也都很特别，甚至有点出人意料。

他的第一位老师，竟然是位中医。

七娃跟这位大夫学什么呢？嘿嘿，首先就是：望、闻、问、切！但是，别小看这一招，可牛啦！它是所谓"感官攻击"的核心。信息被隐藏到载体后，其统计特征一定会有所变化；万一没藏好，这种变化就会以图像色彩、语音噪声、视频变形等方式露出狐狸尾巴，并被高明的中医逮住。

七娃的第二位老师，是位风水先生，名叫"风马牛"。

看风水的关键，就是要判断房屋结构与周边环境，是否犯冲；如果犯冲，该怎样化解。这一招，对七娃来说也是一门绝杀技，其实，它就是所谓的"结构攻击"。因为，隐藏信息后，载体的原有结构会遭到破坏，风水也会相应变化。比如，某些图像隐藏会引进"调色板中产生大量颜色聚集"，而正常的风水却应该是：没有或很少有颜色的聚集！当然，两手空空是学不了风水的，这回七娃得使用高精尖的"隐写分析检测"工具了，就像风水大师不可少的罗盘一样。

七娃的第三位老师，是糊涂会计马大哈。

虽然是会计，可这马大哈却不擅长加减乘除，更不会用算盘，而是精通概率论和统计理论。他告诉七娃说：从数据特征（特别是统计特征）来看，隐藏信息的区域肯定不同于原始区域；于是，只要提取出"特征样本分布"，将它与"理论期望分布"相比较，如果有差异，那么，就可断定"此地有银三百两"了。这一招，专家们称为"统计攻击"，是用于盲检测的一件杀手锏武器。

当然，七娃还有许多其他老师，我们就不一一介绍了。而且，七娃自己也悟出了不少"歪门邪道"。反正，作为"破坏者"，七娃可以不按常规出牌，他的唯一目标就是发现隐藏信息。然后，或者将其毁掉，让合法方也得不到这些信息；或者努力将被隐藏的信息提取出来，获取相应的情报；或者干脆将新的信息隐藏进数字产品中，引出清官难断的版权官司等。

当然，葫芦娃们在斗蛇精时，肯定不会单枪匹马地进行。他们常常根据具体情况，联合行动，确保信息隐藏成功，确保达到最终目的。事实表明，如今网上的许多数字版权问题，都得到了较好的解决，这主要归功于葫芦娃们的杰出表现，他们是不可替代的，因此必须给他们点一个大大的"赞"。

别以为"信息隐藏"是网络时代的新物种，其实，根据文字记载，早在公元前440年的古希腊战争中，为了安全传送军事情报，奴隶主就剃光奴隶的头发，然后将密令写在奴隶头上，等到头发重新长出来后，再让他去盟友家串门。如果该奴隶在中途被捕，那么纵然搜遍全身的每一角落，敌方也找不到任何可疑之处，只能认定他是普通奴隶，一放了事。而当他成功到达盟友家后，只需将他再次剃成光头，就可轻松读出情报了。

如果大家喜欢看谍战片的话，可以说，几乎每一个特务，都是"信息隐藏"的专家，相应的隐藏手段，也是千奇百怪，比如：

用牛奶在白纸上写字，然后用火一烤，就可现出原形；

将上级命令，藏在绵羊屁股上，然后赶着羊群，大摇大摆通过关卡；

将写有敌情的破布，缝在棉袄里，轻松瞒过愚蠢的敌人；

将信件包在塑料布里，然后藏入鱼腹，完成情报传递工作；

……

总之，不管它们是真是假，类似的例子还有很多，我们就不再罗列了。

好了，各位，从安全角度看"信息隐藏"，主要就这些东西了。怎么样，并不神秘吧，只不过几个葫芦娃，小孩儿的把戏而已！

不过，我们不打算就此结束本章；因为，作为科普，本书的定位是"外行不觉深，内行不觉浅"。所以，想再通过以下几个奇特例子，一方面，让安全专家开开脑洞，或许有助于今后的创新；另一方面，也想给普通读者再讲几个有趣的故事，就算"买一送一"的娱乐节目吧。

喜欢看清朝电视剧的读者，肯定熟悉"纪晓岚"这个名字。这位

"纪大烟袋"，可不得了啦：论当官吧，他当过左都御史、兵部尚书、礼部尚书、协办大学士、国子监、太子太保等重要官衔；论做学问吧，绝对是一位名留青史的国学大师，其代表专著《四库全书》《阅微草堂笔记》和《纪文达公遗集》等，都已成为传世精品；论书法吧，也堪称"清朝的启功"；而且，他还是一位先进思想工作者，乐于抗震救灾，提倡男女平等，没准也是个模范丈夫呢；死后，嘉庆皇帝追认他为"文达公"，而且还在其墓碑题词："敏而好学可为文，授之以政无不达。"总之，纪晓岚的一生，故事实在太多了，与"廉政榜样"和珅同志的斗智斗勇，不知捧红了多少导演、明星和产品广告；与刘罗锅的唇枪舌剑，又不知让多少电视台和出版社，赚得盆满钵满。不过，本书不打算讲这些妇孺皆知的段子，而是介绍两个与"信息隐藏"密切相关，而又鲜为人知的故事。

第一个故事，介绍纪晓岚博士设计的，一种奇妙的"信息隐藏算法"。

话说，1768年，朝廷破获了一起大型贪腐窝案——"两淮盐引案"，前后数任官员都难脱干系。在众多的涉案人士中，有一位五年前就已退休的官员，名叫卢见曾。他曾是康熙年间的进士，关键在于，他还是纪晓岚的儿女亲家。在得知当朝皇帝正计划治罪其亲家，可能还要抄家之后，纪大学士（这里的"学士"可不是本科哟）非常着急，想给亲家透点风声，但又恐案情重大牵连自己。怎么办呢？思前想后，决定启用"信息隐藏"技术。于是，他拿了一撮食盐、一把茶叶，装进一个空信封，然后派人把这封"无字信"连夜送给亲家。卢进士接到这封怪信后，揣测许久，终于正确提取出了"被隐藏的机要信息"：盐案亏空查（茶）封！于是，他赶紧填补亏空，转移家产。半月后，当官府来抄家时，不但一无所获，而且，还意外发现了一位生活简朴、全心全意为人民服务的廉洁清官。

在第二个故事中，纪晓岚硕士（注意：蹲班喽！）可就没那么幸运了。本来他与其下属并未使用"信息隐藏算法",但是,皇帝博士水平太高,竟然无中生有地读出了"隐藏信息",于是悲剧就一幕幕地上演了。

故事梗概是这样的:《四库全书》编辑部开馆期间,皇帝博士经常到办公室来玩,并顺便翻翻相关章节;然后,充分发挥无限想象力,至少有50次,愣是从字的行间里,读出了杀气腾腾的"隐藏信息"。于是,据不完全统计,该编辑部中,从副总编到主要总校大员等,或被吓死,或被罚光家产。虽然只有纪硕士一人善终,但是,也是险象环生,曾几次受牵连,并被多次记过;不但被罚款,而且还吓得半死。从此,这位才华横溢、诗情满腹的大才子,不再写诗;而只是在伴随乾隆皇帝左右时,应邀和诗几首而已。为了不被误会,他还找了一个不写诗的借口,大意是说:诗词文章已被古人写遍了,后人无论如何,也超不过古人了;所以,干脆,只读,不写。

那么,在空手挖掘隐藏信息方面,皇帝博士水平有多高呢?请看下面的例子:

已经死去十余年的诗人徐述夔,在生前写过诗句:"明朝期振翮,一举去清都。"乾隆博士从中读出了重要的隐藏信息,他认为"显有兴明灭清之意"。于是,可怜的徐诗人及其儿子被剖棺戮尸,后代中的男丁尽皆被杀,多名地方官员也受牵连丧命。

另一位"冤大头",名叫沈德潜。本来97岁的他,已寿终正寝,可是,去世多年后,当乾隆博士读到他的诗文"夺朱其正色,异种也称王"时,立即震怒了:这不是影射满族夺了明朝朱姓的天下,辱骂我们满族是异种吗?于是下令:剖棺戮尸,灭其三族!

还有一位内阁大学士,胡文藻,因为写了句"一把心肠论浊清",被乾隆博士以"居心叵测"的罪名斩了首。唉,细节就不说了。反正，谁被读出了"并未隐藏的信息"，谁就等着瞧吧。

通过以上案例，你不得不承认，乾隆皇帝在"发现隐藏信息"方面实在太牛了；要是他穿越到今天来当黑客的话，我们这些安全专家就没饭吃了！

纪晓岚的故事讲完了，确实太过血腥。在封建集权社会里，这样的荒唐事从来就不少见。为了从悲剧中跳出来，下面讲一个好玩的，更传奇的故事。

该故事的主人翁是位画家，名叫范宽，生活在距今一千多年前的宋朝。这位仁兄水平怎么样呢？作为画盲，我们不敢妄言，只好抄录同行评价，查看其代表作的SCI检索情况和影响因子，以及引用次数等。

早在宋朝，他与关仝、李成等并列，誉为"三家鼎峙，百代标程"；元代汤垕认为"宋世山水超越唐世者，李成、董源、范宽三人而已"。范画匠的山水风格，影响历史上千年，至今不衰，继"宋三家"之后的"元四家"、明朝的唐伯虎（总算遇到熟人了），以至清朝的"金陵画派"和现代的黄宾虹等大师，都继承了他的画风。元朝大书画家赵孟頫，称赞范宽为"真古今绝笔也"；明朝大画家董其昌，评价他是"宋画第一"；甚至，连美国《生活》杂志，也来凑热闹，于2004年，将范宽评为"上一千年来，对人类最有影响的百位大人物"之一，排名第59位。

说了这么多，反正，归根结底一句话：范画匠很牛！

那么这位牛人的哪幅画最牛呢？

告诉你吧，它就是：《溪山行旅图》。关于此画的内容，咱就没资格描述了，反正，明朝的董画匠，说它是"宋画第一"；徐悲鸿说："中国所有之宝，故宫有其二，吾所最倾倒者，则为范宽《溪山行旅图》，大气磅礴，沉雄高古，诚辟易万人之作。"

但是，过去一千多年来，人们在欣赏这幅国宝时，都只注意了表面意境，而忽略了范师傅在此画中隐藏着的"真实密语"；只顾欣赏整体画面"这条龙"，却忽略了作者真正想要点的"睛"。直到1958年8月5日，台北故宫博物院的李霖灿先生，才在此画右下角的阔叶树林间，偶然发现了很小、很小的"范宽"二字！你看，高山耸立，老树密布，"范宽"署名却如此渺小，这就是隐藏千年的"密语"，就是范老师真正要点的那个"睛"——在伟大的自然面前，人类自身是多么卑微！

名人故事讲完了。其实，或多或少地，每个人都是"信息隐藏专家"，除非你不曾暗恋过那谁？！在结束本章前，我们再根据职业分工，罗列一些有趣的"信息隐藏"成果。

第一，看看文人们的成果。

藏头诗，你该听说过吧，但是，你知道吗？藏头诗也是一种"信息隐藏"，它能够很隐晦地传达某些秘密信息！比如，庐剧《无双缘》中，有这样一首诗：

早妆未罢暗凝眉，

迎户愁看紫燕飞，

无力回天春已老，

双栖画栋不如归。

在它每句的首字中，就暗藏了"早迎无双"四字。

此外，利用文字的阅读顺序，也可以完成信息隐藏。比如下面的对话。

女：你真的爱我吗？

男：当然，苍天做证！

女：我会失望吗？

男：不，绝对不会！

女：你会尊重我吗？

男：绝对会！

女：你不会说话不算数吧？

男：不要太疑神疑鬼了！

当你按正常顺序（从上到下、从左到右）阅读时，你会读出一对热恋中的情侣的对话场景；但是，当你调整顺序，将该对话"从下往上"一句一句地阅读时，你会发现，其实这对男女正在吵架，"秦香莲"正在痛斥"陈世美"。

《赏荷》这首诗，正序阅读出来便是："扬歌轻舟藏处远，影红缀流映青天。香荷沃野遍翠绿，翔鸭戏水荡风闲。"但是，如果逆序，也就是，从尾到头，读出来后，便成了完全不同的另一首诗了，即"闲风荡水戏鸭翔，绿翠遍野沃荷香。天青映流缀红影，远处藏舟轻歌扬。"

同理，请看如下文字："官府为民削巨赃，美俊灭丑兴汉邦；宦臣养警治群匪，愤妻压妾羞妓娼；奸雄趋诚禁骗欺，杂乱向序拒盗抢；仙神压魔扬儒道，德贤弃妖尊圣皇；廉洁休耻取仁义，智礼惩蛮标样榜；贪腐让忠弃骄奢，纯真除假授褒奖；权威尊法打恶黑，善孝镇恶举常纲。"但是，当你逆序阅读它时，将会获得相反的含义，有兴趣者自行阅读吧。

灯谜更是一种典型的信息隐藏，只不过它将秘密隐藏在谜底中了。比如，"红公鸡，绿尾巴，身体钻到地底下，又甜又脆营养大"，解密出来的信息便是：红萝卜。"弟兄五六个，围着圆柱坐，大家一分手，衣服都扯破"，解密出来的信息便是：大蒜。"身体白又胖，常在泥中藏，浑身是蜂窝，生熟都能尝"，解密出来的信息便是：藕。"有洞不见虫，有巢不见蜂，有丝不见蚕，撑伞不见人"，解密出来的信息也是藕。

第二，音乐家们也有自己的"信息隐藏"妙招。比如，同样是五线谱，将相应的"豆芽菜"之间的距离，用拉远半格或靠近半格，来分别表示0和1，那么就能完成莫尔斯电报的编码，从而将任何情报传递出去，只要乐谱足够长。

第三，数学家们在玩"信息隐藏"方面，也毫不逊色。他们将"四大皆空"隐藏于"0000"中，写为："四大皆空"＝"0000"。类似的，数学家们还发明了："0＋0＝0"＝"一无所获"；"1×1=1"＝"一成不变"；"1的 n 次方"＝"始终如一"；"1：1"＝"不相上下"；"1+2+3"＝"接二连三"；"3.4"＝"不三不四"；"33.22"＝"三三两两"；"2/2"＝"合二为一"；"20÷3"＝"陆续不断"；"9寸+1寸"＝"得寸进尺"；"1除以100"＝"百里挑一"；"333555"＝"三五成群"；"1,2,3,4,5"＝"屈指可数"；"12345609"＝"七零八落"；"12467890"＝"隔三差五"；"23456789"＝"缺衣少食"；"7／8"＝"七上八下"；"2468"＝"无独有偶"；"43"＝"颠三倒四"；"1/2"＝"一分为二"等。

第四，医生有时也必须做"信息隐藏"。比如，为了避免患者过度恐惧，只能将病情告知其家属，而对本人却不得不隐瞒。类似的善意"信息隐藏"，在亲朋好友中屡见不鲜。

第五，别有用心的人更是"信息隐藏"的铁粉，而且他们隐藏的方法也颇具创新；那就是：用谎言去隐藏真理，然后，再用新谎言去隐藏旧谎言，如此反复，直至无穷。你别以为可笑，他们玩得可认真啦，就像小猫转着圈子，很执着地追逐其尾巴一样。其实，所有谎言都是在做"信息隐藏"，无论它是个人谎言，还是组织谎言；也无论它是善意谎言，还是恶意谎言。

第六，更广泛地说，除了人类，其实动物对"信息隐藏"也很有研究：你看狮子在袭击羚羊时，它绝不会从上风口出发，因为它身上的骚味会随风而下；万一被猎物嗅到，本次袭击就泡汤了。至于变色龙和竹节虫等，更是隐身天才。

第七，植物在"信息隐藏"方面也不是傻瓜。有一种捕蝇草，它一方面会发出诱人的信息———种异香味；另一方面又会将危险信息隐藏起来。如果饥饿的苍蝇，经不住香味信息的诱惑，误入其圈套中，那么，一旦触发危险信息，就会瞬间被困住，并被慢慢吃掉。

第八，动物、植物，甚至所有生物，都还有一个共同的、非常著名的信息隐藏策略，那就是生物学家们正在苦苦求索的：遗传基因DNA！海量的信息都被隐藏其中，但愿人类能够早日解开这个谜。

第九，除生物外，伙计，你信吗，矿物也并非你想象得那么老实哟，它们也会玩"信息隐藏"！其中，最典型的例子就是赌石，即翡翠在形成过程中，会风化出一层包皮，将自己严严实实地裹起来。即使你是玉石专家，无论你看颜色也好，听声音也好，反复触摸也好，用强光照射也好，称重量也好，总之，除非强行切割开来，否则，你永远不知道它是不是翡翠，更不知道它质量的好坏。

如此看来，"信息隐藏"果真是"网红"啊！大自然喜欢她，宇宙离不开她，动物、植物、矿物也为她而得"相思病"。一句话，"信息隐藏"无处不在，无物不爱。

当然，最伟大的"信息隐藏"专家，非上帝莫属。他老人家隐藏的许多信息，人类至今还没找到呢。比如，你是谁，从哪里来，到哪里去，等等。

　　算了，本章也该结束了，按惯例我们针对网络空间中"信息隐藏"（藏）和"信息发现"（找）这对矛盾，套用元初著名文学家元好问的《摸鱼儿·雁丘词》来做个总结。

　　　　问世间，"藏"为何物？直教真假相虚。

　　　　　天南地北飞黑客，老猫难斗悍鼠。

　　　　　藏也乐，找也苦，就中更有痴儿女。

　　　　君应有语，渺万里层云，千山暮雪，真相向谁去？

　　　　横汾路，寂寞当年幻术，荒烟依旧平楚。

　　　　　替换变换何嗟及，黑客暗啼风雨。

　　　　　天也妒，未信与，图像视频俱无物。

　　　　千秋万古，为留待骚人，狂歌痛饮，欢迎读此书。

哥们儿，见过钱吗？别说你是千万富翁，甚至亿万富翁，你可能还真没见过钱；至少没用过钱，或很少用过钱；再保守一点，你可能不知道，到底什么才是钱，才是真正的钱！

我可不是要宣扬什么："世间所有的一切，都是身外之物；钱乃万恶之源，生不带来，死不带去；你还是把钱留我，自己安心去西方极乐世界吧！"

我现在是要给你讲科学。当然是科普！

请别在我面前拍出什么美钞呀，英镑呀，加币呀，日元呀，等等；告诉你吧：它们仍然不是钱，而是"钞票"。别急，且听我慢慢道来。

你当过民工吗？老板是不是给你发过白条？如果你和工友们，对老板足够信任的话；那么，在你们眼里，白条几乎就等于钱了。彼此之间，既可以用白条来交易；又可以，在年底老板发财后，用白条去换钞票。退一万步说，如果老板破产了，还可以凭白条去法庭打官司，讨回欠薪！从理论上说，只要老板高兴，只要他不顾自己的信誉和法律责任，那么，他就可以签发无数白条，直到东窗事发。如果

117

这个老板不是普通老板，而是大老板，甚至大到国家；那么，他发的白条就叫作"钞票"了。如果你非要问我"钞票和白条有什么本质区别"的话，那我只好说：滥签白条后，有法院为你撑腰；滥印钞票后，你就自己找个地儿，哭去吧！

如果你没当过民工，那么，总用过单位发的饭票吧。饭票在单位内部，是不是也可以当钱花？用饭票，你不但可以从食堂买到窝头，还能与同事换擦脸油；部门领导年终发奖金时，也可以折合成饭票。在单位倒闭前，你根本不用担心饭票会变成废纸吧。从理论上说，单位的饭票也可以随便印，想印多少就印多少，直到公司破产为止。如果这个单位不是普通单位，而是大单位，大到国家，那么，它发的饭票就又成为"钞票"了。当然，在非常时期，钞票可以变得一钱不值，甚至出现"一袋子钱，买半袋子米"的怪事；如果遇到改朝换代，那就更惨了，因为前朝的钞票连废纸都不如了。

所以，白条、饭票、钞票、支票、汇票等都是一回事，它们本身不是钱，但在平常，又确实可以当钱用；可在特殊时期，却可能变得一文不值！为什么会出现这种翻天覆地的变故呢？关键就是信任基础不牢靠！你信老板吧，他可以跑路；信单位吧，它可以破产。

真正的钱，应该以"最牢靠的东西"为信任基础！但是，什么东西才"最牢靠"呢？答案就是：除了上帝，就是自己！当然，这里的"上帝"，是会与时俱进的；这里的"自己"并不是个体的自己，而是"自己的群体"，或者说是"群体的绝大多数"。

伙计，别急！我知道你想单刀直入"区块链"，但是，不先把"上帝"说清楚，你就无法洞察本质；除非你是安全专家，除非你能直接阅读《现代密码学》《数字货币技术》《安全协议设计与分析》等方面的学术专著或原创论文。

早期，由于人类对自己根本没信心，所以，肯定不敢想什么"基于信任自己"的真钱；而是全力以赴，寻找"基于信任上帝"的真钱。

话说，在很久很久以前，那时人类才刚刚学会穿裤子。由于生存本领越来越大了，与老虎掐架时，也不太虚了；像什么采野果呀、种水稻呀、抓兔子呀等技巧，也不再是行家里手的专利了。反正，人类终于摆脱了"长年挨冻受饿"的局面，每家每户也或多或少有了点积蓄。于是，才刚刚被上帝从伊甸园赶出来的人类，又开始不安分了：张麻子看上了李秃子家的虎皮；王胖子又想用烂苹果，去换孙猴子的坐骑……虽然"以物易物"也还勉强奏效，但是，能否有更好的办法，找到"基于信任上帝"的钱呢？！赵酋长沿着海岸线，一边走，一边想呀想。突然，沙滩上的一粒小齿贝跃入眼帘，哈哈，这真是"踏破铁鞋无觅处，得来全不费工夫"！他赶紧回去与钱助理商量，两人一拍即合：上帝赐予的真钱，找到啦！于是，酋长办公室马上宣布：从即日起，本部落一律以"齿贝"为钱，作为"以物易物"的中间品，违者罚款！

请仔细想想，在无船、无潜水设备、无大型挖掘机，更无人工养殖技术的时代，部落所能获得的"齿贝"总数，显然是有限的；而且，该数量完全由上帝确定，即使贵为酋长，他也没本事随意"印刷"或制造"齿贝"。而且，到遥远的海边去拾贝，并不比上山狩猎更容易；所以，不必担心"通货膨胀"。于是，"齿贝"便成为了首个"基于信任上帝"的真钱。而且，这种真正的钱，在部落之间，也完全可以流通，因为其他部落也造不出"齿贝"。

哥们儿，"齿贝"绝对是真钱哟！你看，从原始社会到现在，朝代已经换了N回，国家也分分合合了无数次，可是，"真钱"的价值却从没贬值过哟。如果你老兄手上有这么一枚"真钱"，哪怕只是它的仿制品，比如，从某个古墓中出土的骨贝、石贝、铜贝等；那么，恭喜你，这辈子你就甭工作了，直接把它换成钞票，就足够任意挥霍了：想吃油条，吃油条；想喝豆浆，喝豆浆。反正，有钱就任性嘛！

但是，上帝也在变哟。如果今天仍使用"齿贝"的话，估计养殖户就发大财了；所有工厂除了仿制"齿贝"，也绝不会生产其他产品了。

"齿贝"被淘汰后，人类又开始寻找新的"真钱"。先是用铜当"真钱"，按其重量来代表价值；但是，由于冶炼技术越来越高，结果却发现，铜太多了；于是，铜就变成了"基于信任国家"的"假钱"了，并被铸成了"孔方兄"。后来，铁又被用来当"真钱"，结果，历史又重演了一次；只不过，铁更惨，连当"假钱"的时间都不长，很快就被彻底赶出了货币圈，到军事等江湖去发挥作用了，且一直延续至今。

经过无数次探索，无数次与上帝的讨价还价，人类终于发现了一种长期有效的"基于信任上帝"的真钱。只可惜，这家伙太沉，分割又不方便，携带也麻烦；于是，如今包括你在内，大部分人都没把它当钱用，而只是将它打成小环，套在手指上；或将它熔成豆腐块，藏在保险柜里。国家们也并不更高明，它们也是将"真钱"锁在库房里，不但不用，还得派重兵把守，简直成了负担。也许你已经猜到了这个真钱是什么，对，它就是你朝思暮想的"黄金"！

为什么说黄金是"基于信任上帝"的真钱呢？这里主要有两个原因。

首先，除了神话中的"点石成金"外，人类至今没办法，在可见的将来好像也没办法，无中生有地制造出黄金来；因此，任何国家或组织，都无法根据自己的意愿来随意"印钱"了。

其次，黄金确实是上帝赐予的，是他老人家从遥远的外星，送给地球的：那已是 45 亿年前的事情了，当时，地球还是一个温度足以熔化一切的大火球，宇宙中的许多小天体，便带着黄金投奔了地球；

由于黄金比重大，所以，它们就化成"熔浆"沉入了地心。据估计，上帝送给地球的黄金总量，约为48亿吨。初听起来，"48亿吨"这个数，好像非常庞大哟。但是，别高兴太早；因为，至今其中47亿吨还在地核内，8600万吨在地幔里，而分布到地壳的黄金总数不足1亿吨。即使这样，为了从含量极低的金矿中，把黄金提取出来，也得花费九牛二虎之力。换句话说，超过99%的黄金都不在地壳上，人类只有两种办法得到更多的黄金：一是钻入地核中，从近万度高温的熔液里，把"黄金浆"捞出来；你去捞吧，我认输。二是盼望更多的火山、地震等，把黄金喷到地壳上来；我害怕步恐龙后尘，坚决反对这种奢想。总之，你自己得想清楚，是想要命呢，还是想要更多的黄金！

黄金确实是"真钱"，但直接使用确实不方便：设想一下，一位杨柳细腰的美女，吊带、薄纱加丝袜，飘飘然在你前面；可不知为什么，她却步履蹒跚。你以为，终于可以"英雄救美"了，赶紧三步并作两步，冲上前去帮忙；结果才发现，她抱着一个沉重的钱包，里边有一大坨黄金，人已累得汗流浃背了。待她一回头，要感谢你时；妈呀，鬼来啦！原来，她的满头大汗，早把桃花粉面上的五彩胭脂，冲得乱七八糟。

为保护美女们的形象，各国政府便将这个"真钱"圈起来，并在正常的和平时期，参考自己黄金储量的多少，来发行钞票；从而，让绝大部分人误以为"钞票就是钱"。

到目前为止，好像还没有比黄金更理想的"真钱"，即使是曾经与黄金比肩的白银，现在也越来越不行了；因为白银实在是太多，几乎快要被挤出"货币"江湖了。

看来，在"真钱"方面，上帝能帮人类的，也就这些了。剩下的，只能依靠人类自己想办法，研制"自己信任自己"的"真钱"了。于是，"区块链"就准备粉墨登场了。

那么，"真钱"到底都有哪些特性呢，从当年的"齿贝"到现在的黄金，下面我们归纳一下。

一是除上帝外，没发行机构，其发行数量也就不可能被操纵；用行话说，就叫"完全去中心化"。注意：上帝是与时俱进的哟。比如：当养殖业发达后，"齿贝"的"发行量"就可操纵了；万一今后某天，悟空定居人间，没准它就能从玉皇大帝居住的外星上，带回更多黄金，或把地核里的黄金取出来，那时黄金数量就可操纵了。

二是"真钱"的总量，既不能像白银那样过多，也不能像钻石那样太少。至于，到底多少才是最佳，可能与其使用人群的数量和财富有关，不能一概而论。

三是能匿名，且保存方便。即不能像支票那样，追踪出使用者，否则，人类就没隐私了。

四是很健壮，且合并、分割等使用也很方便，而且不容易被毁掉。

五是可以跨国界流通、交易，甚至可在全世界使用；既可以买，也可以卖，而且操作还很方便。

六是无法造假，而且还具有专属所有权，即"我的就是我的，不可能莫名其妙地变成了你的"。

以上条件，听起来非常苛刻，好像很难达到。但到目前为止，至少有某位神秘人物，化名"中本聪"，在网络这个虚拟部落中，利用复杂的密码算法，真的设计出了一种所谓的比特币，并声称能达到"真钱"的所有主要条件。比如，它没有货币机构发行，只能通过大量的计算产生；所有交易行为，都由全球的分布式数据库来确认并记录；网络本身的去中心化特性，确保了任何单位和个人，都无法"大量制造比特币，并以此来操控币值"。基于密码学的设计，又可确保"只有真正的拥有者，才能转移或支付比特币"，而且还不影响其所有权和交易匿名性。比特币的总量非常有限，具有极强的稀缺性；它的数量永远不会超过2100万个等。

客观地说，比特币的原理相当巧妙，而且可行。当然，它不可能是唯一的数字货币，实际上已有了"莱特币"和"比特股"等。今后，不同的虚拟部落，也许会有各自的"真钱"。本文无意评价比特币，更不想介入相关的法律和管理纠纷。

这里只介绍设计比特币的最核心技术——区块链，以及它的前世和今生。

如果你不懂数据库，不懂密码学，不懂算法理论，不懂网络……反正，IT界的所有高精尖的东西，你全都不懂的话；没关系，只要继续阅读此文，你就能懂"区块链"。

如果你已经是"区块链"专家了，那么，也建议你继续读下去；因为，你将突然发现，哦，原来我们过去只顾一心科研，竟然忘记玩了！

关于"区块链"，百度百科的解释是："分布式数据存储、点对点传输、共识机制、加密算法等计算机技术的新型应用模式。所谓共识机制是区块链系统中实现不同节点之间建立信任、获取权益的数学算法……"怎么样？够"高大上"吧，把你唬住了吗？！

即使目前最通俗的解释，也好像是："如果把数据库假设成一本账本，读写数据库就可以看成一种记账的行为，区块链技术的原理就是在一段时间内找出记账最快最好的人，由这个人来记账，然后将账本的这一页信息发给整个系统里的其他所有人。这也就相当于改变数据库所有的记录，发给全网的其他每个节点，所以区块链技术也称为分布式账本……"怎么样？是不是仍然有点朦胧美的感觉！因为，就算你是会计，也可能搞不懂什么是"分布式账本"。账本为啥要分布呢？你肯定会莫名其妙。对普通百姓来说，对账本更是一头雾水；自己最多记过几次流水账而已，从来没就见过那传说中的"账本"。

伙计，其实没那么玄！只要你是中国人，哪怕是文盲或半文盲，那么，对区块链的理解也再容易不过了。因为，区块链就是虚拟部落的"家谱"。除了读写、存储、传输、验证、安全、共识等雕虫小技的IT细节，"区块链"与你我家中，压箱底的传家宝"家谱"，其实并无本质差别。

如果你不信，咱们就来逐一对比。

第一，看看"去中心化"。你的"家谱"虽然作为宝贝，牢牢藏在箱底，但是，它的复制版，却在你七大姑、八大姨等家，每家都有一份，而且内容完全一样。每个小家在"家谱"的"核算""存储""维护"等方面的权利和义务，也都完全均等，都是通过家族开会，由"族长"领导大家，共同修订、补充新版本的。如果你偷偷修改了"自家的那份家谱"，当然不管用，只不过是自欺欺人而已：家族是不会承认的，甚至可能变成笑柄；严重时，还可能受到家法惩处。

第二，看看"开放性"。有哪家的"家谱"是保密的！完全可以公开，而且，谁都乐意公开嘛，因为，那上面都记载着祖先们的光荣事迹呢。不信你搞个家谱博物馆，保证每家都排着队，都想将自己的家谱拿出来，挤进展览厅呢。

第三，看看"自治性"。在同一家谱所系的整个大家族中，哪个成员会怀疑自己家谱内容的真实性？就算是在天涯海角，偶然遇到的陌路人，如果发现同为家谱成员，那么，就绝不仅仅是"老乡见老乡，两眼泪汪汪"了。至于外族人，他爱信不信，反正与他无关。而且，除非你是皇帝，否则，外族人根本无权修改别人的家谱。幸好现在皇帝已退休了。

第四，看看"信息不可篡改性"。一旦相关事迹写入家谱，就会永久保存下去，除非某天召开家族大会，同意（或多数同意）某项修改（比如，将祖宗的学历提高为博士啦，增加某些祖先荣誉啦，将源祖从武大郎改为武二郎啦，等等），那么，仅对少数几本家谱的篡改是完全无效的。就算你要坚持做些修改，那么，后代通过对各家家谱内容的统计比较，仅仅采用"少数服从多数"的原则，就能轻松发现你的篡改。所以，"家谱"的数据稳定性和可靠性都极高。

第五，看看"匿名性"。家谱的每次修改和补充，都是经过大家讨论同意的结果。至于这些内容是由谁抄上去的，其实并不重要。甚至，对文盲家族来说，他们可能聘请穷秀才，即大街上的那位写字先生，来帮忙抄写"家谱"新版本。所以在"区块链"这本"家谱"中，每次交易（即修改和补充"家谱"的工作），到底是由谁完成的，你永远不得而知！

第六，看看"历史可追溯性"。这恰恰是家谱最基本的功能，每个人通过自己的家谱，都能够将自己的祖宗十八代，查得清清楚楚、明明白白；就像"区块链"中"通过任意一个区块，都可以追溯出与之相关的所有区块，了解整个信息的演变过程"一样。

怎么样，请问区块链的哪条性质，家谱不具备！如果你还要坚持说，区块链还有什么"私有区块链""公有区块链"和"联合（行业）区块链"等的话，那么，别忘了，家谱也有"小家家谱""某地某姓族谱"和"全球某姓族谱"，等等。

好了，现在就以比特币为例，来重新写一本"中本聪家谱"吧。

话说，公元2009年，有一位英雄名叫"中本聪"。他决定在网络虚拟部落中，生养2100万个儿子（即2100万个比特币）。而这些儿子，可能会死掉（即比特币被用掉或转移）；儿子也会生孙子（通过第一次转移获得的比特币）；孙子也会死掉，孙子还会有重孙子（第二次转移获得的比特币）；重孙子还会生重重孙子（第三次转移获得的比特币）……如此循环，永无止境。

为了记录家族光荣，避免后代混乱，中本聪决定创立一部"家谱"，让子子孙孙们不忘记自己的血脉，然后再传给后代。

先说儿子们吧。为什么还没生完，就知道自己有多少个儿子呢？嘿嘿，因为每个儿子就对应于某种奇特数学方程的一个解，而从理论上看，解的个数就大约是2100万个。正如，线性方程只有一个解，二次方程最多有两个解，一般的，N次方程最多有N个解一样。但是，"知道有多少个解"和"求出相关解"可不是一回事哟。比如，除极特殊情况之外，全世界的数学家们，至今还不知道"如何求出N次方程的解"呢！另外，虽然求解很难，但是，"验证某个东西是否是解"却并不难；因为只需将其代入方程，轻松计算一下，看看等式的左右两边是否相同就行了：若相同，则就是解；否则就不是了。

由于每个儿子都是"金娃娃"，所以，网民们都抢着要领养，行话叫作"挖矿"。怎么才能领养成功呢？没有捷径，只能按预先设计的程序，老老实实去做大量的运算。而且，大约每10分钟，才允许有50个金娃娃被领养，直到100年后，金娃娃们才能全部出生并被领养。

也有这样一些网民，他们要么运气不好，要么没时间和精力，总之，没能"领养"到金娃娃。如果他们也想得到金娃娃，那又怎么办呢？他们只能从领养者那里花钱去买，这时，儿子辈中就出现了死亡，孙子辈也就开始诞生了。

再说孙子们吧。中本聪家族成员，有一个奇怪的特点：每个人死亡的同时，都会立即转世，成为家族下一辈的成员；每当有人死亡时，家族就会马上修订家谱；更奇特的是，每个人在死亡时，要"验证完新修订家谱的正确性"后，才最后断气。同样，每当有后辈出世时，家族也会马上修订家谱；更奇特的是，每个人在出生前，也要"验证完新修订家谱的正确性"后，才呱呱坠地。孙子们何时诞生，就没有时间表了。比如，假若某个儿子的领养者，永远对手上的金娃娃爱不释手的话，那么，这个儿子就永远健康，永远不会有孙子了；如果某个领养者是投机分子，一倒手就把金娃娃给卖了，那么，这个金娃娃马上就死了，它的儿子也同时诞生在"儿子买家"的家里了。当然，孙子的总数也不会超过2100万个。

孙子被倒手后，就转世成了重孙子；至于重孙子和重重孙子们的情况，那就更简单了。反正，每个金娃娃一死，它的儿子就会马上出生；"中本聪家谱"也会马上修改，并及时将"新版本家谱"发放给全体家族成员，无论他是儿子、孙子、重孙子还是重重孙子，等等。中本聪家族的成员，确实会越来越多，但是，儿孙总数，加起来一定不会超过2100万。

在任何时刻，任何网民，对自己的每个金娃娃，都可以通过"中本聪家谱"来确认：该金娃娃是真是假。而金娃娃的所有者，就算你很富，但也只相当于那个"帮别人抄写家谱的穷秀才"，你的身份信息等，绝不会出现在"中本聪家谱"中，从而，不必担心泄露姓名。

在结束比特币实例介绍时，我们还想强调两点：

一是当用作货币时，金娃娃总数的有限性，只能确保在"中本聪虚拟部落"中，不会出现通货膨胀。但是，这并不意味着，明天"武大郎虚拟部落"不会利用"武大郎家谱"，开发出自己的"大郎币"。所以，不要过于迷信某种特定的数字货币的有限性。毕竟，在寻找"基于信任自己"的真钱方面，人类才刚刚开始，前方的道路还很长！

二是"区块链"确实是数字货币的核心，但是，区块链的应用绝不仅限于此。实际上，它已经在诸如艺术、法律、保险、房地产等行业得到广泛重视，今后还将扩展到更多的领域。反正，你只需要记住：家谱能够发挥作用的地方，都是区块链的用武之地。没准，随着"区块链"的普及，"家谱"的用途也会越来越大，只是过去大家没在意而已。

好了，至此我们已用"家谱"把"区块链"说清楚了。

如果本章到此结束的话，那就不是在写《安全简史》，而只是做初级科普了。

下面我们将介绍最古老的区块链，一个已经存在了 38 亿年的区块链。这个区块链的设计者，就是伟大的上帝！这个区块链"家谱"就写在你的脸上、手上、腿上……血管里、头发里、鼻子里、眼睛里……反正，在任何生物的体内的任何地方，甚至在其排泄物里，都"分布式存储着"这个区块链的"账本"。这个"区块链"就是生物学家们正在全力研究的"基因链"。为了形象起见，后面我们将其称为"上帝区块链"，或简称为"上帝链"！也为了让区块链专家们"惊掉下巴"，我们将借用区块链的部分专业术语，来介绍"基因链"。希望这些专业术语，不会给普通读者增添太多的麻烦。

首先，"上帝链"这个账本中，都分布式存储了什么信息呢？

以人类基因为例，这些信息包括：你的种族、血型、孕育、生长、衰老、病死等一切生命现象的全部信息；你的体形、外貌、智力、繁衍、细胞分裂、蛋白质合成等生理过程的全部信息；你的器官基质、对疾病的敏感性、神经系统结构与功能等信息。反正，这些信息多得无法想象。如果非要对这些信息，来个公式描述的话，那么，据说人类基因共有3万～3.5万条，它们能组成一本长达100万页的浩繁"天书"；而正是这本"天书"，决定着你我的健康内因。

更奇妙的是，如此海量的信息，竟然存储在"小得连肉眼都看不见"的所谓DNA片段上！一克DNA，相当千亿张DVD光盘哟！你说，这让咱们存储专家、云计算专家和大数据专家等IT精英们，情何以堪呀！咱们曾经引以为傲的所谓"摩尔定律"，在"上帝链"这个账本面前，简直可以羞得无地自容了！

其次，"上帝链"是如何来记账的呢，即是如何修订并传承"家谱"的呢？说来这又是一个奇迹，竟然只有两个字：遗传！即将有关自己的信息——老爹、老妈的信息，祖父、祖母、外祖父、外祖母的信息，以及他们的老爹、老妈等所有祖先的信息，还有你配偶及其祖先的信息，等等，不知道是多大的海量信息——进行一个HASH，将其压缩成一个"短得可以忽略不计的"蛋白质，然后，将它传给自己的后代。后代们再如此接力下去，直到永远。

"上帝链"所用的这个HASH，可不得了啦，没有任何一个"区块链"能与之媲美！想想看，数十亿年来，把一本本天书，压缩成"短得不能再短"的蛋白质，而竟然还不发生"碰撞"，这是何等的奇迹呀！

什么？！墙角那位胖子"区块链"专家，你表示不服？！

如果你非要抬扛，逼我拿出"无碰撞"证据的话！那么，好吧，其实你本身就是一个活证据，不过，下面我还要给你更多的"遗传无碰撞"证据。其实，这些证据，大家早就熟视无睹了；它们就是父母最容易遗传给孩子的十大特征。

寿命。若家族中先辈长寿，那子女长寿的可能性就更大；因为寿命具有"家族聚集倾向性"。最具说服力的统计显示：虽然受环境等因素影响，但是，在60～75岁死去的双胞胎中，男性双胞胎死亡的时间，平均相差4年；女性，则仅相差2年。

身高。人的身高，70%取决于遗传，后天因素只占30%。一般来讲，如果父母都高（矮），那么，孩子也高（矮）的概率大约为75%。

胖瘦。"代谢率"也会遗传，而"代谢率"低的人，就容易长胖。如果父母都胖，那么，孩子也胖的概率为50%～60%。如果父母中，只有一个胖子；那么，孩子也胖的概率是30%。请问那位不服气的胖专家，你是父母都胖呢，还是只有一方胖；不可能父母都像马三立吧？

肤色。遗传时，肤色会"不偏不倚"，它总是遵循"加权平均"的法则，给孩子打上父母"综合色"的烙印。黑人父母，绝对生不出白胖娃娃。如果父母中，一黑一白，那么，孩子的肤色将是"不黑不白"。

眼睛。父母双方，只要有一个是"大眼睛"，那么，小孩也很可能是"大眼睛"。如果父母中，一个单眼皮、一个双眼皮，那么，孩子极有可能是双眼皮；如果父母都是单眼皮，孩子也会是单眼皮。父母中只要有一个长睫毛，孩子就很可能是长睫毛。"黑眼球"与"蓝眼球"的爱情结晶，绝不会再是"蓝眼球"。眼病白内障，则是传男不传女。

鼻子。父母双方中，只要有一个高鼻梁，孩子就很可能也是高鼻子。

耳朵。大耳朵是显性遗传，小耳朵是隐性遗传。父母双方，只要有一个"大耳朵"，那么，孩子就很可能也是"大耳朵"。

下颚。下巴绝对是显性遗传：父母中只要有一个"大下巴"，孩子也会长成"大下巴"。

声音。若父母都是大嗓门，孩子也会是小喇叭。通常，儿子的声音像父亲，女儿的声音像母亲。这是因为，声音的高低、音量、音质等各方面，不仅与喉头有关，还要由鼻子的大小、嘴巴的大小、舌头的长短、颜面的骨骼等各因素综合决定；而这些因素，几乎都具有很强的遗传性。

智力。智力与遗传和环境都有关，两者所占的比例分别为60%和40%。特别是，"精神缺陷者"所生的孩子，也很可能（59%的概率）智力迟钝。在智力遗传中，不仅包括智商，还包括情商。

嘿嘿，胖子，抱歉，上面我跟你开了个玩笑；其实，只是想借机普及一下遗传常识而已。因为"上帝链"HASH算法"无碰撞性"的最有力证据，简直多如牛毛，比如，指纹、声纹、掌纹、虹膜、脸型、视网膜、血管分布和DNA等。

最后，"上帝链"的可追溯性体现在哪里呢？嘿嘿，伙计，DNA亲子鉴定便是铁证。只需通过血液、毛发、唾液、口腔细胞等，就能够把你的血缘关系搞清楚。而且，生物学家们，还算出了非常精确的量化结果：任何两人具有相同DNA的概率仅为5×10^{-19}。这是什么概念呢？这样说吧，全世界人口约为50亿（=5×10^9），即在100亿个地球上，才可能找得到两个DNA相同的人。怎么样，上帝的这个账本实在是太精细了吧！

而且，生物专家已经证实："DNA指纹图谱中，几乎每一条带纹，都能在其双亲之一的图谱中找到"，这种超级稳定的遗传性，确保了"上帝链"几乎完美的可追溯性。另一个更加震撼的数据是：

疾病家庭的遗传史，是由"疾病易感基因的遗传"所造成的；而基因检测，能成功发现这些"遗传易感型基因"的准确率，可以高达99.9999%。

另外，在追溯"上帝链"时，甚至根本不需要整个账本，而仅仅是账本中的"九牛一毛"就行了，哪怕它只是一滴血、一块肉、一根毛等。

"上帝链"与"区块链"的共通性实在太多了，就不再逐一详述了。在此，仅对"去中心化""开放性""共识机制"等特性进行简单介绍。

与"区块链"一样，"上帝链"当然是无中心的了！如果非要说有中心的话，那么，也只有"上帝"这一个中心。请问，其他任何人，谁有本事修改这个账本？！就算是所谓的"转基因"，也只是对遗传的一种人工干预而已；况且，它也不能改变账本，更谈不上影响"去中心化"了。

"上帝链"的开放性，也是尽人皆知的。只要你有本事，就可测出任何生物的DNA，它从来就不保密。连爱因斯坦都承认：上帝很精明，但是无恶意。

"上帝链"的共识机制，更是天生的：各节点之间，不"彼此信任"好像都不好意思；时间顺序，一点也不会混乱，除非发生"返祖"现象！

总之，一句话：区块链的所有特性"上帝链"都有，而且还更精、更妙！

好了，下面我们按惯例，套用宋代女词人李清照的《声声慢·寻寻觅觅》，来归纳并小结本章。

寻寻觅觅，深深浅浅，区区块块链链。

乍暖还寒难辨，真币假钱。

饭票钞票白条，怎敌他换代改朝！

雁过也，正伤心，财富一夜丢尽。

满地黄金堆积，支票损，狂喜竟然哭泣！

守着齿贝，独自怎生得意！

真钱更像细雨，到黄昏，点点滴滴。

求上帝，早促成电子货币！

第9章

防火墙

如果你爱他，请把他圈进"防火墙"，因为那里是天堂；如果你恨他，请把他圈进"防火墙"，因为那里是地狱。

这里所介绍的"防火墙"，包括但不限于市场上的现成产品，也不限于它们的集成系统，而是一种古老有效的安全思想；一种在未来任何时代，都将永放光芒的哲学体系。

作为一本以"为百姓明心，为专家见性；为安全写简史，为学科开通论"为宗旨的高级科普，本书无论如何也不能回避"网络防火墙"；因为，它是全世界通行的安全防御基本技术之一，并曾经与"密码"和"入侵检测"一起，在很长一段时间内，扮演着保卫网络空间安全的"三剑客"角色。

从哲学上看，人类彼此之间的任何矛盾，都来自于"区别"。没有区别，就没有矛盾；没有矛盾，就没有人为制造的绝大部分安全问题，当然，这里不包含自然灾害引发的安全问题等。而网络空间中的主要安全问题，基本上都是人为制造的，它们由各种矛盾所引发；而引发这些矛盾的根源，则是各种各样的"区别"。

上面这段话，好像绕口令，但是，绝不多余；它告诉我们：在网络空间中，"区别"不可避免，毕竟虚拟世界是"现实社会在网络中的投影"。

面对"区别"，如何解决相关的安全问题呢？无非两条路：其一，就是"修路、建桥"，将有"区别"的各方连接起来，使他们像"热熵"那样充分融合，直到最终达到"热平衡"，从而"区别"消失，安全问题也就迎刃而解。此路的优点是：能彻底消除产生矛盾的根源；缺点是：时间长，速度慢。不过，像民族融合等大矛盾，非此路不通；比如，汉族就是由多个民族长期融合而来。其二，就是"修墙、守门"，将有"区别"的各方，分别圈起来，让他们彼此隔绝，感觉不到"区别"的存在；从而，将矛盾外化，以此消灭内部安全问题。此路的优点是，见效快；缺点是，治标不治本。由此看来，"防火墙"就是第二条路的产物，它暂时隐藏了"区别"，缓解了矛盾。

严格地说，"防火墙"这个名字是不完整的，因为它只强调了第二条路的前半部分"修墙"，却忽略了更重要的后半部分"守门"！所以，"防火墙"不该是拦水坝那样的死墙，而是有自己的"居庸关"，关口有结实的城门，城门有忠诚的卫兵；卫兵们严格按照指令，对来往行人或疏或堵。

好了，有了"居庸关"模型后，你就可以轻松了解"网络防火墙"（简称"防火墙"）的本质了。

网络世界的内部，很像一个"毛毛虫世界"；来来往往的所有信息，都被切割成一条条名叫"比特串"或"数据包"的毛毛虫。它们在网上，以光速爬呀爬呀，有些从你的电脑中爬出去，按你的指令，奔向各自的目的地，当然，中途路径可以自由选择；有些则爬进你的电脑，然后按出发前的指令，重新集结成队，开始完成预定的工作。

这些毛毛虫里，既有益虫，又有害虫哟！但是，与现实世界类似，有些对你是害虫的虫子，对别人却可能是益虫哟；比如，蝗虫对农民肯定是害虫，而对某些吃货来说，却又成美味了。

那么，你如何才能只让益虫进入你的电脑，而将害虫挡在门外呢？这时，"防火墙"就成了最佳选择。也就是说，你需要在电脑外，设置一个"居庸关"，聘请一批忠实的卫兵，并告诉它们：从你的角度看，哪些是益虫，可以放行；哪些是害虫，必须挡住。

请注意，并不只是你一家才设"居庸关"哟，小区出入口也设，酋长在村口更要设……反正，你设，我设，他也设，大家都设；于是，"关口"如云，放眼望去，便是"雄关漫道真如铁"了。任何虫子再想要串门时，嘿嘿，对不起，请"而今迈步从头越"吧。所以，就难免会出现这样的情况：你喜欢的益虫，却被酋长当害虫，挡在了村外，进不了你家；你放出去的益虫，也被小区保安当害虫，踩成了肉泥；你所讨厌的害虫，却被酋长当宝贝，受到小区的热情接待，要蜂拥挤进你家，吓得你只好命令"居庸关"卫兵：格杀勿论！所以，伙计，"防火墙"只是一个工具而已；"居庸关"的卫兵，也只是遵命行事。

根据卫兵查岗的目的、手法和放行规则等，"防火墙"可分为至少四个大类。

第一类防火墙，行话叫"网络级防火墙"，我称之为"哲学家居庸关"。这时，卫兵对虫子们，重点询问三个基本哲学问题：你是谁，从哪来，到哪去？当然，老实巴交的虫子，是不会撒谎的。当它们报出答案后，卫兵便查遍主人预先交代的"黑名单"，看看该虫子是否在列；如果没有，那就放行；否则，便将其扣押。当然，也有更狠的主人，他交给卫兵们的不是"黑名单"，而是"白名单"，也就是说，只有当该虫子已列在"白名单"中时，才能放行，否则坚决不放。提醒一下，"白名单"远比"黑名单"更严哟；因为"白名单"意味着"只能让谁过"，而"黑名单"则只是"不能让谁过"。比如，当你按预约，要进入某军事要地时，门卫的"白名单"上，也许写着：允许阿猫，猴年进入。换句话说，你若迟到了，可能就进不去了；或者，即使是你的朋友，阿狗，也进不去。而当你接受机场安检时，警察的"黑名单"上，也许写着：带武器者，不得入。于是，任何乘客，只要没带武器，都可通过。

那么，虫子为什么不撒谎呢？因为，一方面，卫兵都有"火眼金睛"；另一方面，更重要的是，虫子在到达目的地前，会经过若干驿站（路由器），而每个驿站都会根据其目的地，为它随机安排一个后续驿站；所以，如果虫子习惯了撒谎，那么，它就永远无法到达目的地，而只能成为网络中的一只"无头苍蝇"。

第二类防火墙，行话叫"应用级网关"，我叫它"换轨转运站"。此时，卫兵的盘查更加严格，即使你的益虫身份已被确认，也不会直接被放行；而是让你改乘另一轨道宽度不同的火车，继续前行：换句话说，任何虫子，都不得直接冲关。此时的"盘查"有多严呢？这样说吧，卫兵们会根据具体的被查对象，制定精准的稽核策略；而且，还会将查岗结果形成报告，以备事后审计。特别是对一些有前科的虫子，及其亲朋好友，将进行更仔细的验明正身。

当然，由于这种"居庸关"的工作量大、效率低，卫兵也更辛苦，所以虫子们经常不得不耐心等待，甚至还需要多次提出"过关申请"。这种防火墙虽然最为安全，但是，也最容易被"暗箱操作"；毕竟，卫兵们的放行规则，已不再是那么简捷了。

第三种防火墙，行话叫"电路级网关"，我称之为"隔墙有耳"。此时，虫子们在进出"居庸关"时，都有亲友前来接站，于是，卫兵们便竖着耳朵偷听他们的见面谈话。一旦听见"反动话"，那么，对不起：想出去的，给我滚回来；想进来的，给我滚出去！后来，卫兵们干脆"越俎代庖"，直接替虫子们来回传话，专业术语叫"代理"：如果传话过程没任何问题，那么，再让关内外的虫子亲戚们团聚，并各自上路回家。

此时，传话的卫兵，既要监控进出的虫子，又要封堵"违法者"，还要详细记录"居庸关"的查岗情况，并形成检验报告等。所以，卫兵特辛苦，也不得不由冷血专用硬件来充当。

最后，第四种防火墙，行话叫"规则检查防火墙"，我称之为"混合舰队"。此时，"居庸关"的卫兵，由前面三种防火墙的卫兵联合组成。当虫子想过关时，有的卫兵查身份证，有的忙于换轨，还有的则尖着耳朵偷听你的谈话。总之，只要有任何一个卫兵看你不顺眼，那么，抱歉，咔嚓，就是一刀：明年的今天，就是你的周年祭日。

好了，网络防火墙的素描，基本上就画完了。那么，防火墙到底能给你带来什么好处呢？其实，好处非常多。例如：

一是它能忠实地为你站岗放哨，为你建立一个"安全检查点"，把你不喜欢的害虫，挡在外面；

二是能保护网络的脆弱部分，提高整体安全性；

三是可很方便地监视网络的安全性，并及时向你报警；

四是可对安全威胁，进行集中处理；

五是能为你挡子弹，因为，黑客若想打此过，必须先给它留下"买路钱"；

六是可增强你的保密性，强化你的私有权；

七是防火墙扼守在网络咽喉处，所以最便于获取"秋后算账"的信息；

八是你若发布什么新闻的话，防火墙也是理想的布告栏。

当然，有好处，就得有代价，防火墙的主要缺陷和不足有：

一是会误杀个别益虫；

二是防外不防内；

三是只知死守，无法对付绕道而过的黑客；

四是除非特别加固，否则，难防病毒的感染；

五是卫兵过于死板，对许多新害虫没有免疫力。

至此，网络防火墙就介绍这些了。

当然，防火墙思想，绝不仅仅是网络时代的产物。如果愿意的话，你可随时在身边发现无数种变形的防火墙。比如，什么孟姜女哭倒的长城呀、动物园电网呀、古都城墙呀，等等，都是"防火墙大家族"的成员。如果我们再继续罗列这张清单的话，无异于浪费大家的时间，更不可能使本书"外行不觉深，内行不觉浅"了。所以，下面咱们一起去开开眼界，参观几种非常古老的、著名的，也许你从来没意识到的，却又是完全异样的"防火墙"，以及它们的防护效果。

那是45亿年前的某天，玉皇大帝闲来无事，偶尔向凡间扫了一眼：咦，太阳系里，咋多了一个蓝色小球呢？赶紧叫来身旁太监，定睛一看：哇，那蓝色的东西好漂亮哟，原来是晶莹剔透的海洋呢！

马屁精太监，抑制不住内心的无比激动，扑通一声，倒头便跪，磕头如捣蒜：恭喜玉皇，贺喜玉皇，王母娘娘朝思暮想的瑶池，终于找到啦！

玉皇摸了摸本没有的胡须，十分得意；略微抬抬头，慈祥地道："平身！快去，让太上老君，做一个瑶池开发计划来！"再看那太监时，早已一溜烟没影了。

一袋烟工夫，却见那太上老君，垂头丧气来到凌霄宝殿。不等老君开口，玉皇早已迫不及待，大惊道："咋回事，难道那泼猴又打翻了你的炼丹炉不成？！瑶池开发计划呢？"

"唉，这回与悟空无关。只是微臣刚刚奉命，实地考察了地球，却发现那海洋里已经开始出现生命了。它们既像细菌，又像蓝藻，其实是一种病毒。虽然它们只具简单的细胞结构，但是，生长极为迅速，大有占领整个海洋之势。如果到处都脏兮兮地长满了藻类，您想想，这样的瑶池，仙女们愿意下水吗，怎能在其中畅游呢？"太上老君叹了一口气，继续补充道，"要是再早几亿年发现海洋就好了，那时，地球比现在热得多，气候也更恶劣，海洋上空还经常电闪雷鸣；别说生物，就算蛋白质也才刚刚具备出现的条件。如果那时开发，绝对可以打造出五星级的瑶池仙境……"

"别说啦！"玉皇大帝一拍桌子，不耐烦地打断老君，"我要的是开发计划，而不是任何理由或借口。在不伤害生命的前提下，你必须在年底，在王母娘娘蟠桃宴之前，完成经得起历史考验的全新瑶池！"

这下，可苦了太上老君！他赶紧召集各路神仙，共同商量对策。时间一分一秒地过去了，会议室里仍然死气沉沉：张天师摇头，李天王叹气；雷公哑了，一声也不吱；电母瞎了，闭着眼睛躲在墙角打盹……突然，太白金星灵光一现，一拍大腿："哈哈，有办法了，启动防火墙！"

于是，经玉皇大帝亲自批准的"玉皇防火墙方案"就闪亮出炉了！该防火墙，其实就是一个生物进化计划，其大意是：严格隔离不同生物的进化路线，不准大家乱窜，更不得越雷池半步。比如，不准老虎进化成猫，不准蚯蚓进化成蛇，更不准阿猫进化成阿狗，等等。

在"玉皇防火墙"的保护下，生物们果然和谐相处，凡间变得井井有条：瑶池变干净了，海洋也不再拥挤了；有的长出腿，上了岸；有的长出爪子，上了树；还有的长出翅膀，飞上了天。虽然也有一部分，继续留在海洋里；但是，它们却变成了富有灵气的鱼虾和乌龟，把海洋装扮得金碧辉煌，把龙宫打理得整洁明亮。

仙女们可高兴啦，无论周末还是节假日，只要能挤出哪怕是半点闲暇，都会纷纷相约，三五成群，到这个新开张的"农家乐"享受一番。一传十，十传百，百传千，整个天界都沸腾了，大家都由衷地歌颂玉皇大帝的英明，赞扬他的智慧和仁慈。玉皇大帝客气一番后，当然忘不了以瑶池为背景，得意地自拍一张靓照，发到朋友圈，等着收获无数的点赞。

蟠桃宴开始了，玉皇大帝不慌不忙，走上主席台，掏出早已写好的稿子，开始了一年一度的圣诞致词："大家好！过去一年，是胜利的一年，战斗的一年，团结的一年，合作的一年，更是丰收的一年……""哗哗"，只听见台下掌声雷动，个个热泪盈眶。玉皇大帝停顿了片刻，微笑着招招手，然后继续念道："特别是在'玉皇防火墙'的帮助下，我们把凡间打造成了天堂。如今，各种生物再也不迷茫了，它们都沿着既定的进化路线，从一个胜利，走向另一个更大的胜利……"玉帝接着补充道："不过，大家要注意，今后有一种名叫'人'的生物，可能会不安分；如果有必要，可再给他们加几道其他防火墙……""加墙，加墙"，台下的响应呼声瞬间就传遍了天宫的每个角落。

光阴似箭，转眼又过了几亿年。果然，如玉皇所料，海里的某条小鱼，长出了腿，爬上了岸；但是，它与其他动物，就是不同，总想别出心裁，玩出点新花样。本来在草原上，过得好好的；却又莫名其妙地钻进了树林；接着，干脆吊在树枝上，荡起了秋千；新鲜劲刚过，又钻进了山洞，过起了穴居生活。本来四条腿走路，又稳当又轻松，可它偏偏要自找麻烦，坚持用两条腿走路，把另两条前腿叫作"手"。被山火烧死的动物尸体谁也不敢碰，他却冲上去就是一口，却意外发现：咦，味道不错嘛！从此，这家伙吃熟食就上了瘾，甚至不再吃生食了。就这样，它一路调皮捣蛋下来，竟然还真的变成了"人"！

"人"本来聚居在非洲，多幸福呀！你看，根本不用烫，头发就自然卷，可漂亮啦；牙齿永远洁白无瑕，让其他动物除了羡慕，就是嫉妒；冬天气候温暖，连买羽绒服的钱都省了……可是，即使有这么多好处，人类也本性难改，仍然不安分。张三要到天涯看看，李四要去海角玩玩；王五要去东边看日出，赵六又要去西边赏晚霞。总之，恨不能把全球的陆地都占为己有。

龙王忙于迎来送往，根本没发现人类的这一企图，只顾成天与天界拉关系。观音菩萨来访，得好好招待吧；如来佛路过，岂敢怠慢；托塔李天王的年货，不能太低档了吧；南天门的卫兵，也得有所表示吧；甚至，连孙猴子前来借定海神针，也不能得罪吧。

直到某一天，龟丞相爬到喜马拉雅山顶晒太阳时，才偶然发现了这个秘密。于是，它顾不得形象，连滚带爬，冲进了龙宫："报——告——报告！不得了啦，人类要侵略整个地球啦！"龙王一听，当时就傻眼了："什么？！这还了得，那些空地，都是我留给龙子龙孙的宅基地呀，如果都被人类占了的话，今后房价太高，我咋买得起呀？儿孙们娶媳妇后，住哪儿呀？……"一连串的问题，向龙王老爷扑面而来！怎么办呀，怎么办？急得它在龙榻上，来回踱步，就像热锅上的蚂蚁。

突然，蟠桃宴上玉皇大帝的最高指示，在它耳边响起：加墙，加墙！

好，就是它，防火墙！于是，龙王拿起笔来，一挥而就：丞相听令，火速设计新型防火墙方案，阻止人类继续迁出非洲！钦此！

一周后，虾兵蟹将们，睡眼惺忪，抬来了"龙王防火墙"方案。满怀希望的龙王爷，上前一看，差点没把鼻子气掉。原来，上面只歪歪斜斜地写着两个字：涨水！

"龟丞相哪儿去了！"龙王咆哮了起来。"报告，丞相七天没合眼，才冥思苦想，完成了这个方案；现在它已累趴了，正仰面朝天，倒在宫外呢。"章鱼太监怯生生地回答说。

龙王才不管它三七二十一，直接去找龟丞相。龟丞相早已吓得魂不附体，赶紧对"龙王防火墙"进行了细细解释："陛下英明，微臣罪该万死！对策是这样的：现在人类之所以能满世界迁徙，那是因为，有一个大陆架露出了海面。如果通过涨水，把陆地分割成几大洲，那么，只会狗刨、不善游泳的人类，就再也甭想搬家了。"

龙王一听，好像有道理。于是，便命令办公室主任，开闸放水，建立防火墙。后来，据龙宫扫地阿姨说，其实，龙王不学无术，即使它对龟丞相的方案不满意，也没别的办法，只能凑合。

"龙王防火墙"还真有效，自那以后，数万年来，大部分人类都被困在了非洲；即使是早期迁出的人类，也被分别困在了亚洲和欧洲。再加上山脉、河流和沙漠等自然屏障的阻隔，于是，人类就很难再彼此串门了。从此，欧洲人，长出了大鼻子、蓝眼睛；亚洲人，则变成了黄皮肤、黑头发；等等。

龙王对自己的防火墙很满意，决定再升级一个新版本；于是，便加大灌水量，让滔天洪水，从珠穆朗玛峰倾盆而下，从而在"老墙"中又隔离出了更多孤岛。

新版"龙王防火墙"，把人类害惨了：死的死，伤的伤；家被淹了，食物被冲走了……上帝实在看不下去了，决定帮人类一把，提供一种"翻墙"工具，于是，诺亚方舟便诞生了！方舟载着人类，乘风破浪，从亚洲到非洲，再从太平洋到大西洋。反正，从此以后，跨大海如履平地了。

在龙王和方舟的启发下，人类再接再厉。一方面，开发出了更多改进型"龙王防火墙"，像什么护城河呀、隔离带呀、猪圈呀、监狱呀、鸟笼呀，等等。这样说吧，到目前为止，几乎全部有形的防火墙，都是"龙王墙"的近亲；甚至龙王的这种思路，已经成为"广义安全"防御（比如，疾病防疫等）的主流。另一方面，针对"龙王墙"又研制出了多种轮船、飞机等"翻墙"工具，更架设了跨海大桥等"推墙"利器。甚至，连非洲大草原上"塞伦盖蒂国家公园"里的角马们，也都能仅仅依靠自己的血肉之躯，冲破马拉河这个盗版的"加固型龙王墙"；即使该墙增加了难度，以美食为诱饵，招来凶恶的鳄鱼，也没能阻止角马们"翻墙"。

龙王就是龙王，与"玉皇防火墙"相比，"龙王防火墙"实在太脆弱；你看，即使到今天，"玉皇墙"仍然屹立于科学之巅，让人类无计可施；就算有了什么"转基因技术"等，要想撼动既定进化路线，压根儿就没门。可是，龙王并不这么看，却反怪上帝搅了自己的好事。于是，一纸诉状，就把上帝告到了玉皇大帝那里。

玉皇当然不高兴了，可又拿上帝没办法，因为，他们都是同级干部，且隶属于不同衙门。于是，玉皇只好写了封信，象征性地批评了上帝几句，并提醒他：注意人类动向，多多使用防火墙。

上帝才不在意呢，"什么防火墙，防水墙的，对付人类还不是小菜一碟吗！"撇了撇嘴，把玉皇来信，只当耳旁风。

克服了"龙王防火墙"后，人类信心大增，简直"欲与天公试比高"了。七大姑、八大姨们，纷纷跳出诺亚方舟，开始了新生活。有的狩猎，有的打鱼，有的捕鸟，有的砍树；反正，天上飞的、地上跑的、水里游的，无论是植物还是动物，全都提心吊胆，生怕一不留神，就被人类抓去吃了。后来，人类干脆按照《圣经》的指引，开始搞起了房地产，并以迅雷不及掩耳的速度，建成了宏伟的古巴比伦城。这下摊上大事了，上帝不高兴了，"照这种方式折腾下去，怎么得了，人类难道想翻天不成！"上帝嘟囔道。

可是，得意忘形的人类，根本就没注意上帝情绪的变化，只顾享受自己的成功；甚至，还变本加厉，决定建造一座通天塔，作为城市形象工程的亮点。

说干就干：大舅挖土，二叔制砖，三姨和泥，四爹砌塔……全家老小，有说有笑。眼见着通天塔，越来越高；88层了，出云端了，近太空了……马上就要顶翻上帝的花盆了。终于，上帝坐不住了，"早知今日，当初就该听从玉皇的建议，准备一套防火墙预案。唉，可现在时间来不及了！"上帝在心中暗自后悔。

"怎么办呢？没办法！真的没法了吗？也许吧！"情急中，上帝不断地自言自语，自问自答。突然，上帝眼前一亮，"好，就它了！人类现在之所以能够肆无忌惮，就是因为他们彼此通话，能像自言自语一样，毫无障碍。如果我用不同的语言，将他们隔离起来，让他们互相误会，不就得了吗！"

于是，"语言"这种"上帝防火墙"就诞生了！果然，操着不同语言的巴比伦市民，思想不统一了，互相怀疑了，通天塔建设也自然停工了。终于，战争爆发了，人们各自逃命，又分散到世界各地，互不来往了。

可是，由于"语言"这种防火墙，仅仅是上帝拍脑袋的产物，所以几千年后，此"墙"就被推"翻"了。首先，是一批名叫"翻译"的专家，他们分别在不同语境下生活，搞懂双方的语言后，就可以帮他人"搭桥翻墙"了；后来，又出现了"字典"，使得普通人也可以自己"翻墙"了。如今，在线机器翻译问世了，于是，"上帝防火墙"也就只剩下残垣断壁了。

上面介绍的都是一些"好墙"，都能够给人类带来幸福，并在某方面给予人类保护；当然，"坏墙"也不少，甚至还有一些"恶墙"。如何判断一个"墙"是好，还是坏呢？我想大家都是专家，就不用我来啰唆了吧。

如今，几乎每个人，都被同时关在多个"防火墙"中。你看，民族是墙，国家是墙，性别是墙，姓氏是墙，身高是墙，体重是墙，习惯是墙，爱好也是墙……反正，在这些墙面前"你见，或者不见，它就在那里，不悲不喜；你翻，或者不翻，它也在那里，不来不去；你恨，或者不恨，它仍在那里，不增不减；你爱，或者不爱，它的手就在你手里，不舍不弃，甚至还要扑向你怀里，或者，要住进你心里"。

总之，一方面，这众多的"墙"，引发了无数"区别"，从而加剧了各"墙"之间的矛盾；但是，另一方面，同样，也正是在这些"墙"的保护下，"墙"内人员免于被"墙"外骚扰。

最后，我们按照惯例，套用宋代词人辛弃疾的《丑奴儿·书博山道中壁》，来归纳并小结本章。

少年不识墙滋味，
爱上层楼，爱上层楼，
为吐心声说墙丑。

而今识得墙滋味，
欲说还羞，欲说还羞，
却道天凉墙也旧。

第10章

入侵检测

伙计，如果你没听说过"入侵检测"这个专业名词的话，那你总听说过"天气预报"吧！没错，"入侵检测"就是网络空间中的"天气预报"；只不过，它不是报告天上"风、雪、雨、云"的动静，而是报告网络空间中黑客的动静，比如，他们是否已经或即将攻击你的计算机等。

其实，曾经在很长一段时间内，密码、防火墙和入侵检测一起，扮演着保护网络空间安全"三剑客"的角色。其基本逻辑是：首先，由小弟"入侵检测"发现或预测出黑客（无论是来自内部或外部）的攻击，并及时报告给二哥"防火墙"。其次，当二哥收到警报后，便立即采取行动：赶紧加强门卫，调整相应的配置，既不让外面"黑客"进入，也不让内鬼溜掉；赶紧"亡羊补牢"，清查可能已经入侵的木马等恶意代码，甚至向管理员报告，启动人工干预等。最后一关，如果"黑客"已经得手，偷走了相关机要信息，那么，嘿嘿，对不起，还有大哥"密码"在等着你呢；除非"黑客"能够破解密码，通常这是非常困难的，否则，前面的所有入侵行动都功亏一篑。

虽然，如今"三剑客"的地位已大不如从前；但是，他们的历史功绩不可否认。既然前面已为大哥和二哥立传了，当然也不该忽略三弟。不过，客观地说，这个三弟确实太老实，虽然他站在与"黑客"斗争的最前沿；但是，却总是干一些零敲碎打的具体工作："黑客"想偷鸡，他就忙守夜；黑客要摸狗，他就随时瞅；黑客兵来，他就将挡；黑客水来，他就土掩。反正，事无巨细，苦劳不少；但真要给他立传时，才发现只有"一地鸡毛"，想要归纳、总结、提高都难哟。幸好，老实人永远不会吃亏，三弟的传人"安全态势分析""大数据挖掘""APT攻击发现"等正越来越成熟，大有成为"网络空间安全新一代霸主"的趋势。

三弟出身贫寒，从小就无依无靠，年迈的父母虽未给他留下任何有形财富，但却让他继承了一个无价之宝：努力，总会有回报。从此，他便一心扑在工作上，无论多脏多累，只要是分内事，他都尽心尽力。

三弟的第一份工作，其实并不十分光彩，说起来都有点不好意思，那就是：算命，又称测字或占卦等。虽然只是为了混口饭吃，但是，他却十分投入，甚至把它当作"社会预测学"来认真研究。

三弟对曾经的这份低贱工作，并不刻意回避，甚至还感到几分幸运。"占卦为我后来成为'三剑客'打下了坚实基础；因为'入侵检测'从某种意义上来说，也是一种'网络预测学'嘛！"他自豪地说。

下面是3000多年前，三弟在周文王时代，接受采访时的穿越式问答；也许有助于你换个角度看"入侵检测"。

由于"入侵检测"的中文名太长，所以，下面采访中，就用英文"IDS"来替代吧。

问：什么是预测？

三弟：如果除开"发现已有攻击"这点区别，那么，占卦和IDS都是预测，它们通过特定手段，预先知道将要发生的事情，从而让相关各方做好心理或物质准备，采取必要的应对措施。

问：算命和IDS的本质区别是什么？

三弟：万事万物都有规律，只要正确运用它们，就能对未来做出判断。两者的本质区别在于"规律不同"而已，但是，预测的思路却大同小异。

问：它们的预测理论之异，具体表现在什么地方？

三弟：古往今来的各种预测理论，就本质来说，主要有"常规性预测"和"模拟性预测"两种。前者又叫"规则性预测"或"因果预测"，即俗话所说的"种瓜就会得瓜，种豆就会得豆"。用辩证唯物论来说，就是"任何事情的发生，都是有原因的；世界是连续性的，有因必有果，有果必有因"。如果"因"已具备，那么"果"的预测就毫无悬念了。后者的所谓"模拟性预测"，就是采取模拟仿真手段来事先发现规律，比如飞机设计的风洞试验等。如果随后的现实情况，刚好与模拟情况吻合，那么当初的"模拟结果"就变成"预测结果"了。占卜以"常规性预测"为主，以"模拟性预测"为辅；而IDS则相反，甚至它压根就是一种典型的"模拟性预测"！当然，在实际预测中，"常规性预测"和"模拟性预测"都不可或缺，它们相辅相成；如果综合运用，将能获得更好的预测效果。

问：算命和IDS真有那么相近吗？你不会在忽悠我们吧！

三弟：算命的核心，是以下六字净言：审、敲、打、千、隆、卖。伙计，如果你是安全专家，如果你愿意仔细琢磨，那你就会惊奇地发现，这六字净言在IDS中也是"字字珠玑"。不信请看下面讲解。

"审"，就是审度。半仙审视来者的衣着、气质，因为，贫贱富贵都是带相的，一眼便能定其档次。而IDS审的是黑客留下的可能痕迹。半仙的"审"，还意味着倾听，让对方说出来；多说话，话越多，信息就越多。而IDS也喜欢让黑客多动，行动越多，破绽信息就越多。

"敲"，就是试探。当然不能随意试探，否则就会打草惊蛇；所以，半仙们的经验是："一敲即中，随棍打；再敲不吐，草寻蛇。"IDS中的"敲"，名叫"信息分析"；通过分析，试探出哪些是黑客行为，哪些是正常行为。当然，IDS也有探错、误报的时候。半仙在"审"的基础上，会突然"敲"一下：如果说准了，那就可以接着用下面的第三字诀"打"了；如果两次都没能"敲"准，那就快露馅了，得赶紧放弃，即"抛刀"了。IDS如果总是漏报或误报，那么，也会面临同样的命运。

"打"，就是快速决断。半仙的"打"，贵在一个急字；突然出口，落地有声。"打"的更深层意思是，摧毁对方意志。因为"敲"准之后，对方已深信不疑，所以见到高官，就说他要丢官；见到巨贾，就说他要破财；见到怨妇，就说她要被甩……反正，彻底"打"垮对方的心理防线。IDS中的"打"，就是立即采取应对措施；比如，重新配置防火墙，甚至对黑客进行人工干预，瞬间出手，打他个措手不及。

"千"，对半仙来说，就是骗，可以当场出千，也可以通过巧妙布局，在最佳时机出千。半仙的"千"，融汇在其他五字中，贵在一个"慢"字。出千不能急，否则就会露马脚，所以，行话叫"急打慢千"。IDS中的"千"，就是所谓的"蜜罐技术"，即设置一个假目标，让黑客去疯狂攻击，于是便可从容收集他的相关攻击信息和技巧，并采取相应的对付措施。

"隆"，对半仙来说，就是奉承，说对方爱听的，许之以希望。因为对方被"打"后，会很害怕，心情低落；此时若能"隆"他一下，告诉他：也不是没有希望了，如果听话，还是能化险为夷、逢凶化吉的。然后，再"隆"一下，加把火，告诉他：如果过了这个坎，就会大富大贵，长命百岁，他自然非常高兴。"打"和"隆"是对应的，先让对方绝望，再给他希望，此时，对方已被牢牢拴住。IDS的策略也是这样，即在"蜜罐"中，也会"隆"黑客一下，让他尝到甜头；而在真实系统中，"打"他一下，让他更加专注于攻击假目标，忽略真目标。

最后一个字，是"卖"。此时，挥洒自如的半仙，已将对方调教得服服帖帖了；"卖"也意味着该收钱了。IDS中的"卖"，则指对黑客的入侵，已经摸得一清二楚，只需"收网"了。

怎么样，你看，"命运科学研究院"的核心价值观，在"入侵检测"中，全都能字字对号入座吧！而且，半仙们对这六字净言，还有简洁明了的运用诀窍呢，那就是："先审后敲，急打慢千，隆卖齐施，敲打并用，十千九打，十隆九成，先千后往，无往不利，有千无隆，帝寿之才。"至于其奥妙嘛，嘿嘿，对不起，保密！

问：用《易经》算命，真的靠谱吗？

三弟：只要信息收集全面、准确，只要过去的"入侵知识库"足够丰富，那么，用IDS给你电脑算命，其准确度相当高：说你将会被攻击，就一定跑不掉；说你已被攻击，也保准假不了。

光阴似箭，日月如梭，转眼就到了道光年间。

三弟结婚了，养家糊口的担子更重了，仅靠"算命"那点收入，已远远不够了；于是，三弟改行，当了气象员。

先是在村里，当了一个"个体户预报员"。他发扬吃苦耐劳的传统，花大力气，整理出了厚厚的"天气预测宝典"。其实，与其说是"宝典"，还不如说是"动物行为准则"呢！若不信，随便翻开一页看看，满篇都是什么：蜘蛛结网天放晴呀；河里鱼打花，天天有雨下呀；鸡早宿窝天必晴，鸡晚进笼天必雨呀；燕子低飞蛇过道，蚂蚁搬家山戴帽呀；水缸出汗蛤蟆叫，不久将有大雨到呀；蚊子聚堂中，来日雨盈盈呀；等等。反正，天上飞的，地上跑的，水中游的，吃荤的，吃素的，大的，小的，只要是活物，只要有可能，全都请进"宝典"，让它们担任气象信息收集员。

于是，本该预报天气的这位个体户，却成了动物园的铁粉。他每天只需出去游玩一圈，看看天，观观鱼，摸摸水缸，瞧瞧鸡，便能预测是否会下雨；而且，更神奇的是，效果还很不错！在问到预测奥秘时，他嘿嘿一笑：这不就是几百年后的"基于主机的入侵检测"嘛！

由于预报很准，三弟的名声越来越大。民国年间，竟然上调到县气象局，并升为局长。于是，他又改进了预报方法。一方面，继续完善、补充了道光年间的"宝典"并将其公之于众；另一方面，又命令各村气象员，每天及时汇报各村情况和按"宝典"做出的预测结果。然后，他综合所有这些汇报，基于统筹分析，发布最终预测报告；接着，根据事后的真实天气，如实记录预报误差，并分析其原因，还据此对"宝典"进行更新。在县级劳模表彰会上，他承认：俺这预测方法的灵感，来自百年后的，网络空间安全中的"基于网络的入侵检测"。

再后来，三弟又升了，出任天国气象局总经理。这次，他那"宝典"和"个体气象员"等，都派不上用场了。于是，三弟与时俱进，在全国各地的高山、平原、河边、海滩、城区、郊野等地，遍设了"气象数据收集站"；发射了数颗气象卫星，日夜监视大气实况；启用了超级计算机来进行模式匹配、大数据挖掘和样本库分析与存储等工作。终于，天国的天气预报突飞猛进，不但能准确预测短期风雨，而且中长期预报也相当不错。三弟在其博士论文中透露，这次他的灵感来自几十年后的"分布式入侵检测"。

天气预报玩够了，三弟博士开始迷茫了，今后咋整呢？！

终于，一次偶然的机会，三弟结识了大哥和二哥。三人一见如故，志同道合，很快就像"刘关张"一样结为了异姓兄弟。拜完天地后，三人发誓：不求同年同月同日生，但求同年同月同日死；愿为网络空间安全，奋斗终生！于是，在安全江湖上，"三剑客"很快就如雷贯耳了！

三弟的工作，确实很辛苦。他必须没日没夜，7×24小时地为大哥和二哥站岗、放哨，必须随时反复执行以下六项枯燥任务。

一是监视、分析用户及系统活动。也就是说，用户是否是黑客啦，活动是否违规啦，是否有什么异常现象出现啦，黑客有什么新动向啦，等等。当然，这些工作不仅仅是简单的"监视"，有时还必须透过现象看本质，借助深入、细致、全面的分析，才能发现问题，抓住黑客的狐狸尾巴，或及时发现系统的问题。

二是系统构造和弱点的审计。也就是说，像账务审计员或纪检委那样，随时对以往记录的各种数据进行反复核查，看看当初构建系统时，是否有什么天生缺陷或问题；内、外部环境和黑客手段发生变化后，当前系统是否适应这些新变化，是否会出现新的漏洞等。由于各方面情况总是瞬息万变的，所以，相应的审计也必须与时俱进，绝没有一劳永逸的事。

三是及时识别已知攻击的模式，并向相关人士报警。也就是说，一方面，要归纳、整理、凝合史上所有已知的黑客攻击特征，而且还要将它们牢牢记住；一旦这些特征再现，那么，很可能就意味着"狼又来了"；另一方面，还得赶紧拉响警报。这项工作看似容易，实则非常困难。想想看，如果过去的"攻击特征提取"不准确（即"宝典"升级不及时），或本次的"攻击特征比较和判断"有误（比如，鸡叫听成了鸭鸣）等，本来没有黑客攻击，你却反复错误地拉响警报，那么你的信誉就会大幅度降低，那位"说谎的放羊娃"也许就是你的下场！反过来，黑客也不是傻瓜，他一般不会完全重复过去的攻击，每次攻击总会耍点新花招。如果你一时大意，没发现黑客的攻击，该拉警报时，却又没拉，那么用户将会很生气，后果会很严重。

四是异常行为模式的统计分析。也就是说，记录历史上的所有异常行为，并对它们进行尽可能多的统计分析，发现其规律，提取其特征。但是，这项任务的工作量，绝对是个无底洞。别说对"异常"进行统计，甚至判断哪些属"异常"有时都无从下手；因为合法用户的正常行为，有时却像异常；而黑客的异常行为，有时却又很"正常"。当然，如果简单应付，只做一些表面文章，那么也能马马虎虎交差；而如果认真对待，那么将大大提高"三剑客"的业绩，增强对黑客"未知入侵行为"的判断和预测能力。此项指标是评价"入侵检测系统"水平高低的关键，因为在对待已知攻击方面，大家都难分伯仲。也正是因为三弟及其传人，在此方面进行的不懈努力，才使得三弟家族蒸蒸日上。

五是评估重要系统和数据文件的完整性。无论三弟多么用功，无论他有多大本事，也不该平均分配注意力，所以对"重要系统"和"重要文件"必须倾注更多的精力；甚至对它们的报警可以勤一些，哪怕有几次虚报，即多喊几声放羊娃的"狼来了"。特别是要留意这些"关键对象"的完整性，比如，文件是否被增加了一段，或减少了一段，或各段落之间的顺序是否被调整过，反正，要注意文件是否被以任何方式篡改过。同时，对"重要系统"的完整性监督、评估也是这样，只要它有了任何不该有的变化，那么，三弟就会毫不犹豫地检举、揭发。

六是操作系统的审计跟踪管理，并识别用户违反安全策略的行为。操作系统是基础的核心软件，从第一刻开始，它的一切所作所为都不该逃离三弟的视线；而且，还要被详细记录，还要随时反复核查、审计，还要实时跟踪；一旦发现任何出轨行为，还要马上干预。读者朋友们也许记得，上章介绍二哥"防火墙"时，我们特别说过："防火墙"是管外，不管内。也就是说，如果内部人员作案，只要他不试图穿过"防火墙"逃入外网，那么二哥是不会"多管闲事"的。但是，在三弟眼里，可没有"闲事"哟！就算是内部的合法用户，只要他超越了事先指定的权限，比如，读了不该读的文件，存了不该存的信息，改了不该改的设置，连了不该连接的网络等，那么，对不起，三弟将义不容辞地"告黑状"，让违规者"吃不了兜着走"。三弟之所以有这个本事，是因为他随时都明白无误地记得"你在系统中，能够做什么，不能做什么"，而且，绝无商量的余地。

三弟工作的挑战性，主要来自以下两方面。

其一，对手太强大了，他得对付全世界的黑客。而大家都知道，黑客可是人精中的人精哟。他们既可"上九天揽月"，又能"下五洋捉鳖"；既精"南拳北腿"，又通"东邪西毒"；既会"鸡鸣狗盗"，也敢"龙吟虎啸"；既出"雕虫小技"，又用"绝世神功"。反正，这样说吧，为了能攻破网络系统，黑客就会不择手段；只有你想不到的，没有黑客做不到的。如果"黑客首次出新招，将三弟打败"还可以理解的话，那么，"三弟被同一块石头，绊倒两次"就不可原谅了。所以，三弟必须对所有新攻击进行及时应对，在第一时间内给出解决方案。

其二，防御手段太琐碎，三弟必须"十八般武艺，样样精通"。因为黑客的攻击可以来自病毒攻击、木马攻击、缓冲区溢出攻击、拒绝服务攻击、扫描攻击、嗅探攻击、Web欺骗、IP欺骗、口令破解，等等。只要这些冷箭有一支没被挡住，那么"入侵检测"就得"滚下马来"，三弟的所有努力便都会前功尽弃。

智商并不高的三弟博士，经反复琢磨，多次实践，终于在杂乱无章的攻防对抗中，总结出了"见招拆招"的分析过程。虽然该过程，相比于其后辈的"无招胜有招"还有很大的差别，但也算是一个里程碑吧。

三弟的分析过程，由三部分组成：信息收集、信息分析和结果处理。

所谓"信息收集"，就是收集信息，也就相当于那位个体户逛动物园，它是入侵检测的第一步。

那么，都收集些什么信息呢？当然是越多越好！不过，收集的重点是：系统、网络、数据及用户活动的状态和行为等信息。

那么，如何收集信息呢？

第一种方法，用行话说，叫"基于主机的信息收集"，它其实就是"守株待兔"。也就是说，像那位"个体户气象员"一样，三弟从自己电脑的"操作系统审计"记录和"跟踪日志"档案中，去发掘可能的攻击信息。当然，三弟有时也会主动勾引兔子，让它上当，暴露行踪；这也算"投石问路"吧。这种收集法的优点是：不需要额外的硬件，因为，电脑就在你手边嘛；对网络流量不敏感，就在本地处理，没有消耗额外的流量嘛；效率高，自己的事情自己干，不需要多方协调、扯皮嘛；能准确定位入侵并及时进行反应，送上门的兔子，想跑也跑不了啰！当然，这种收集法的缺点，也是明显的。例如：占用主机资源，你的电脑被分心了，所以本职工作会受到影响；依赖于主机的可靠性，不可靠的人当然干不出可靠的事；所能检测的攻击类型受限，个人能力自然有限；不能检测网络攻击，因为没出门，当然就不知天下事嘛。

第二种方法，行话叫"基于网络的信息收集"，它其实就是战争片中常见的"抓舌头"。也就是说，广泛派出"探子"，采用各种可能的方法，刺探敌情，以此判断黑客是否已经或即将发动攻击。具体地说，就像那个"县气象局长"一样，三弟通过监听网上的数据，并对其进行处理，从中提取有用的信息；再将它与"已知攻击特征"或"正常网络行为"进行比较，来识别攻击事件。这种收集方法的优点是：它不依赖于具体操作系统，所以，可以从全网获得信息，或形象地说，"探子"既可从敌方人员那里直接获取情报，也可从周围老百姓那里间接获取情报；配置简单，不需要任何特殊的审计和登录机制，反正，只需能听懂"探子"回送的消息就行了；可检测协议攻击、特定环境攻击等多种攻击，这主要取决于"探子"情报的完整度和可靠度。这种收集法的缺点主要包括：只能监视本网段的活动，无法得到主机系统的实时状态，这是因为"在外流浪的探子，当然不可能知道内部信息嘛"；精确度较差，毕竟"在家万事好，出门难上难嘛"。当然，在实际使用中，大部分的"入侵检测"，都采用此种方法来收集信息。.

第三种方法，行话叫"分布式信息收集"，它其实就是"办事处方法"。也就是说，总公司在各主要节点建立常设机构，它们专门负责收集本地"信息"并及时予以反馈；然后，总部据此做出相应的决策。所以，这种信息收集体系具有分布式结构，由异地的多个部件（不同网段的传感器或不同主机的代理）组成。每个部件在相应关键主机上，采用第一种"守株待兔法"收集信息；同时，又在网络的关键节点上，采用第二种"抓舌头"方法来收集信息。这些信息包括系统和网络日志文件、网络流量、非正常的目录和文件改变、非正常的程序执行等。就像那位"气象总经理"一样，三弟统筹所有这些信息，再判断被保护系统是否已经或即将受到攻击。"办事处方法"的优点主要体现在：既能扩大检测范围，又能增强洞察力。因为单一来源信息可能漏掉一些疑点，而"多源信息的不一致性"等本身就可能是黑客的破绽。

那么，三弟将从哪里收集信息呢？

无论是"守株待兔"也好，"抓舌头"也好，还是"办事处方法"也好，其实，供三弟判断用的信息，主要来自下面四个方面。

第一，从作案现场"取证"。黑客经常会在"系统日志文件"中留下踪迹，就像小偷会在作案现场留下脚印、头发、指纹、体味等信息一样。由于电脑很喜欢写日记，其实不仅仅是"日"记，而是"随时记"，只要有任何动静，只要干过任何事情，它都会像生怕表功不全一样，赶紧记录下所有的一举一动；也许电脑是领"计件工资"的吧。这些"日记"非常丰富，包括但不限于登录行为、用户ID改变、用户对文件的访问、授权和认证信息等。于是，通过分析这些"日记"，便有可能发现那些"不寻常和不期望的活动"；比如，非授权企图访问重要文件、登录到不期望的位置，以及重复登录失败等。这些活动，既可能是正在入侵的"响动"，也可能是已经入侵留下的"痕迹"，当然，还可能是即将入侵的"采点"，三弟将据此启动相应的应急响应程序。

第二，被保护目标的异常变化。如果被保护目标，出现了不期望的改变，那么，很可能就是黑客所为，因为正常的变动应该在三弟的掌控之中。"目录和文件"就是入侵检测的重点保护对象，如果它们被异常修改、创建或删除等，那么很可能就是"某种入侵产生的信号"。黑客在非法获得访问权后，经常会对目标文件进行替换、修改和破坏；同时，也为了"销声匿迹"，他们会尽力替换系统程序或修改系统日志文件。但是，只要足够细心，经验丰富的猎人就一定能发现那些"蛛丝马迹"。

第三，行为举止失常。如果树上的猴群在惊叫，那么很可能危险即将来临，比如狼要来了。羊就是这样进行"入侵检测"的。而信息系统中的"猴群"就叫"进程执行"，猴子们的姓名分别叫操作系统、网络服务、用户启动程序和特定应用（如数据库服务器）等。每个"猴子"生活在不同的权限环境中，它的正常举止由可访问的系统资源、程序和数据文件等决定。如果在"计算、文件传输、设备"等方面出现异样，"猴子"将惊叫；如果"猴子彼此间的正常通信"出现异样，"猴子"也会惊叫。"猴群"惊叫，就可能表明黑客正在入侵。但是，狡猾的黑客，可能会将程序或服务的运行分解，就像狼群隐身地悄悄逼近羊群一样，从而导致"猴群未叫，羊被吃掉"的结果。当然，如果黑客模仿"合法用户或管理员的操作方式"，那么对付"披着羊皮的狼"就更难了。

第四，"破门砸窗"，行话叫"物理形式的入侵信息"，包括"非法的硬件连接"和"对物理资源的非法访问"。此时，黑客强行突破网络的周边防卫，从物理上访问内部网，从而安装自己的设备和软件，然后利用它们访问网络。

当然，无论从哪里收集信息，无论怎么收集信息，这些被收集到的信息"是否可靠，是否正确"，将在很大程度上决定"入侵检测"的效果。而高级黑客完全可能故意留下一些假象，给三弟挖坑，让他做出错误判断。比如，黑客经常通过替换被程序调用的子程序、库和其他工具等手法，来迷惑三弟的"信息收集"工作，使得被篡改的系统功能，看起来却很正常。由此可见，"入侵检测"的信息收集工具本身，必须是可靠的、完整的和安全的。

"信息收集"完成后，接下来就该对这些"信息"开展"信息分析"了，主要包括模式匹配、统计分析和完整性分析（相当于从动物园回来后，个体户开始查阅"宝典"）。其中，前两种方法用于实时"入侵检测"，而第三种——完整性分析，则用于事后分析。如果通过分析，判断出可能的攻击，那么三弟就立即报警，通知控制台采取相应行动。

"模式匹配"很形象，警察破案也经常使用这一招，即把嫌疑犯照片与库中罪犯照片进行逐一比对。如果找到相同者，那么，嫌疑犯就是罪犯。而在"入侵检测"中，"嫌疑犯照片"就是前面的"收集信息"，而"罪犯照片库"就是"已知的入侵和误用模式数据库"。模式匹配过程，既可以很简单，也可以很复杂；既可以很有效，也可以全无效。这主要取决于"嫌犯照片"的清晰度和"罪犯照片"的完整度等。因此，必须不断完善和补充相关信息，来对付黑客攻击手法的升级。

"统计分析"其实就是大数据分析的前身，此时，三弟随时关注被保护对象的一举一动，总结归纳其行为特征，比如访问次数、操作失败次数和延时等，并计算出这些特征的"平均值"。如果某天突然发现，用户的行为严重偏离了"平均值"，那么，很可能就是用户被入侵了。例如，三弟若发现某个"从不加班的用户，突然在凌晨试图多次登录"，那么，这显然是一个异常行为，很可能就是一次入侵。"统计分析"的优点在于可检测某些未知入侵；缺点是误报、漏报率高，且不适用于正常行为的突然改变。

"完整性分析"主要关注"被保护对象是否被非法更改"。其思路是，随时记录并保存合法的"指纹"，行话叫"计算散列值"；然后，频繁抽查、现场提取被保护对象的"指纹"，并将现场"指纹"与过去存储的"指纹"进行比对。如果发现差别，那么，就判断被保护对象已被黑客篡改。

除了前面的"信息收集"和"信息分析"，三弟分析过程的最后一部分，就是所谓的"结果处理"，即拉响警报。此时控制台便按照预定策略，采取相应措施。比如，重新配置路由器或防火墙、终止进程、切断连接、改变文件属性等。当然，最简单的"结果处理"也可能仅仅是"告警"而已。

至此，我们可以看出，三弟"入侵检测"的一生，真的是很平凡的一生：没有深邃的哲学理念，没有惊天动地的伟绩；没有"一招鲜"，但又必须招招会；没有杀手锏，但又必须与黑客们对着干；没有先发制人，但又必须后发取胜……唉，我终于体会了路遥的伟大，他竟然将一部《平凡的世界》写成了惊天地、泣鬼神的不朽巨著。佩服，佩服！

那么，辛劳一生的三弟，为什么跳不出"平凡"之框呢？其实，根本原因就是：在与黑客的攻防对抗中，三弟始终只是"见招拆招"。因此，他永远被黑客牵着鼻子走，处处疲于应付。

所以，建议三弟认真研究武林秘籍，争取早日达到"无招胜有招"的境界。

怎么才能"无招胜有招"呢？坦率地说，谁也不知道！历史上，不知有多少英雄豪杰，穷其一生，苦苦追求，却最终仍然一无所获。

但是，如果能够在与黑客的对抗中，始终处于主动地位，那么离"无招胜有招"也许就不远了。比如，只要掌握规则制定权，那么，武大郎便能与任何情敌轻松决斗，因为他做炊饼能胜西门庆，比丑可赢潘金莲；就算是聪明绝顶的爱因斯坦，嘿嘿，也只能是他的手下败将。如果要比"谁的山东话讲得更像"呢？

在斗黑客时，如何才能处于主动地位呢？高超的"大数据分析与挖掘技术"是一种办法，更加严格的"白名单制度"也是一种办法，以假乱真的"蜜罐技术"还是一种办法。特别是这最后一种办法，既简单又通用。只要能将黑客成功诱入假目标，那么你就可安心坐一旁，慢慢品茶吧；高兴时，还可观察并记录他的拳法和软肋，以供今后教训他时有的放矢地使用。

好了，在结束本章前，让我们对"入侵检测"做个比较专业的小结吧，没兴趣的可以跳过，直接阅读结尾处。

"入侵检测"在网络空间安全保障方面，主要具有以下六大功能：

一是监督并分析用户和系统的活动；

二是检查系统配置和漏洞；

三是检查关键系统和数据文件的完整性；

四是识别已知攻击的活动模式；

五是对反常行为模式进行统计分析；

六是对操作系统进行校验管理，判断用户是否有安全违规操作。

"入侵检测"的优点，主要体现在以下九个方面：

一是可提高信息体系的完整性；

二是可提高系统的监察能力；

三是可全程监控用户，记录并管理用户"从进入到退出的所有活动或影响"；

四是可识别并报告数据文件的改动；

五是可发现系统配置的错误，并对这些错误进行更正；

六是可识别特定类型的攻击，并及时报警，做出防御反应；

七是可使系统管理员随时更新系统；

八是能帮助普通用户从事系统安全工作，即使他们并非安全专家；

九是可为信息安全策略的创建提供指导。

最后，让我们按惯例套用一首诗，来归纳并小结本章。

我问佛：为何要给网络黑客披荆斩棘的宝剑？

佛曰：那只是昙花的一现，用来蒙蔽世俗的眼，

没有什么剑可以抵过一颗纯净仁爱的心，

我把它赐给每一个网民，

可有人让它蒙上了灰。

我问佛：网间为何有那么多混蛋？

佛曰：网络是个野蛮世界，野蛮即混蛋，

没有混蛋，给你再多安全也不会觉得稀罕。

我问佛：如何让黑客的心不再充满贪婪？

佛曰：每一颗心生来就是贪婪而残缺的，

多数带着这种残缺度过一生，

只因与能使它圆满的另一半相遇时，

不是疏忽错过，就是已失去了拥有它的资格。

我问佛：如果遇到了可信赖的人，却又怕不能把握该怎么办？

佛曰：留人间多少爱，迎赛博千重变；

和同道人，做随心事，

别问是劫是缘。

我问佛：如何才能如你般睿智？

佛曰：佛是过来人，人是未来佛，

我也曾如你般天真。

佛门中说一个人悟道有三阶段："勘破、放下、自在。"

第11章
灾备

"灾备"很简单，因为连兔子都懂"狡兔三窟"，所以大灰狼若想死守某个兔洞，那么这种"灾"，在兔子的三窟之"备"面前，早已灰飞烟灭。青蛙也是灾备专家，它知道蝌蚪的存活率极低，面临的天敌和灾难极多，所以，在产子时就采取了灾备思路：一次产它成千上万粒，总有几粒能闯过层层鬼门关。小蚂蚁更是灾备专家，它们随时都在"深挖洞，广积粮"。其实，几乎所有生物，都是灾备专家，因为它们都深刻理解并完美地运用了灾备的核心：冗余。否则，面对众多意外灾难和杀戮，生物们可能早就绝种了。

"灾备"很复杂，因为"灾"太多，而且应对不同的"灾"，所需要的"备"也不同；"灾"更新后，"备"也得相应跟上。因此，在网络空间安全的所有保障措施中，灾备的成本最高，工程量最大，使用的技术最多，也最复杂；甚至，前面各章所介绍的所有信息安全技术，都可看成灾备的支撑，虽然它们也能够独立使用。

为聚焦目标，本章只限于网络空间的灾备，不包括诸如核电安全灾备、煤矿安全灾备等传统的灾备领域。具体地说，从结果上看，本章的"灾",称为"信息灾",主要限于网络空间的信息受损,或网络服务质量受损等;本章的"备"也仅限于由技术和管理手段组成的防灾、容灾措施,如不考虑诸如保险理赔、员工培训等措施。

"信息灾"既可能造成有形资产的损失,如硬件损毁、系统失控等;也可能造成无形资产的损失,比如数据丢失、服务中断、企业信誉受损、客户流失等,特别是对用户心理的打击更为严重。

"信息灾"与普通灾难性事件有许多共同之处。例如:都是"人们在生活、生产活动过程中,突然发生的、违反意愿的、迫使活动暂时或永久停止,并造成人、财、物等重大损失的意外事件",它们都具有普遍性、随机性、必然性、因果相关性、突变性、潜伏性和危害性等;另外,后果严重的灾难,往往还会引起广泛关注,产生不良的社会影响,所以,灾难还具有广泛的社会性。当然,信息灾也有其自身的特点。比如,它的直接伤害对象,主要是人的"心",而非人的"身",而其他伤害则都是由"伤心"衍生出来的次生灾害。

如想看清"灾备"的宏观本质,那就还得回到最根本的哲学理念:"世界是由物质、能量和信息组成的;而且信息不能独立存在,它必须以物质或能量为载体"。所以,从哲学角度看,灾备中的"灾",可以分为三大类。

一是由物质的灾引起的信息灾。例如:由设备毁坏造成的存储数据丢失;由光纤断裂造成的信息传输失败;由机房毁坏造成的计算能力被破坏等。

二是由能量的灾引起的信息灾。例如:由电压过高、过低或停电引起的信息系统崩溃等。

三是由信息安全问题引起的信息灾。例如:由于黑客攻击、病毒、失密等造成的系统瘫痪等。当然,从逻辑上看,这第三类灾,容易陷入"死循环"矛盾。因为，一方面，灾备本身就是一种安全措施；另一方面，所有的安全手段，其实也都可属于灾备，即安全又含于灾备中。当然，安全与灾备又绝不是一回事。其实，灾备与安全的这种表面"矛盾"，主要源于它们边界的模糊性，也源于文字表述的不严谨性。各位不必花精力，去试图理清这个矛盾，其实也根本理不清；幸好此矛盾不会引出实质性的麻烦。

同样，从哲学角度看，灾备中的"备"，也可以分为三类。

一是物质上的备份，即功能相同的信息系统至少要备份两个，这就是冗余。注意，这里强调的是"功能相同"，而并不要求完全相同。比如，为提高软件的防病毒能力，甚至还要求相应的软件必须异构。如此一来，对主系统有害的病毒，也许对备份系统就无害了。当然，硬件部分最好同构，这样的话，维修和设备替换等就很方便了。另外，物质上的备份系统，最好在物理上也相互分离。比如，为抵御地震灾难，主系统与备份之间的分离距离，最好超过200千米或更远。这就如同兔子的"三窟"不能彼此紧邻一样，否则，就枉为狡兔，而是傻兔了。

二是能量上的备份，比如，至少要有两套，甚至更多的能源供应系统；而且，既要有交流电，也要有直流电。两路交流电，最好还要来自不同的变电站，甚至不同的电厂。除了电能之外，热能也不能失控。比如，空调系统也要有备份等，因为万一空调失控，机房温度过高，信息系统也可能被毁。

三是信息上的备份。由于信息不能独立存在，所以信息的备份，离不开物质和能量的备份。但是信息的备份又不等同于物质或能量的备份。例如：既不能因为备份过滥，造成信息的失窃和泄密；又不能因为备份不及时，造成各物质备份中的信息不同步，反而引起混乱等。而信息的备份，当然离不开数据存储。

"灾备"是很具体的技术手段，必须落地。虽然哲学有助于看清全貌，看到"森林"；但是要想看清"树木"，就不能只停留在哲学层面，而必须深入到细节中去。实际上，灾备可解释为"灾难备份"，就像狡兔那样，用备份（冗余）的思路去应对灾难。更具体地说，灾备意指"灾难、备份、应急、恢复"，也就是：灾难发生前，要做好系统备份等预防工作；灾难发生时，要及时有效地应急处置；灾难结束后，要迅速恢复，而且还要总结相关经验教训，以便改进今后的工作。

由此可见，搞懂"灾备"的第一步，就是要摸清"灾"，以便"对症下药"。那么，网络空间都面临哪些灾呢？答案是有三大灾：自然灾难、人为灾难和技术灾难。

第一，自然灾难，又称天灾，是指自然要素，如大气、海洋和地壳等，在其不断运动中发生变异，会形成特定的变异形态，如暴雨、地震、台风等。当它对网络空间的数据和服务造成危害时，即为自然灾害。对网络空间威胁较大的自然灾害主要包括：气象灾害、海洋灾害、洪水灾害、地质灾害、地震灾害等。

可能引发信息灾的气象灾害主要有：由暴雨引起的山洪暴发、河水泛滥、城市积水；由雨涝引发的内涝、渍水；由热带气流引发的狂风、暴雨、洪水；冻害（电缆、管线冻坏）、冻雨（电线结冰）、雷电（引发电路故障）；由大风引发的局部毁灭性灾害等。

可能引发信息灾的海洋灾害主要有：由风暴潮、灾害性海浪、海冰、海啸、厄尔尼诺现象等引发的物理破坏，以及它们对网络空间造成的次生灾难等。

可能引发信息灾的洪水灾害主要有：暴雨、山洪、融雪洪水、冰凌洪水、溃坝洪水、泥石流与水泥流洪水等，以及它们对网络空间设备的破坏。

可能引发信息灾的地质灾害主要有：滑坡、地面下降、地面塌陷、土地冻融、地震、火山等，以及它们引发的网络数据损失或服务质量降低等。

自然灾害，具有以下六个特点。

一是广泛性与区域性。一方面，它分布很广。不管是海洋还是陆地、地上还是地下、城市还是农村，只要是有人活动的地方，自然灾害就有可能发生。另一方面，地理环境的区域性则决定了自然灾害的区域性。

二是频繁性和不确定性。每年的各类自然灾害很多，而且发生次数还呈现增加趋势；同时发生灾害的时间、地点和规模等又很不确定，这就更增加了防灾、抗灾的难度。

三是周期性和不重复性。主要的自然灾害（如地震、干旱、洪水等）都有一定的周期性。所谓的"十年一遇、百年一遇"，实际上就是对周期性的通俗描述。不重复性主要是指灾害过程、损害结果的不可重复性。

四是联系性。它表现在两方面。其一，区域之间具有联系性。比如，A地发生厄尔尼诺现象，便可能导致B地气象紊乱。其二，灾害之间具有联系性，即某些自然灾害可以互为条件，形成灾害群或灾害链。例如，火山爆发可能导致冰雪融化、泥石流、大气污染等。

五是危害严重性。比如，全球每年都要发生可记录的地震约500万次；其中，有感地震约5万次；造成破坏的近千次；而7级以上的强烈地震约15次，灾情很严重。

六是不可避免性和可减轻性。只要地球在运动、物质在变化、人类还存在，自然灾害就不会消失，所以它是不可避免的。但是，人类却可采取多种措施，实现趋利避害，并最大限度地减轻灾害损失，因此，自然灾害又是可以减轻的。

从网络空间安全角度看，自然灾难使得灾区被完全孤立、隔离，设备被严重损毁等，它造成的直接后果就是本地数据难以获取或保全、本地系统难以在短时间内恢复或重建、灾难的影响和范围难以控制等。总之，本地信息系统可能被完全损毁，因此，远程备份（同城或异地）是对付自然灾难的首选手段。

第二，人为灾难，指由人为因素导致的灾难性事件。它是网络空间安全灾备的主要研究对象，也是与传统灾备的关键区别所在。以人的主观动机为划分标准，人为灾难又可分为恶意和非恶意两种。恶意的人为灾害包括：黑客攻击、恶意操作、病毒入侵、瘫痪系统、窃取数据、删除或篡改信息等；非恶意的人为灾难主要包括：人为失误、非授权操作、偶然故障等。注意，"非恶意"并不等于后果不严重，其实，许多非恶意行为所造成的损失更大；而且，"恶意"与"非恶意"灾难之间也是彼此关联，相互促进，相互影响的。比如，正是因为合法用户的疏忽，才使得黑客有机可乘等。因此这也是"管理"能在灾备中发挥重要作用的原因。

人为灾难的特征可概括为：灾难的发生概率大、危害具有潜伏性和突变性、表现形式多种多样等。人为灾难造成的直接后果包括：丢失或泄露重要数据、系统服务性能降低乃至消失、软件崩溃或硬件损坏。应对这类灾难，主要依靠"信息安全技术"和"容错技术"等。

第三，技术灾难，包括设备故障、设计故障和信息系统本身的脆弱性等。

设备故障，主要以硬件损伤为典型特征，也包括由电力中断等引发的设备故障。采用同构的硬件冗余技术，便可获得较好的灾备效果。

设计故障，包括软件和硬件的设计故障等，它主要源于考虑不周或逻辑错误。只有采用相异的冗余设计方法，才能从根本上解决这类问题。

信息系统本身的脆弱性，则是由多种原因引起的，既有客观原因，也有主观原因。从客观上看，由于技术的局限性，任何信息系统都有生命周期。比如，初期的磨合、后期的电子设备老化、仪器寿命将至等问题，它们都可能引发信息系统的技术灾难。此外，新的灾难会不断出现，信息系统建设之初，无法穷尽所有可能的灾难，也就不可能考虑周全，这也算另一个客观原因吧。从主观上看，信息系统越来越复杂，已超出任何个人的掌控能力，需要许多人相互协调。因此，在信息系统的设计、建设、维护、使用等过程中，都有可能出现一些不易发现的小失误；而随着时间的推移，这些小失误可能产生"累积效应"，从而给信息系统带来灾难性后果。还有另一个主观原因，即灾备系统的成本很高，建设时间也很长，因而必须在安全性和经济性之间适当平衡，不能顾此失彼。所以，尽管有时已设计了灾备方案，但是受经费、时间等多种因素的束缚，导致灾备方案未能完全实现。

总之，既然天灾难以控制，人祸不可避免，技术灾难也将长期存在，那么就必须认真考虑如何应对这些灾难，包括但不限于灾难前的预防、灾难中的应急、灾难后的恢复等；同时还要考虑如何将灾难的损失降到最低程度等。这些便是信息系统灾备的主要目的和任务；换句话说，灾备的关键就是要挽救信息系统的核心资源、恢复系统功能、避免系统损失。

　　既然要介绍信息系统灾备，当然就该首先介绍一下，什么是"信息系统"。

　　其实，从灾备角度看，任何一个信息系统，都可抽象为三部分：计算资源部分、存储资源部分和传输资源部分。

　　计算资源部分，可以是计算机、服务器等处理资源，它提供了计算能力、事务处理能力等。

　　存储资源部分，可以是硬盘、磁带、海量存储器等任何用于存储信息的资源，它提供了信息存储的空间。

　　传输资源部分，可以是局域网、互联网等任何用于传输数据的资源，它提供了资源之间的连接、网络连接等。

　　因此，任何一个信息系统的灾备，也必须从计算灾备、存储灾备和传输灾备这三方面入手，提供全方位的灾备保护。由于数据（信息）的价值已超过计算机系统本身，同时提供连续服务能力也已成为信息系统的核心功能，所以灾备的重点应该是保护数据，维护服务能力。

　　其实，所谓灾备，或灾难备份，就是要利用技术、管理及相关资源，确保关键数据、关键业务等，在灾难发生后可以迅速恢复。甚至，灾备系统可以理解为：以存储系统为基本支撑、以网络为基本传输、以容错技术为直接手段、以管理为重要辅助的综合系统。灾备的目的，就是要确保关键业务持续运行，就是要减少非计划宕机时间。本章介绍的灾备，又称为容灾，它涵盖了容错领域、存储领域和信息安全领域等，其重点是灾难前的备份与灾难后的恢复。这里，灾难前的备份，并不仅仅包含通常的数据备份和日志管理；而且，更重要的是，还包括信息系统构建时的"容灾系统设计"和"灾难应急预案"

等。此时必须做到"设计周全、防患未然"，同时还要充分考虑"灾备与开销之间的平衡"，这里的"开销"包括软、硬件开销等；这里的"灾备"也要尽可能保护系统资源，包括数据信息、业务系统、应用服务等资源。

灾难后的恢复，则包括了应急服务、备份系统的业务接管、数据/系统/服务的迁移、灾难评估等。此时要以"降低损失、恢复服务"为目标，以"评估损失和保障业务"为重点。

为应对各种可能的灾害，信息系统灾备必然会涉及许多相关技术，特别是容错计算技术、信息安全技术、系统管理技术、存储技术、灾备体系结构等。下面分别简要介绍这些技术。

容错计算技术：这是灾备的核心技术。所谓容错，就是"容忍错误"或"带病工作"，即允许系统在出现某些特定硬件或软件故障时，仍能提供预定的服务；或从灾备角度看，可更具体地说，容错就是当系统出现数据、文件损坏或丢失时，系统能自动恢复到事故前的状态，并连续提供正常服务。容错技术，本质上就是冗余及管理、故障检测与诊断、系统状态维护与恢复等。从故障处理方式上看，容错计算技术又可分为：故障检测技术、故障屏蔽技术和动态冗余技术。

一是故障检测技术，意在发现故障、定位故障。衡量检测技术的主要指标是检测覆盖率，即任意故障被检测到的概率。检测也包含诊断，而衡量诊断技术的指标是诊断分辨率，即故障定位的精确度。

二是故障屏蔽技术。其基本思想是：利用多个部件或系统，以固定的结构和运行方式，同时执行相同的功能；利用多个一致的结果，来屏蔽某些故障。不过，屏蔽只能用于应急，因为它受制于预先的静态配置，当故障积累到使屏蔽能力饱和时，屏蔽功能就会失效。比如，突然停电后，便可立即启动蓄电池，但由于蓄电池的持续时间有限，所以必须尽快修复交流电源。

三是动态冗余技术。它通过多模式的冗余（包括信息冗余、结构冗余、时间冗余和空间冗余等）为信息系统抵御灾难提供基础。动态冗余技术借助快速响应的故障检测与诊断技术，来提高系统的可靠性，缩短故障的修复时间，增强系统的可用性。动态冗余技术可及时自动切换故障子系统或改变系统结构，阻止故障积累。动态冗余技术是容错计算技术中最主要、最常用和最复杂的技术。

上述检测、屏蔽和冗余三项技术，其实是相辅相成的：检测发现并定位故障后，屏蔽就赶紧出来应急，最后冗余"以新换旧"彻底解决问题。

从形式上看，容错计算技术，可分为硬件容错技术和软件容错技术。

硬件容错技术，就是以冗余的硬件来应对灾难。为使硬件容错得以实施，在信息系统设计时，就必须像"乐高"玩具那样，采用硬件模块化思路来增强系统的可扩充性和可维护性。于是，当故障发生后，冗余的硬件便可立即挺身而出，保障系统继续工作，而无须中断服务。硬件容错的缺点是成本较高。

软件容错技术，就是以冗余的软件来应对灾难。软件容错的优点是不依赖硬件，而且灵活性和可移植性都较好。其缺点是速度较慢。

当然，在实际使用时，既不会只用硬件容错，也不会只用软件容错，而是将它们搭配使用，取长补短，整体上实现性能和效益最大化。其实，在灾备系统中，包括容错系统结构、数据恢复技术、系统恢复技术、业务连续性服务等容错计算内容，都会始终贯穿于计算、存储与传输等信息系统的三大关键部分，为保障业务的连续性，提供强有力的支持。

信息安全技术：信息系统和灾备系统都运行在网络环境中，因此恶意入侵、病毒、数据丢失、用户身份识别等，都有可能引起安全事故，这就需要信息安全技术来保驾护航。特别是要重点保障数据的安全存储、安全传输；保障网络系统的安全连接和可靠性；保障计算机安全、用户身份安全；保障系统操作行为的不可抵赖性等。灾备需用到的信息安全技术主要包括：数据安全技术、网络安全技术、系统安全技术、身份安全技术、安全审计技术等。比如：用加密，来保护数据不被窃取；用杀毒，来保护系统不被感染；用身份认证，来防止非法用户的假冒；用安全审计，来追究非法操作；用入侵检测，来及时发现可能的攻击；等等。

系统管理技术：包括系统运维的管理、人员的配置等综合管理。因此，从整体上看，系统管理在灾备实现上是必不可少的，它是灾备的支撑。系统管理的重点可概括为以下四个方面：第一，数据信息管理，它意在保障数据的安全性和可用性；因此，需要详细制订数据存储规划、数据迁移路线和安全性策略、数据可恢复性策略等。第二，灾难应急管理，它包括灾难发生后，"用于保障通信联系的无线和有线网络系统"的管理；其中应急通信是其核心，特别是要及时感知灾区情况，包括对灾区定位等。第三，系统恢复管理，包括系统恢复成本分析、数据信息与应用系统的迁移计划、应用系统的重建计划等。第四，灾难影响评估与决策支持，它包括评估灾难影响、容灾策略的效果分析、改进方案等。

存储技术：它是信息灾备的主体。为保证数据的完整性和一致性（即确保数据不丢），首先就必须搞好数据的备份和管理，即"别把所有鸡蛋放在一个篮子里"。万一主系统数据被损坏了，还可从备份数据中追根求源，从而避免损失。灾备存储技术，既可以与应用相关，也可以与应用无关。在灾备存储技术中，主要包括以下五种关键技术。

第一，虚拟化存储技术。它其实就是存储虚拟化，它能将存储当作"水库"，将存储空间当作"水"，任意地根据需要进行"水库调配"。虚拟化存储技术可将所有的物理存储空间，形式化为一个逻辑存储池；使得用户不必关心存储细节，就能直接进行相应的存储操作，而且还会觉得（其实是错觉）"已将数据存储在一个真实的物理环境里"了。随后，用户还可任意改变数据存储的位置，同时保证数据的集中安全。虚拟化用抽象方式，回避了物理设备的复杂性；它增加了一个管理层，激活了一种资源并使之更易于透明控制。利用存储虚拟化思想，可将资源的逻辑映像与物理存储分开，从而为系统和管理员提供了一幅简化、无缝的资源虚拟视图。

对于用户来说，他看不到具体的磁盘、磁带；也不必关心自己的数据经过哪条路径，通往哪个具体的存储设备。

从管理的角度来看，虚拟存储池采取了集中化管理，并根据具体需求，把存储资源动态地分配给各个应用。利用虚拟化技术，可以提供速度像磁盘一样快、容量却像磁带库一样大的存储资源，还可以有效简化系统管理，增加资源的利用率和应用能力。

虚拟存储技术的好处是：一是能把许多零散的存储资源整合起来，从而提高整体利用率，同时也降低了系统管理成本，以最高的效率、最低的成本，来满足各类性能和容量需求。二是可提升存储环境的整体性能和可用性水平。三是通过虚拟化，许多耗时的重复性工作（如备份/恢复、数据归档和存储资源分配等）都可自动完成，减少了人工操作。总之，虚拟化存储技术能充分利用存储容量，集中管理存储，降低存储成本等。

第二，多存储版本的管理。它既可用于解决多个数据中心、备份中心之间的一致性检测和优化调度管理，也可用于多个数据版本（源数据、数据副本）之间的一致性检测和优化调度管理。

第三，删除重复数据技术。这是一种容量优化技术，它能消除分布在存储系统中的相同文件或数据块，并保留唯一的数据实例，这就大大减少了备份数据量。通常情况下，它能使存储数据减少到正常容量的10%，甚至5%。

第四，集群并行存储技术。它是由多个存储系统共同构建成的单个系统。使用该技术的好处是：通过并行性，提高存储性能；通过廉价的集群存储，大幅降低成本，并解决可扩展性难题。该技术的缺点是，对大量小型文件操作时，性能会降低。

第五，高效能存储技术。它既能提高存储性能和设备利用率，又能降低能耗和运营成本。若再结合低能耗管理技术，此技术便可提供"绿色存储"。

灾备体系结构技术：信息系统的首要功能是为用户提供服务，因此根据灾难的实际影响，需要对信息系统进行整体评估和重建（此任务虽可由人工完成，更多的却是采用技术手段来完成），这便是体系结构需要研究的内容。所以灾备体系结构技术，主要包括以下四个方面。

一是容错系统结构，即：利用多级冗余设计技术，提高系统的可靠性和可生存性；利用故障诊断与评估技术，检测当前系统的可用性；利用系统动态重构技术，实现系统的容灾特性。

二是数据恢复技术，即利用冗余纠错和多版本复制技术等，实现数据完整性校验、部分遗失数据恢复处理等功能，从而提高数据的可用性。

三是系统恢复技术，即利用系统应急恢复或平台重建技术，重新搭建系统平台和数据平台。

四是业务连续性服务，它综合上述三方面技术，避免服务被中断。

那么，针对某个信息系统，如何判断其灾备的优劣呢？

灾备系统的优劣，主要体现在"它能否保证相应信息系统的业务连续性"，即一旦发生灾难，就需要启动备份机制，确保业务的连续性。具体地说，判断信息系统优劣的技术指标，主要有以下四个方面。

第一，RTO，也叫灾备的"恢复时间指标"。其含义，从广义上来说，就是从灾难发生造成业务中断，直到通过各种方法恢复业务，使业务能够得以继续，这中间所需要的时间。通常越短的RTO，意味着越强的容灾能力。如果RTO为0，即灾害被立即恢复，那就相当于没有任何数据丢失；业务恢复后，可以完全如同灾难发生前那样工作，无须额外的处理。否则，若RTO大于0，那就需要做业务恢复处理，即修复灾难造成的数据丢失。另一个狭义的RTO指标，是指从决定进行容灾，切换到业务可继续运行，这中间的时间。一般用狭义RTO指标来评价容灾能力。RTO也可解释为，信息系统可容许服务中断的时间长度。比如，灾难发生后，若半天内就需要恢复，那么RTO就是12小时。RTO是反映信息系统业务恢复的及时性指标。针对某个信息系统，如果同时部署多个容灾系统，那么就可减小其RTO值；当然，这也意味着成本更高。提升RTO指标的常用技术有：磁带恢复、人工迁移、应用系统远程切换等。

部署不同的灾备系统，将获得不同的RTO值。从业务连续性角度看，肯定希望RTO值越小越好。尤其是很多关键信息系统，一旦中断几分钟就可能有重大损失；所以，这些信息系统往往不惜代价，确保业务运行不被中断。应用系统的自动切换，涉及信息系统的网络、服务器、存储等多方面，不管在任何位置出现故障，这些部分都会启动系统切换，并将业务转移到其他正常系统中，然后再对故障设备进行排查。故障排除后，再将业务切换到原有系统中。如果切换做得好，那么就不会引起业务的二次中断，从而可实现"业务无感知切换"。

第二，RPO，也叫"恢复点指标"。宕机后数据被恢复的时间点称为"恢复点"。而RPO是信息系统能容忍的，最大数据丢失量；它指当业务恢复后，"被恢复数据"所对应的时间点。RPO取决于数据能恢复到怎样的更新程度；这种更新程度可以是上周的备份数据，也可以是昨天的备份数据，这和数据备份的频率有关。为了改进RPO指标，就需要增加数据备份的频率。RPO是"反映恢复数据完整性"的指标。在同步数据复制方式下，RPO等于数据传输时延；在异步数据复制方式下，RPO为异步传输数据排队的时间。提升RPO的常用技术主要有：磁带备份、定期数据复制、异步数据复制、同步数据复制等。

RPO指标代表着数据复制能力，但这并不意味"单纯增加数据复制的频率"就可提升RPO。因为在应用的高峰时段，无法进行备份操作；而且备份数据本身，也要花费较长的时间；并且频率增加到一定程度后，反而会降低RPO时长。

第三，DOO，也叫"降级操作指标"。它是指"宕机恢复后"到"第二次故障或灾难"的时间。一般来说，降级运行的系统，很难抵御二次灾难。

第四，NRO，也叫"网络恢复目标"。它主要指网络恢复的时间，即灾难发生后，最终用户切换到备用网络系统，并且可以访问灾备系统所需的时间。快速收敛聚合的网络，可以改进NRO，因为它能为应用和数据的迁移提供可靠的传输路径。NRO既可能滞后于RTO，也可能超前于RTO。

在上述四个指标中，最重要的是前两个，即RTO和RPO。RTO是指发生故障时，业务切换到备份系统的能力；RPO是指发生故障后，仍要具备的数据备份能力。当然，这两个指标并不是孤立的，而是从不同角度来反映信息系统的容灾能力。具体地说，RPO来自于故障发生前，而RTO来自于故障发生后，两者的数值越小，就越能有效缩短"从业务正常到业务过渡期"的时间间隔；而单一地提升RTO或RPO，也可缩减该过渡期。但是，具体采用哪个指标来改善过渡期，则要结合信息系统的实际情况：提升哪个指标代价较小，就选哪个；或者哪个效果更明显，就选哪个。当然，完美的灾备方案是RTO和RPO都为零，这就表示：当故障发生后，系统立即恢复，而且完全没有数据丢失。但是，要达到这样的目标，灾备系统将会相当复杂，造价也会非常昂贵；而从性价比看，也不一定有此必要。

总之，虽然RTO、RPO、DOO和NRO等指标，对信息系统非常关键，但是也不能过分追求这些指标。因为指标越高，就意味着投资越大，也意味着投资回报率越低。从经济角度看，最好的容灾解决方案，不一定是经济效益最好的容灾方案；总体投入和投资回报也是必须考虑的设计指标。最佳的解决方案，必须在性能和成本等方面，都能够达到综合优化。所以要理性看待这些指标，有时也需要一些缺陷美。比如，若要使每个指标都最优，那么相应的信息和灾备系统将非常臃肿，运维难度更大，也更容易发生安全问题。总之，每个信息系统，都应该结合实际情况，因地制宜地选择相应的指标。

在设计、建设灾备系统时，还可参考国际标准（SHARE78）。按此标准，信息系统的灾备，从存储结构上看，可以分为三大类：一是最简单的本地备份；二是将备份介质存储在异地；三是建立应用系统实时切换的异地备份系统。从恢复时间上看，灾备系统可分为五大类，包括：几天级→小时级→分钟级→秒级→实时（零数据丢失）等。

从整体灾备能力上看，由低到高，灾备系统可分为 8 个层级。

第0级容灾方案：数据仅在本地进行备份，没有异地备份，未制订灾难恢复计划。

第1级容灾方案：将关键数据备份到本地介质，然后送往异地保存。

第2级容灾方案：在第 1 级容灾基础上，增加热备中心。

第3级容灾方案：用网络对关键数据备份，存放至异地；制订相应的灾难恢复计划；有备份中心；并配备部分数据处理系统及网络通信系统。

第4级容灾方案：增加备份管理软件；通过网络，自动将部分关键数据定时备份至异地；并制订相应的灾难恢复计划。

第5级容灾方案：增加了"硬件的镜像技术"和"软件的数据复制技术"，即应用站点与备份站点的数据，都被同时更新。

第6级容灾方案：利用专用存储网络，将关键数据，同步镜像至备份中心；数据既在本地确认，也在异地（备份中心）确认，实现零数据丢失。

第7级容灾方案：当工作中心发生灾难时，能提供跨站点动态负载平衡，具有系统故障自动切换功能。

好了，信息系统的灾备就介绍到此了。最后，我们按惯例，套用汪国真的情诗《是否》，来归纳并小结本章。

是否 灾备已被遗忘

不然为何杳无音信

天各一方

是否 你已把我珍藏
不然为何 微笑总在装饰我的梦
留下绮丽的幻想

是否 我们有缘
总是遇难成祥
有惊无险

是否 我们无恙
岁月留给我的将是
数据完整 服务通畅

第12章
安全熵

作为一个相当生僻的汉字，"熵"读作"商"，其含义是"数学公式中，热能除以温度所得的商"。《新华字典》的解释是："熵泛指某些物质系统状态的一种量度，某些物质系统状态可能出现的程度。亦被社会科学用以借喻人类社会某些状态的程度。"

伙计，如果你还没搞明白的话，那就对了，且听我们慢慢道来。

首先，"熵"是一种利器，是科学江湖的"倚天屠龙剑"。

物理学家，用"熵"揭示了能量转换的基本规律，轻松俘获了热力学核心定理，惊得那爱因斯坦吐舌头、瞪双眼，竖起大拇指连声高叫：棒，棒，熵定律真乃科学定律之最也！

化学家，用"熵"把所有化学反应的相变，都解释为"熵变=熵产生+熵流"，从此，化学反应的"统一大业"就完成了。老兄，据说，若你能准确给出这里的"熵产生"和"熵流"，那赶紧准备麻袋，把明年的诺贝尔奖金，扛回家吧。

数学家，在"熵"的世界里，蹦得更欢啦：一会儿，上九天揽月；一会儿，下五洋捉鳖。把一个个定理和公式，拍在所有科学家面前，为他们的专业研究保驾护航。

社会学家，用"熵"来研究恐怖主义、疫病流行、社会革命、经济危机等重大问题，得出了若干让人耳目一新的结论。

生物学家，用"熵"（更准确地说，是用"负熵"），重新诠释了达尔文进化论，并声称"生物之所以活着，全靠能够获得负熵"，这几乎彻底颠覆了传统观念。

香农更是用"熵"（其实是"负熵"），在两军阵前，温酒斩"信息"，横扫六国，结束了长期以来的纷争局面，统一了IT天下，建立了高度集权的信息论帝国。

安全专家，在本章中，也试图用"熵"（其实是"负熵"），来揭示"安全"的本质，从宏观上为各方提供最佳的攻防策略。

其实，"熵"的要害，不在右部偏旁"商"，而在左部偏旁"火"！

一说起火，人们立马就会想到燧人氏，想到他发明的钻木取火。

话说，在远古蛮荒时期，有个元谋村。村民只知茹毛饮血，还不知有火，更不知用火。每到夜晚，四周一片漆黑，野兽嗥叫，此起彼伏，吓得村民们蜷缩一团，又冷又怕。由于没火，只能吃生冷的食物，经常生病，寿命也很短。

见此惨景，天神伏羲很难过，决定教他们用火。于是，伏羲大展神通，一声惊雷，就劈燃了树木，引发了山火。村民们被雷电和大火惊得四处逃窜。可是，村长燧人氏，却镇定自若，勇敢地走到火边，竟然发现身上好暖和；便兴奋地大叫："快来呀，这火一点不可怕，又亮又暖和呢！"这时，大家又嗅到了烤熟的全羊气味，于是，聚到火边；分吃肉串后，觉得从未有过如此享受。村民知道了火的珍贵，便捡来树枝，保留火种。每天都有人轮流值守，不让火熄灭。可某天，值班员睡着了；树枝燃尽，火灭了。于是，元谋村又回到了黑暗和寒冷之中，痛苦极了。

伏羲看到这一切，便托梦给燧人氏，告诉他："在遥远的西方有个遂明国，那里有火种，你可去把火种取回来。"燧人氏醒了，想起梦境，便决心辞官，去寻找火种。

翻过高山，涉过大河，穿过森林，历尽千辛万苦，他终于来到遂明国。可是，不但没找到火，甚至这里连阳光也没有，四处一片黑暗，不分昼夜。他非常失望，就坐在大树下休息。突然，眼前亮光一闪，又一闪，把周围照得透亮。他立刻跳起来，四处寻找；原来，在大树上，有几只鸟正用硬喙，啄树上的虫子。只要一啄，树上就闪出火花。燧人氏灵光一闪，立即折了该树枝，并用小枝去钻大枝，果然火光闪现；他继续钻呀钻，终于，点燃了树枝，便发明了火。燧人氏回到村里，办了个培训班，教会了大家钻木取火；从此，元谋村便有了不灭的火种，寒冷和黑暗也被赶跑了。

虽然燧人氏"钻木取火"只是传说，但是它却揭示了一个重要事实：人类文明，确实源于火的发明和利用。其实，火不仅是文明的动力之源，而且古哲学还认为，金、木、水、火、土等五行相克相生，构成了世间万物，因此，火是世界的重要组成部分。当然，这种朴素的哲学观，现在看来还不完整。直到几百年前，人们才将"五行"简化为"两行"（物质和能量）；再后来，又将此"两行"补充为如今的"三行"（物质、能量、信息）。

考古成果显示，从100多万年前的元谋人，到50万年前的北京人，都留下了用火的痕迹。从取用自然火到发明人工火，人类不断加深了对火的认识，并能加以熟练使用。火是人类利用自然，改善生产和生活的第一次实践。从此，人类掌握了一种强大的自然力，促进了社会发展，最终与动物分道扬镳。

火是原始人狩猎的重要手段之一。用火驱赶、围歼野兽，行之有效，提高了狩猎生产能力。焚草为肥，有利于野草生长，促进了畜牧业的发展；刀耕火种，保持了土壤肥力，开创了农耕新方式。至于原始手工业，更离不开火。弓箭、木矛都要经过火烤，矫正器身。随后的制陶、冶炼等，没有火更是无法完成。

火的出现，还潜移默化地影响了饮食习惯，使烹饪手法得到完善，直接促进了饮食文化的发展。此外，由于火的使用，生食逐渐淡出了食谱。而熟食的出现，又在一定程度上延长了人的平均寿命，提高了生活质量；从而使人类有更充沛的时间，摆脱原始状态；有更强大的力量，快速走向文明。

火的长期使用，使人体毛发蜕变。因为保存了火种，所以既可烧烤食物，也可寒冬取暖。冬天来临时，为了保暖，晚上大家便围在火堆旁。天气越冷，就越靠近火堆，于是，本来用以御寒的毛发，便慢慢被火烤焦了，变得越来越少。另外，随着熟食的增多，脂肪积累也越来越厚，从而提高了人类御寒能力；同时，也阻止了人类毛发的正常发育，降低了毛发在抵御寒冷方面的功能。

火的使用，直接促进了服装的产生。随着毛发的减少，人们对火的依赖性也越来越强。特别是冬天，当需要离开火堆，外出活动时，由于感到非常寒冷，就不得不寻找新的御寒方法。于是，柔软且可连接起来的树叶、兽皮等，便自然成为了原始衣服。若毛发未曾退化，那就没必要借助外力来御寒，就更不会发明服装，所以，火是服装的催化剂。

火让人越来越聪明，越来越有智慧。为了烹饪，人们发明了各种陶器；而熟食既可防病又有营养，并进一步促进大脑发育。所以，火又是智慧的源泉。

总之，火已伴随人类走过了漫长的历史时期，无论带来了温暖、美食还是灾难与痛苦；火始终是人类文明的重要驱动力。

但是，在过去上百万年中，人类虽然不断与火打交道，可对火的本质却始终未能了解，只知道火意味着光明和温暖。甚至，直到17世纪末，人类都还无法区分温度和热量。在当时流行的"热质说"统治下，还误认为物体的温度高，是由于它储存的"热质"多呢。直到18世纪初，才开始探究由火引发的冷热现象，才意识到由火引发的"热"是一种能量，才终于发现"能量转换会产生余热，余热会产生熵"。

1709—1714年，华氏温标的建立，使测温有了公认标准；随后又发展了量热技术，为观测热现象提供了手段。1798年，朗福德发现，用钻头钻炮筒时，机械功的消耗，会使钻头和筒身都升温。1799年，戴维发现，当两块冰相互摩擦时，冰面会融化，这显然无法由"热质说"得到解释。1842年，迈尔提出了能量守恒理论，认定热是能量的一种形式，可与机械能互相转化。焦耳于1840年，建立了电热当量的概念；于1842年，用不同方式实测了热功当量；于1850年，终于用实验结果，抛弃了"热质说"，并揭示了能量互换的热力学定律。从此，"熵"登上了历史舞台，并开始演绎自己的故事。

下面按热熵、信息熵、安全熵的顺序，来分别介绍。

首先出场的是"热熵"。其实，古人的"钻木取火"，就是一种能量转换，即机械能向热能的转换；并且在这个转换过程中，"熵"便产生了。可惜人类对此一直不知道，直到100万年后，才意识到：哦，原来正是"热熵"点燃了人类文明之火！

"热熵"的关键是"热"。研究"热"的科学，叫"热力学"。

"热熵"的哲学基础是："热力学系统的状态，由其全部状态参量及其变化而确定。在无外界影响的条件下，系统各部分的宏观性质，总会趋向一个长期不变的状态，即平衡态。只有当系统处于平衡态时，其状态参量才有确定的数值和意义。处于平衡态的定量系统，其状态参量之间存在确定的关系。对于不受外部影响并处于平衡态的单元均匀系统，为描述和确定系统所处的状态，只需三个状态参量：温度、体积和压强，而且其中只有两个参量是独立的。"

热力学从宏观角度，探索热运动性质及其规律；以能量转化观点研究物质的热性质，揭示了能量从一种形式转换为另一种形式时必须遵从的宏观规律。热力学并不追究"由大量微观粒子组成的物质的微观结构"，而只关心"整体上所表现出来的热现象，及其变化发展所必须遵循的基本规律"。这些规律便是以下的四个定律。

热力学第零定律：若两物体分别与处于稳定状态的第三个物体达到热平衡，则这两个物体彼此也处于热平衡。

该定律为温度奠定了基础，它是标定物体温度的依据。温度是物体冷热程度的数值表示。当达到热平衡时，物体各部分的温度将相等；若把已达热平衡的两物体分开，则物体的状态将维持不变。

热力学第一定律（能量守恒定律）：孤立系统的内能恒定。这里的"内能"，是指当物体静止时，组成该物体的"微观粒子无规则热运动的动能"与"粒子间相互作用的势能"的总和。

该定律适用于一切宏观热现象。该定律确认，任意过程中，系统"从周围介质吸收的热量""对介质所做的功"和"系统内能增量"，三者之间在数量上是守恒的。该定律也可表述为，系统由初态出发，经任意过程到达终态时，内能的增量等于"在此过程中外界对系统所传热量"减去"系统对外所做的功"。此表述可以从下面三个方面来理解。

一是若只通过做功来改变物体的内能，则内能的变化可以用做功的多少来度量，这时系统内能的增加（或减少）量就等于外界对物体（或物体对外界）所做功的数值。

二是若只通过热传递来改变物体的内能，则内能的变化可用传递热量的多少来度量，这时系统内能的增加（或减少）量就等于从外界吸收（或对外界放出）的热量。

三是在做功和热传递同时存在的过程中，系统内能的变化，则要由做功和所传递的热量共同决定。在这种情况下，系统内能的增量就等于"从外界吸收的热量"与"外界对系统做功"之和。

能量守恒定律还可表述为：第一类永动机是不存在的，即不存在"不消耗任何能量，却可以源源不断地对外做功"的机器。

总之，能量既不能凭空产生，也不能凭空消失，它只能从一种形式转化为另一种形式，或者从一个物体转移到另一个物体，在转移或转化的过程中，能量的总量不变；无论这些能量是机械能、热能、电能还是原子能等，也无论这些转化过程是摩擦生热、克服摩擦做功、机械能转为内能、蒸汽做功、内能转为机械能、电做功、电转化为内能等。

热力学第二定律，又称为"热熵定律"。由于该定律与"热熵"密切相关，所以，我们尽量介绍得详细一些。为此，先介绍所谓的"热力学过程"（以下简称过程），它其实就是"热力学系统的状态"随时间的变化情况。每一时刻系统都处于平衡态的过程，叫"准静态过程"或"准平衡过程"。如果一个过程既可正向进行，也可逆向进行，而且无论是正向进行还是逆向进行，"系统经过的全部状态"都是相同的，只是次序相反而已，并在每一步上，正逆过程的外界影响都相互抵消，则该过程称为"可逆过程"。若无论用什么办法，都不能消除正过程在外界产生的影响，则此过程称为"不可逆过程"。比如，无摩擦阻力和其他损失的准静态过程，一定是可逆的过程。不可逆过程的常见例子有：气体在真空的自由膨胀过程，即气体起初只占据容器的一部分，然后充满整个容器；温度不同的两物体，通过接触达到热平衡的过程。严格地说，一切由大量粒子组成的系统中，发生的宏观过程都是不可逆的，因为在机械运动中，总伴随着摩擦损失；而在热传递过程中，热量总是从较热的部分传到较冷的部分。在这些过程中，总的能量仍是守恒的，并不违反热力学第一定律。因此，必然存在其他基本规律，它将限定实际过程可进行的方向，这就是热力学第二定律要揭示的规律。其实，热力学第二定律，有以下几种等价的表述方式。

克劳修斯表述：热量可自发地从高温物体传递到低温物体，但不能自发地从低温物体传到高温物体。

开尔文–普朗克表述：不可能从单一热源吸取热量，并将这热量完全变为功，而不产生其他影响。

熵表述：随着时间的推移，一个孤立体系中的熵不会减小。因此，一切自然过程，总是沿着分子热运动的无序性增大的方向进行的。

上述热力学第二定律的每一种表述，都揭示了大量分子参与的宏观过程的方向性。因此，自然界中进行的涉及热现象的宏观过程都具有方向性。

热力学第二定律否定了第二类永动机的存在性，即"只从单一热源吸收热量，使之完全变为有用的功，而不引起其他变化的热机"是不存在的。因为这类永动机的效率为100%，虽然它并不违反能量守恒定律，但是在任何情况下，热机都不可能只有一个热源；所以热机要不断地把吸取的热量变成有用功，就不可避免地将一部分热量传给低温物体，因此效率不可能达到100%。因此，无法制成一个只从高温热源吸热，而不放热到低温热源的，循环动作的热机。所以，第二类永动机违反了热力学第二定律。

热力学第二定律证实了熵增加原理：孤立系统的熵不减少，达到平衡态时的熵最大。也就是说：孤立系统中发生的过程，永远沿着熵增加的方向进行，这也称为"熵判据"。

热力学第三定律：绝对零度时，所有纯物质的完美晶体的熵值为零。或者说，任何系统，都不能通过有限的步骤，使自身温度降低到绝对零度。

该定律揭示了，在绝对零度附近，内能和熵的性状。

从秩序角度看，人们对"热熵"的认识，可以简单归纳为：热熵是分子随机热运动状态的，概率大小的度量；也就是分子热运动的，混乱程度或无序度。任何粒子的常态，都是随机运动，即"无序运动"，如果让粒子呈现"有序化"，就必须耗费能量。所以能量可看成"有序化"的一种度量。热熵定律实际上等于说：当一种形式的"有序化"，转化为另一种形式的"有序化"时，必然伴随产生某种"无序化"。一旦能量以"无序化"的形式存在，就无法再利用了，除非从外界输入新的能量，让无序状态重新变成有序状态。于是，便有以下三个结论：一是如果没有外部能量输入，封闭系统趋向越来越混乱，即熵越来越大。二是如果要让一个系统变得更有序，必须有外部能量输入。三是当一个系统（或部分）变得更加有序，必然有另一个系统（或部分）变得更加无序，而且"无序"的增加程度，将超过"有序"的增加程度。

第二个登场的"熵"，便是"信息熵"；准确地说，是"信息负熵"；或者说：信息是负熵。从数学公式上看，"信息熵"与"热熵"是完全一样的，只是前者多了一个负号而已。该公式是20世纪中叶，几乎同时由费歇、维纳和香农分别给出的。

"信息熵"意指：当我们得到足够信息后，所消除的关于事物运动状态的不确定性程度；或者说所消除（或减少）的熵（所以叫负熵），也就是信息量。获得的信息越多，被消除的不确定度也越多。一个系统越是有序，其信息熵就越低；反之，系统越混乱，信息熵就越高：因此，信息熵也可以说，是系统有序化程度的一个度量。通常，信息量所表示的是体系的有序度、组织结构程度、复杂性、特异性或进化发展程度；它是熵（无序度、不定度、混乱度）的对立面，即负熵。其实，熵的概念，可用来描述任何物质的运动方式，或任何事物、任何系统的混乱度、无序度、不确定度等。形象地说，若将"信息"看成一个苹果，那么，"不确定性"就是引导该"苹果"砸醒牛顿的那个"万有引力"；因此，"信息熵"是信息的核心，也是一种对"无知"的量度，即衡量有知与无知的尺度。甚至"耗散结构理论"认为："信息、熵、不确定性"是三位一体的。

为了更好地理解"信息熵"和"热熵"之间的关系，我们将通信系统与热力学系统，进行如下三个类比。

第一，用"信息熵"，来解释热力学第二定律。

对热力学过程来说，若无冷热差异或矛盾，那么热是不能传递和转化的。单一热源既不能传热，也无法做功。要使热分子朝一定方向运动，以传热和做功，就得用冷源来控制分子运动的方向，使热量从高温流向低温。这里，冷源的作用就是提供"信息"，以控制热能转移的方向。

从通信角度看，冷源便是一个"信息源"。在热量转移过程中，冷源接受热源的部分热量，分子运动的混乱度增加，所以热源可看成噪声源，它干扰冷源。若借用通信概念和术语，可以把"热源—热机—冷源"所组成的热力学系统，看成一个通信系统，传热过程看成一个通信过程。于是，热熵定律，便可表示为这样的"信息熵"定律：若不从外界得到新信息，那么对信息的任何操作和变换，都不可能使信息量增加；或者说，信息的"不确定度"不可能减少。

第二，从"信息熵"角度，来看热和功。

热是质点的随机运动，是未受控制的能量形式。而能量做功时，则是一种有规则的形式：能量以功的形式传递，并受到控制和管理。故可以类比为，热是不带信息的能量形式，而功则是带有信息的能量传递形式。因此，当利用冷源，通过热机来提供信息，以控制和管理热源能量的传递方向，就可以获得功。作为"带有信息的能量传递形式"，当功受到噪声干扰时，便会损失信息而转化为热，使信息损失。

任何自动进行的热力学过程，都是要损失信息的。因此，功可以损失全部信息，而完全转变为热。但是，在不引起外界变化的条件下，热却不能全部转变为功；因为在没有外界提供附加信息的条件下，信息的损失无法得到补充。电能、光能、化学能等，都是带有信息的能量形式，它们都可以全部转变为热；但在外界不提供附加信息的条件下，热就无法全部转变成其他任何一种携带信息的能量。

第三，从"信息熵"角度，看束缚能和自由能。

能量的传递和转化，必须依靠信息的控制。对两个温度相等的物体，当外界不对它们做功时，由于缺乏信息，热的传递就不可能进行。虽然这两个物体都含有热能；但是由于缺乏信息，其中的热能就无法传递。无法传递和转化的能量，称为"束缚能"。比如，废热便是一种束缚能，除非另外向它提供信息，否则便无法利用。

当两个物体间存在温度差时，它们就会产生单向性的热量传递。这是因为冷物向热物提供了信息，因而控制热物的热量向冷物转移。能够转移的热量便是"自由能"。同时，冷物本身也有一定的温度，具有内部的分子热运动；它在与热物相互作用时，又不断受到热物的干扰，因此，冷物不可能提供完全的信息。当两物体达到温度相等时，便没有可用信息了，因此能量传递就停止了。

在热力学系统中，输入的负熵与输入的能量成正比；但是，在信息系统中，却不存在这种比例关系。例如，一方面，通过不同的通信渠道，传递同一信息时，它们消耗（输入）的能量千差万别，但是，输入的信息熵都是相同的；另一方面，传递不同的信息（输入的信息熵当然相异）时，若它们的比特串一样长，那么在同一个通信系统中，消耗（输入）的能量却是一样的。

信息的最终受体是生物，因此，在生物还没诞生前，就根本谈不上什么"信息"。生物不但需要信息这种负熵，而且还需要"安全负熵"（本章即将介绍），甚至"生物依赖负熵为生"。奥地利物理学家薛定锷补充说："要摆脱死亡，唯一的办法，就是从环境中，不断吸取负熵。……负熵是十分积极的东西。……更确切地说，新陈代谢的本质就是：使有机体成功消除自己活着时不得不产生的全部的熵。"其实，任何一个机构，只要它是开放系统，只要它能够不断从外界获得并积累自由能，那它就产生负熵了。生物就是这样一种机构：动物从食物中获得自由能（或负熵），也从安全中获得负熵；而绿色植物则从阳光中获得负熵。

最后，第三位出场的"熵"，便是"安全熵"。

本章取名为"安全熵"，其实更准确地说，应该叫"不安全熵"；只不过后者之名，叫起来比较拗口。幸好，它们仅差一个正负符号，对整体理解不会引起任何误会。

如今，全球信息安全专家们，每天都在研究"安全"；但是，真正全面、仔细端详过安全的人，还真不多。因为大家都忙于"力出一孔"，都在与黑客"兵来将挡，水来土掩"，根本无暇全面认识"安全"（或"不安全"）；虽然安全是系统工程，本该从全面角度来考虑的。所以，若说本书前面各章是为外行科普的话；那么，从现在开始，本书将同时对外行和内行进行科普，特别希望本书能够刷新同行们的安全观，促进《安全通论》早日成熟，为网络空间安全理论的统一奠定基础。

其实，"安全"是一个很主观的概念，与角度密切相关。同一个事件，对不同的人，从不同的角度来说，可能会得出完全相反的"安全结论"。比如，"政府监听公民通信"这件事，从政府角度来看，"能监听"就是"安全"；而对公民来说，"能监听"就是"不安全"。所以，本章的"安全"，只锁定一个角度，比如，"我"的角度。当然，这个"我"是一个抽象的我，不指定任何人。其实，包括"安全"、美、丑、善、恶等形容词，都是主观的和相对的。

"安全"是一个与时间密切相关的概念。同一个信息系统，昨天安全，绝不等于今天也安全。比如，若用现代计算机去破译古代密码，那么简直就是易如反掌；因此，从现在来看，古代的所有密码都不安全。同样，今天安全，也绝不等于明天就安全。当然，一个"昨天不安全"的系统，今天也不会自动变为安全系统；这便是安全的不可逆性。因此，本章介绍"安全"时，只考虑时间正序流动的情况，即立足当前，展望未来。

"安全"是一个与对象密切相关的概念。若A和B是两个相互独立的信息系统，若只考虑A系统的安全，那么B系统是否安全就可以完全忽略。比如，若只考虑"我的手机是否安全"，那么"隔壁老王的电脑是否中毒"就可以完全忽略。因此，本章介绍"安全"时，只锁定一个信息系统。

安全需求具有普遍性。任何一个信息系统，它存在的必要条件就是"安全"。如果连安全都得不到保障，那就更谈不上使用价值了。但是，各种不安全因素总是客观存在的，安全问题也总是层出不穷的。因此，人们只能尽力抵抗各种风险，控制相关威胁；努力维护赛博空间中，人与人、人与物、物与物之间的安全协调；把安全损失降至最低，把系统价值发挥到最大。

"安全"具有相对性。实际上，安全是相对的，不安全才是绝对的。这是因为，安全的标准是相对的，人们只能逐步揭示安全规律，增强对安全的认识，并向安全本质逼近。而影响安全的因素很多，它们或明或暗地，从多方面决定着安全的走向。安全内涵的引申程度和标准的严格程度取决于：用户的承受能力、科技水平、政治经济状况、伦理道德、法制观念和社会文明程度等。用户能够接受的"安全"与"本质安全"其实是有差距的，因此，安全标准是有条件的、相对的，并将随着社会的变化而变化。

"安全"具有局部稳定性。无条件地追求绝对安全，特别是巨系统的绝对安全是不可能的。但是，有条件地实现局部安全则是可能的、必需的。只要控制好相关不安全因素，就能实现局部稳定的安全。

"安全"具有经济性。安全与否，直接与经济相关。保障安全的必要投入，是维护安全的基本条件。同时，安全也会创造经济效益，这包括：一方面，确保系统正常运行，从而提高生产率；另一方面，减少灾难损失，从而节约成本。因此，信息系统的安全，必须在投入和产出之间寻找平衡，实现整体最优化。

"安全"具有复杂性。安全与否取决于人、网、环境及相互关系的协调，实际上形成了主体（人）、对象（网络）、条件（环境）运转系统，这是一个信息系统与社会结合的开放性巨系统。在网络安全中，由于人的主导作用和本质属性，包括人的思维、心理、生理等因素，以及人与社会的关系，即人的生物性与社会性，使得安全问题具有极大的复杂性；因此必须从人的安全角度去考虑对象状态，最终使其成为安全网络。

"安全"具有社会性。安全与社会稳定直接相关。安全问题，特别是严重的信息安全问题，都会造成心理和物质上的损害，成为影响社会安定、发展的因素。

"安全"具有潜隐性。由于认识能力和科技水平的限制，人类对安全本质的把握总有局限，对安全的规律总难完全了解；当然，也就不可能发现所有安全威胁。

"安全"具有系统性，用行话说，就是所谓的"木桶原理"；即一个木桶到底能装多少水，并不取决于箍成该桶的最长木板，反而取决于最短的那块木板。因此，在打造安全保障系统时，安全强度必须大致相当，不能有明显的软肋；否则，黑客将专攻薄弱处。

"安全"具有可识别性，也可换一种更有感觉的话来说，即"不安全"具有可识别性。假定信息系统中发生了某个事件，如果它是一个对"我"来说的"不安全"事件，那么，"我"就能够精确且权威地判断这是一个"不安全的事件"，因为该事件的后果是"我"不愿意接受的！（注意：除"我"之外，"别人"的判断是没有参考价值的，因为本章只从一个角度来看待"安全"。）

"安全"具有不确定性，即不安全的因素具有随机性。因为安全取决于黑客、网络、用户（包括红客）之间的关系协调，如果失调，就会出现安全问题。安全状态的存在和维持是随机的，安全本身就是一个动态平衡。因而，保障安全的条件是相对的，只限定在某个时空中。如果条件变了，安全状态也会发生变化，这也是安全的局限性和风险性。安全的这种不确定性，引出了"安全熵"的概念，使得"熵"（或者"负熵"）成为了研究安全的重要手段。

幸福的家庭都一样，不幸的家庭却各有不同；同样，系统的安全都一样，系统的不安全却各有不同。因此，为了研究"安全"，最好的办法，就是研究"不安全"。因为，"安全"=不"不安全"，所以，如果能把"不安全"搞清楚了，那么"安全"也就明白了。

考虑某个信息系统A，下面就以"熵"和"概率"为工具，从"我"的角度出发，沿时间的正序方向，只针对当前状态，来描述系统A的"不安全"。实际上，在《安全通论》这本书中，我们已经证明了以下结论。

"不安全性"遵从热力学第二定律，即信息系统A的"不安全"概率将越来越大，而不会越来越小（除非有外力，比如，采取了杀病毒、加密等相应的安全加固措施等）。换句话说，"不安全"遵从"熵定律"，"不安全"是一种熵，或"安全"是一种负熵。

那么，"安全"这种负熵，到底是什么样子呢？为了回答这个问题，先来讲一个故事：面向墙壁射击，我是一个"臭手"。虽然，我命中墙上任一特定点的概率都为零，但是只要扳机一响，我一定会命中墙上某点，而这本来是一个"概率为零"的事件。因此，"我总会命中墙上某一点"这个概率为1的事件，就可以由许多"概率为零的事件（命中墙上某一指定点）"的集合构成。

再将上述故事改编成"有限和"情况：我先在墙上画满（有限个）马赛克格子，那么，"我总会命中某一格子"这个概率为1的事件，便可以由有限个"我命中任何指定格子"这些"概率很小，几乎为零的事件"的集合构成。或者，更准确地说，假设墙上共有 n 个马赛克格子，那么，我的枪法就可以用随机变量 X 来完整地描述：如果我击中第 $i(1 \leq i \leq n)$ 个格子的事件（记为 $X=i$）的概率为 p_i，那么，$p_1+p_2+\cdots+p_n=1$。

现在，让信息系统A代替那面墙；用 p_i 代表"由系统A的第 $i(1 \leq i \leq n)$ 个不安全因素引发的"不安全事件的概率。由于"安全都是相对的，不安全才是绝对的"，即"总会由某个不安全因素，引发系统A的不安全事件"。也就是说，不安全事件的概率终究将为1（即 $p_1+p_2+\cdots+p_n=1$）。

于是，信息系统A的"不安全熵"就是 $(p_1\log p_1+p_2\log p_2+\cdots+p_n\log p_n)$，或者说，"安全熵"为 $H=-(p_1\log p_1+p_2\log p_2+\cdots+p_n\log p_n)$，即多了一个负号（此处 log 是底为 2 的对数函数）。熟悉信息论的读者将会发现，若仅从公式上看，"安全熵"和香农的"信息熵"完全一样！而"不安全熵"与热力学中的熵公式也是相同的。

作为科普，本章不想叙述过多的细节；但是，下面几个直观的结果，还是有助于理解安全的学术本质的。

一是非负性。作为不确定性的量化，系统A的"安全熵"一定是非负的，即安全的不确定性至少为 0，当然，更常为正值。

二是对称性。即"安全熵"的取值大小，与不安全因素的排列次序无关。

三是确定性。当某个不安全因素出现的概率为 1，其他都为 0 时，系统A的熵 H 也为 0。这也就意味着，如果已经知道唯一的安全威胁来自哪里，那么，一般来说，就不再有安全问题了，除非"我"想自找麻烦。比如，明知老虎要吃人，谁还会主动去送死呢？

四是极值性。当各个不安全因素，引发不安全事件的概率相等时，即 $p_i=1/n$（$i=1,2,...,n$）时，系统A的熵 H 达到最大值 $\log(n)$。比如，在系统A面临的 n 个不安全因素中，若所有不安全因素出现的可能性都差不多，那么"我"将更加束手无策，甚至不知道该防谁；但是，如果某几个不安全因素出现的概率更大，那么对"我"来说，不确定性会更小，因为预防目标就更清晰，"我"就更能知己知彼。

当然，"安全熵"还有许多其他数学特性，比如，可加性、连续性、可扩张性、上凸性等，在此就略去了。

总之，当"不安全熵"处于最小值，即不安全因素高度集中，安全防范更能"有的放矢"时，那么整个信息系统也处于最有序的状态，安全不确定性就最低，即系统最安全。相反，如果"不安全熵"为最大值，那么系统就最混乱，防范目标不清晰，因此，系统就最不安全。因此，判断某个安全措施是否得当的标准，应该是：看看该措施对信息系统的"不安全熵"有何种影响，即要避免熵增大，争取熵减少。

最后，让我们按惯例，套用汪国真的情诗《感谢》，来归纳并小结本章，同时也献上对熵的感谢。

> 让我怎样感谢你，熵！
> 当我知道你的时候
> 我原想收获一缕春风
> 你却给了我整个春天

> 让我怎样感谢你，热熵
> 当我了解你的时候
> 我原想捧起一簇浪花
> 你却给了我整个海洋

> 让我怎样感谢你，信息熵
> 当我读懂你的时候
> 我原想撷取一枚红叶
> 你却给了我整个枫林

> 让我怎样感谢你，安全熵
> 当我使用你的时候
> 我原想亲吻一朵雪花
> 你却给了我银色的世界

第13章
安全管理学

"三分技术，七分管理"，是网络空间安全领域中，最响亮的口号之一。它意指，安全保障的效果，主要依靠管理，而不仅仅是技术。可是，在真正执行时，大家却全力以赴聚焦"技术"，却几乎把"管理"给忘了！甚至，许多高校的信息安全专业的培养方案中，压根儿就没《安全管理学》的影子，无论是针对博士、硕士，还是本科生。于是，便出现了一些怪事。

一是技术精英们，只埋头研发新"武器"，而不关心它们是否方便管理。比如，从管理角度看，"用密码（口令）实现身份验证"这项技术，就是典型的败笔。仅凭记忆，面对自己的庞大密码库，任何人都不可能当好管理员。于是，只好偷懒，或者使用同一个密码，或者使用"12345"这样简单易记的密码；或者，干脆将所有密码记在一个本子上……总之，偷懒后，技术的"初心"便丧失殆尽了，用户的安全也就主要靠运气了。幸好，不借助密码（口令）的身份验证技术正在孕育之中，真希望它能早日诞生。又比如，许多先进的安全设备被用户使用后，其初始配置竟然都没变过，从而使这些"卫兵"形同虚设；这虽然与用户的安全意识不强有关，但是，"设备配置太复杂"不易管理和使用，也是不可否认的原因。

二是"管理"被认为不够"高大上"，只是连大爷、大妈都能胜任的事情而已。甚至，管理被片面理解成：规章上墙、标准几行、几次评估、检查装样等；或者，"管理"被误解成"权力"，甚至成为某些机构创收的工具。

总之，"管理"的科学性被忽略了，"管理"与"技术"的良性互动被切断了。其实，比较理想的情况是：技术精英们，适当掌握一些管理精髓，并能将其应用于自己的研发中，充分发挥"管理"的四两拨千斤效能；管理精英们，也适当了解一些技术概念，以便向技术人员描述"安全管理"的需求，从而使得技术研发更加有的放矢。

本章取名为《安全管理学》，是想从"学"的层面（即回避任何具体背景）来介绍"安全管理"，从而在网络空间安全领域中，搭建起"技术"与"管理"的桥梁，促进彼此发展，方便相互融合。

在网络空间中，安全是永恒的主题，也是各方关注的重点。安全风险始终存在，攻防对抗也绝不会消失。随着数字化的深入，安全问题将变得越来越复杂，越来越多样化；因此，安全保障的两大法宝——技术和管理一个也不能丢，而且还必须"两手抓，两手都要硬"。安全管理就是要从技术上、组织上、管理上，采取有效措施，解决和消除不安全因素，防止安全事件的发生，保障合法用户的权益。

顾名思义，"无危则安，无缺则全"，即安全意味着：没有危险且尽善尽美。当然，具体到网络空间中，安全至少有三层含义。

一是安全事件的危害程度能被用户承受。这表明了安全的相对性，以及安全与危险之间的辩证关系，即安全与危险既互不相容又相互转化。当网络的危险性降至某种程度后，就安全了。当然，这里的承受度，并非一成不变，而是由具体情况来确定的。

二是作为一种客观存在，网络空间本身未遭受破坏，无论是从物质、能量，还是从信息角度去看；而这里的"破坏"，既包括对硬件的破坏，也包括对软件的破坏。

三是合法用户的权益未受损害。当然，这里的权益，涉及经济、政治、生理、心理等各方面。

从系统角度看，网络空间安全还有更广泛的含义，即在全生命周期内，以使用效能、时间、成本为约束条件，运用技术和管理等手段，使总体安全性达到最优。这里的"全生命周期"包括设计、建设、运行、维护直到报废等各阶段，而不只是其中某些阶段。这里的"约束条件"，也是综合的，既不能只顾安全而忽略效益，更不能为了效益而不顾安全。这里的"总体"，意指不能只追求局部安全，而必须从全局考虑。

由于网络空间已深入到生产、生活、生存等各领域，如果出现严重的安全问题，那么，不但会造成重大经济损失，而且还会产生长期的、广泛的社会影响，危害个人、家庭、企业、政府，甚至整个国家。根据案例统计，大部分安全事件，都可归因于管理疏忽、失误，或管理系统有缺陷。因此，要想控制安全风险，就必须搞好安全管理。

那么，什么是"管理"呢？

先讲个故事吧。话说小明临睡前才发现，自己的新裤子长了一寸；于是，他去找妈妈帮忙剪一寸，可妈妈正面对韩剧流泪，没理他；他又去找姥姥帮忙剪一寸，姥姥也正忙着搓麻将，还是没理他。小明生气了，回房后，就自己操起剪刀，把裤腿剪得恰到好处；然后，安心睡觉去了。可第二天一早，小明却发现，自己的裤子竟然又短了二寸！原来，妈妈和姥姥忙过后，又想起了小明的请求，于是，分别独自地将裤子各剪去一寸。小明欲哭无泪，承受着缺乏管理的后果！

你看，若无管理活动的协调，集体成员的行动方向就会混乱，甚至互相抵触；即使目标一致，由于没有整体配合，也不能如愿以偿。而网络用户的行为，就是典型的集体行为，当然，更不能缺少管理。

管理是管理者为实现组织目标、个人发展和社会责任，运用管理职能，进行的协调过程；管理方法包括法律、行政、经济、教育和技术等。管理的概念主要包括以下方面。

管理的任务是实现预期目标。因此，当这个"预期目标"是"安全"时，对应的"管理"便是"安全管理"了。在特定环境下，管理者通过实施计划、组织、领导、控制等职能来协调他人活动，以充分利用资源，从而达到目标。管理的目的性很强：为实现其目的，任何管理活动和任何人员、技术等方面的安排，也都必须围绕目标来进行。总之，管理是一种有目的、有意识的活动过程。

管理的中心是人。与传统安全（比如矿山安全）不同，网络空间安全的威胁，几乎全都来自于人，包括攻击者黑客、粗心大意的用户等，所以，管理在这里就更重要。

管理的本质是协调，而协调必定产生在社会组织当中。对应于网络空间，准确地说，协调对象主要是用户（包含安全保障人员等）；因为，显然无法去协调黑客，更不可能命令他们停止攻击。其实，管理正是为适应协调的需求而产生的；若协调水平不同，产生的管理效应也相异。安全保障活动，是人、网与环境等各要素的结合；不同的结合方式与状况，会产生不同的结果。只有高效的安全管理才能整合多方资源，实现安全资源的最佳组合。

管理的协调方法多种多样，既需要定性的经验，也需要定量的技术。因此，结合相关安全保障技术，"安全管理"将如虎添翼。当然，对协调行为本身也要协调，而离开了管理就无法对各种管理行为进行分解、综合和协调；反过来，离开了组织或协调行为，管理也不复存在了。

管理活动是在一定环境下进行的。随着环境的不断变化，能否适应新环境，审时度势，是决定管理成败的重要因素。而安全环境，特别是黑客情况，瞬息万变；因此，在安全管理中，因势利导、随机应变就显得更重要了。

伙计，抱歉！我们不懂"管理学"，所以，只好客串一下主持人，请动物们来现身说法，讲讲"安全管理"中的一些经典案例吧。

主持人：首先，有请蝴蝶妹妹上场，讲讲啥叫"蝴蝶效应"！

蝴蝶：同学们好，我的名字叫蝴蝶，你们人类说：当我在亚马孙雨林，偶尔振动了一下翅膀后，在美国得克萨斯州也许就会掀起一场龙卷风。意思就是说：网络空间安全无小事，一丁点管理失误，经网络放大后就会引发重大事故。如果你们再不重视"安全管理"，我就要扇翅膀了哟！拜拜！

主持人：好，简明扼要！下面，再请青蛙王子，用"青蛙效应"忆苦思甜！

青蛙：唉，咋说呢，你们人类忒坏了！刚开始吧，将我放进开水锅，我屁股一烫，两腿一蹬，就蹿出了险境。第二次吧，你们却把我放进冷水锅，慢慢加温；我还以为泡温泉呢。可是，当我发现上当后，却已没力气跳出来了；最后，成了一碗清炖汤。今天，到此做报告，还是阎王爷特批的呢。不说了，满眼都是泪呀，我得赶紧回阴曹地府销假了！反正，你们做"安全管理"的也要小心，别等风险已累积到不可挽救的地步后才仓促应对；否则，必将后悔莫及。

主持人：真可怜，谢谢王子。鳄鱼大哥，该你讲"鳄鱼法则"了。

鳄鱼：哥们儿，请记住，要是我咬住你的脚，千万别再用手来试图挣脱你的脚；否则，我会同时咬住你的手和脚。你越挣扎，就被我咬得越多，直到我吃饱为止。所以，万一你被我咬住了脚，唯一的办法就是：牺牲掉那只脚。唉，真不想把秘密告诉你们，本来我可以吃"全羊"的，谁叫我想为"安全管理学"做贡献呢！其实，我们鳄鱼，还是挺仗义的；就算吃了你，也会忍不住流几滴眼泪。记住，如果安全事件大规模爆发，特别是像病毒蔓延等，那么，奉劝各位，在必要时可以对网络进行局部隔离，就当是"放弃那只脚"吧。再见了，哥们儿，我会想念你们的！别忘了来看我哟，不见不散！

主持人：伙计们，别上鳄鱼的当，少招惹它！它的眼泪可不等于仁慈。下面该谁报告了呢，人呢？！嘿，鲇鱼滑头，别溜呀，轮到你讲"鲇鱼效应"了。

鲇鱼：各位，沙丁鱼是我的最爱。可是，它们在运输过程中，成活率很低。后来，就有人把我放进了沙丁鱼箱。嘿嘿，当然求之不得啦。于是，我大开杀戒！只见我，左一口，吃掉一条；右一口，再吃掉了一条……就算吃饱喝足了，我也不闲着，仍追着它们玩，吓得它们屁滚尿流，成活率大大提高。哈哈，好兴奋哟，想起来就流口水，真想待在里面不出来。可惜，你们主持人，非要我来做此"安全管理"报告。

各位，别怪我捅破那层纱窗纸：你们提心吊胆的所谓安全评估、检查、审查、评比等，其实就相当于把我放进鱼箱；只不过这时，你们成了沙丁鱼，而安全管理者则变成了我。好了，不说了，肚子都饿了，我得去给沙丁鱼拜年了。

主持人：这鲇鱼确实滑，算了，让它回去吧。喜羊羊，醒一醒！该你做"羊群效应"报告了。

喜羊羊：亲爱的爷爷奶奶、叔叔阿姨、哥哥姐姐、弟弟妹妹们，大家好！首先，受村长慢羊羊的委托，我要辟个谣：在我们"青青草原羊村"，绝没有所谓的"羊群效应"。我们既聪明，又勇敢，还勤奋；真的，灰太狼和红太狼可以做证！好了，言归正传，其他羊群的"羊群效应"就是说：头羊往哪里走，后面的羊就跟着往哪里走；换句话说，这个效应又叫"从众心理"。从"安全管理"角度来看，这是一种潜在危害很大的错误观念；特别是，如果其他用户，哪怕是你的上司，若不遵守规章制度，你也千万别盲目跟风。当然，最好还能够规劝他们，帮助改正。黑客们的许多攻击手段，也正是基于用户的"羊群效应"，才能生效。好了，我该回村了，今晚还要给灰太狼补课呢！

主持人：喜羊羊可真乖，谢谢啦，代问慢羊羊好！刺猬呢？刺猬，别在那里缩成一团了，该你上台讲学了，题目是"刺猬效应"！

刺猬：主持人，良心话，我哪里是在"缩成一团"嘛，我那是在备课，当回教授容易吗！因为，"刺猬效应"说："两只困倦的刺猬，由于寒冷而拥在一起；可各自身上都长着利刺，于是又分离了一段距离；但又冷得受不了，再次凑到一起。几经折腾，两只刺猬终于找到了合适的距离：既能互相取暖，而又不至于被扎。"从"安全管理学"角度看，"刺猬效应"的含义就是说："安全"和"效益"就是一对"刺猬"，必须在它们之间找到合适的平衡距离；既不能只顾效益而忽略安全，也不能以安全为由而拒绝效益。对了，"刺猬效应"还有另一个新版本，意思是说：无论狐狸用什么办法来谋害刺猬，我们只需卷缩起来，它们就无计可施了。翻译成"安全管理"的语言，便是：防守是最佳的攻击，只要管理好内部的安全，任由黑客上蹿下跳，我只需面带微笑。唉，你们人类真会瞎编。我们只不过睡个觉，就被你们上升成理论了！

主持人：谢谢刺猬对人类的夸奖。下面这个"手表定律"，谁讲合适呢？好像动物们都不会用手表呀！哦，对了！悟空，悟空，还是你来讲吧，否则八戒又该笑你啥也不会了！

悟空：这位主持人，真像八戒，好会激将。各位，抱歉，抱歉，来晚了，我想死你们啦！虽然"手表定律"与我族有关，但实在没准备，就勉强应付一下吧。幸好取经回国后，我也升了教授，可能快成院士了。

这个，这个，那啥吧，"手表定律"的故事，其实是水帘洞外的故事。话说从前，在花果山上，住着一群猴子（当然，不是我们孙家的猴子）。它们每天，日出而作，日落而息，生活恬淡又幸福。

一天，某位游客，参观完我们水帘洞后，不小心把手表落花果山上了。隔壁一只名叫"猛可"的猴子拾到手表后，就来向我请教如何使用；那时，我正拎着行李，准备出发取经呢。后来据说，他就成猴星了，大家都向他请教时间，整个猴国的打更标准，也由他来制定；他说几更天，就是几更天。"猛可"的威望越来越高，甚至被推选为猴王了。

猴王坚信手表能给他带来好运，于是，它每天在森林里巡查，希望能拾到更多的表。功夫不负有心人，"猛可"又捡到了第二块、第三块手表。但是，"猛可"却因此陷入了麻烦，因为每只表的时间显示都不尽相同，到底该相信哪块表呢？"猛可"被难住了，又没法来西天向我求教。于是，当再有猴子去问时间时，他就支支吾吾，回答不上来，整个猴国的作息时间也因此混乱不堪了。

一段时间后，猴儿们造反了，把"猛可"赶下了王位，撤销了他的洞内外一切职称，并开除了洞籍。新猴王上位后，继承了"猛可"的全部手表；但很快，他也同样陷入了"猛可"的困惑。

当然，手表问题只能难住笨猴"猛可"。换了我，你拿多少块表来，我也能轻松应对。因为，我只需掐指一算，就知道准确时间了。

归纳起来，"手表定律"其实就一句话：当你只有一块表时，可以确定时间；而当你同时拥有两块表，但它们又不同步时，你反而无法确定时间了。因为，你失掉了信心，不知道该相信哪只表了。

至于"手表定律"的启发嘛，那就太多了。像什么"选你所爱，爱你所选"呀；像什么"兄弟，如果你是幸运的，你只要有一种道德就行了；不要贪多，这样，你过得会更容易些"呀；像什么"明确目标、不受干扰；懂得取舍，该放则放"呀；等等。反正，对"安全管理"的启发，至少有：对同一批用户或同一个信息系统，别同时采用两种管理方法，不能同时设置两个目标，否则，大家将无所适从……

对不起，师傅来电了，叫我立即去凌霄宝殿，给玉皇大帝讲"安全管理学"呢。各位，失陪，失陪！师傅，师傅，我来也！

主持人：孙教授真啰唆，一句话的事情，差点被他写成厚厚一部专著了。算了，下面有请受气猫汤姆大叔，来为大家做"破窗理论"的报告。

汤姆大叔：冤枉呀！那第一扇窗户，绝对不是我打破的。我要检举！它是被经常欺负我的那只死老鼠——杰瑞打破的。它说："我敢打赌，只要我打破第一扇窗，如果没人修补，那么隔不了多久，其他窗户也会莫名其妙地被打破，甚至整栋楼被拆毁。"结果，它赌赢了！为此，我还赔了好几块火腿呢！

当然，"破窗理论"还有其他几种表述，比如，"一面墙，若有一些涂鸦没被清掉，那么，很快墙上就会画满乱七八糟的东西"，或者"一个很干净的地方，人们本来不好意思丢垃圾；但是，一旦地上有垃圾后，大家就会毫不犹豫地乱扔垃圾了"。关于如何解释"破窗理论"，你们人类，至少有两个结论：其一，窗子破了后，必将导致更换玻璃，这样就会促进玻璃的生产和安装，从而推动就业，即破坏创造财富。其二，环境可以对人产生强烈的暗示性和诱导性。从"安全管理学"的角度来看，我对"破窗理论"的理解是：面对你的信息系统，要尽力维护它的安全，千万别让黑客们以为它是"破窗"，更别引诱黑客们来围攻你的系统，否则，你必死无疑。我的报告完了，谢谢大家！最后，代表"喵星人"弱势群体，强烈控诉杰瑞和其他死老鼠，长期以来践踏猫权，侮辱猫类，并对猫国进行意识形态入侵！希望你们人类，主持公道！谢谢啦，再见！

主持人：汤姆大叔真会抓住机会，搞政治输出呀！看来，可以竞选下届总统了。下面的"二八定律"由谁来讲最合适呢？哦，八戒最合适。一来，名中带"八"；二来，又是著名的二师兄，还是特别"二"的那种！好，有请猪八戒上场。

猪八戒：美女们好，各位姐姐好，各位妹妹好！你们看，我今天帅吗？谢谢主持人的盛情邀请。本来今天与嫦娥有约，但是，为了推广"安全管理学"，我就忍痛割爱了。正好，我也想借机汇报一下取经后我老猪的近况，以正视听；否则，那猴哥四处给我造谣。

我现在可成功啦！首先，获得了天庭户口，还在凌霄宝殿找了份工作，也结婚生子了，而且，还刚刚晋升了副教授。对了，更正一下，刚才猴哥又吹牛了，他哪是什么"教授"呀，他评讲师的论文，还是我帮忙写的呢！刚才他急匆匆离去，其实是我要来讲学，让他帮我值一会儿班而已；咋一到他嘴里，就变成给玉皇大帝传道、解惑、授业了呢！

好了，不说那泼猴了，讲正题吧。所谓"二八定律"，又叫"巴莱多定律"，它说：在任何一组东西中，最重要的只占其中一小部分（约20%），其余（80%）尽管是多数，却是次要的。比如，社会上，约80%的财富，集中在20%的人手里；而80%的人，却只拥有20%的社会财富。又比如，在网络空间安全界，也说：80%的安全事件，是因为管理不善，由内部人员的失误引起的；而只有20%的安全事件，是源于外部人员的攻击。

反正，"二八定律"就是要告诉大家：别平均地分析、处理和看待问题，安全管理中要抓住关键的少数，要找出那些给安全带来80%的威胁、总量却仅占20%的关键漏洞，加强管理，达到事半功倍的效果；安全管理者，要基于对安全事件的统计分析、调查处理等经验，对安全措施认真分析，要把主要精力花在解决主要安全问题上，抓住主要矛盾。好了，我得马上回高老庄了。否则，又得跪遥控器还不准换台，跪方便面还不准掉渣了。再见，美女们，别忘了我老猪哟！

主持人：这呆子，真实诚！下面请饮水专家，乌鸦小姐，来讲"木桶理论"。

乌鸦：同志们好，朋友们好，大家都好！我这张嘴呀，一直被误会，却从未被超越！我不但能将小石子衔进瓶中饮水，而且，还能将稻草说成黄金，将死人说活，或者，把活人说死。今天我就直奔主题了！所谓"木桶理论"，就是：组成木桶的木板如果长短不齐，那么，木桶的盛水量不是取决于最长的那块木板，而是取决于最短的那一块木板。这个理论在"安全管理"中的应用，根本就不用再多说了；因为，"木桶理论"本身，就是安全技术的基本原则。耶，搞定！

主持人：这张乌鸦嘴，确实厉害，不战而屈人之兵呀！下面，是一位非常著名，但却特别低调的演讲者。他报告的题目是"马太效应"。有请西海龙王三太子，白龙马上台！

白龙马：唉，我啥也不懂。虽在《西游记》中给唐和尚当过马，可并没学过"马太效应"呀。其实,"马太"并非马老太太;而是源于《圣经·马太福音》,特别是其中的一句名言:"凡有的,还要加给他,叫他有余;凡没有的,连他所有的,也要夺过来。"换句话说,该效应是指:强者愈强、弱者愈弱的现象。这与天蓬元帅刚讲的"二八定律"相似;其他的话就不用多说了,你懂的。谢谢!

主持人:言简意赅,赞一个,真不愧是"龙生龙,凤生凤"呀。现在,请八哥来讲讲"鸟笼逻辑"。

八哥:哈哈,终于有机会长篇大论说人话啦!所谓"鸟笼逻辑",其实是讽刺你们人类惯性思维的。它的意思就是:在房间显眼处挂个漂亮鸟笼后,过不了几天,主人就一定会"二选一":或者把鸟笼扔掉,或者买只鸟回来放笼里。此过程很简单,设想你是主人,只要有来客看到鸟笼,都会忍不住问你:"鸟呢?是不是死了?"你也许回答:"我从未养过鸟。"客人会问:"那你要鸟笼干啥?"最后,你不得不二选一,因为这比无休止的解释容易得多。当然,从"安全管理"角度看,"鸟笼逻辑"就是要警告你:别被惯性思维所误,比如,电信网络诈骗等就是利用了"鸟笼逻辑",诱使你上当的。

主持人:这八哥,得了便宜还卖乖。主人不买你回家,你能有机会学人话?!算了,下面再请灰太狼做报告,题目是:责任分散效应。

灰太狼:猎物们好!哦,对不起,一紧张说错了。应该是"朋友们好!"

昨晚喜羊羊给我补课时,就让我准备做此报告。但是,我很疑惑,这个效应与我有何干系?喜老师说:"该效应的起因是一条色狼引起的,反正你们都是狼嘛。"当时,我就懵了!天哪,我可不是色狼呀,我心中只有红太狼哟!唉,既然喜老师要我来,就只好听命了。

话说，多年前的一个深夜，在纽约郊外某公寓前，一位漂亮妹妹路遇色狼。她立即大喊："救命啊，救命啊！"附近住户的灯应声而亮，窗户也打开了，色狼被吓跑了。一切恢复平静后，色狼又回来了。妹妹又喊，灯又亮，凶手又跑。当她以为平安无事后，在家门口，色狼又出现了，并将她……在这过程中，尽管她大声呼救，许多邻居也到窗前观看，但无一人出手相救，甚至忘了报警。后来，你们人类，就把这种"众多旁观者见死不救"的现象，称为"责任分散效应"。其实，这与我们狼类没半毛钱的关系。你们人类，总是将坏蛋开除人籍后，就踢给其他动物。

"责任分散效应"揭示了这样一个事实：在不同场合，人的援助行为确实是不同的。如果只有他一人能提供帮助，他会意识到自己的责任，对受难者给予帮助；如果他见死不救，便会产生罪恶感、内疚感，这就需要付出很高的心理代价。如果有许多人都在场，那么，见义勇为的责任就由大家来分担，造成了责任分散，每个人的责任就减少了；旁观者甚至根本没意识到，自己还有责任。这种"我不去救，还有别人"的心理，造成了"集体冷漠"。因此，要想做好"安全管理"，就必须明确责任，绝不能将"本该具体对象承担的"安全责任，分散到众人身上；否则，就会造成"表面上的集体负责，实质上没人负责"的后果。懂了吗？人类，你等着；我还会回来的！再见！

主持人：同学们，现在知道为啥灰太狼抓不到羊了吧。因为"责任分散效应"在"青青草原羊村"失效了，所以，喜羊羊们就安全了！好了，今天最后一个演讲题目是"习得性无助效应"，主讲嘉宾是世界名犬，史努比！

史努比：各位好，快到饭点了，我就单刀直入吧。所谓"习得性无助效应"起源于这样一个实验结果：经过训练后，狗狗可以想办法，逃避实验者加予的电击。但是，如果狗狗曾经遭受过莫名电击的话（既不知电从何来，也不知该如何应对），那么，今后再遭受类似电击时，本来有机会逃离的我们，也会变得无力逃离了。而且，我们还会表现出其他方面的缺陷，比如，感到沮丧和压抑，主动性降低等。我们之所以表现出这种状况，是由于在实验早期，我们学到了一种无助感。也就是说，我们认识到无论做什么，我们都不能终止或控制电击。在每次实验中，电击终止权都掌握在人类手中，我们只知道自己回天无力，从而产生了无助感。当然，这种"习得性无助效应"在你们人类身上也存在，所以，在"安全管理"中千万不能让用户产生"习得性无助"；否则，他们就会陷入绝望和悲哀，更不可能维护安全了。

主持人：谢谢史努比的简短而深刻的报告。好了，通过上面14个系统报告，"安全管理学"的轮廓已清楚了。下面，请作者继续总结"安全管理"的基本原理。

其实，所谓"安全管理原理"，就是对安全管理工作的实质内容进行分析总结后而形成的基本真理。它们虽然会不断发展，但同时又是相对稳定的，有其确定性和巩固性特征；即不管外界如何变化，这种确定性都始终会相对稳定。概括地说，"安全管理原理"主要包括以下九个方面的原理。

第一，整体性原理。在信息系统中，各种安全要素之间的关系，要以整体为主进行协调；局部要服从整体，使整体效果最优。实际上，就是"要从整体着眼、部分着手、统筹考虑、各方协调，以达到综合最优化"。

从安全的整体性来说，局部与整体存在着复杂的联系和交叉效应。在大多数情况下，局部与整体是一致的，即对局部有利的事，对整体也有利。但有时，局部利益越大，整体风险也会越大。因此，当局部安全和整体安全矛盾时，局部必须服从整体。

从风险的整体性来说，整体的风险不等于各部分风险的简单相加，而是往往要大于各部分风险的总和，即"整体大于各个孤立部分的总和"。这里的"大于"，不仅指数量上大，而且还指在各部分组成一个系统后，产生了总体的风险，即系统的风险。这种总体风险的产生是一种质变，其风险大大超过了各个部分风险的总和。

第二，动态性原理。作为一个运动着的有机体，信息系统的稳定是相对的，运动则是绝对的。系统不仅作为一个功能实体而存在，而且，也作为一种运动而存在。因此，必须研究安全动态规律，以便预见安全的发展趋势，树立超前观念，降低风险，掌握主动，使系统安全朝着预期目标逼近。

第三，开放性原理。任何信息系统，都不可能与外界完全隔绝，都会与外界进行物质、能量和信息的交流。所以，对外开放是信息系统的生命。在安全管理工作中，任何试图把本系统封闭起来与外界隔绝的做法，都只会导致失败。因此，安全管理者，应当从开放性原理出发，充分估计外部的安全影响；在确保安全的前提下，努力从外部吸入尽可能多的物质、能量和信息。

第四，环境适应性原理。信息系统不是孤立存在的，它要与周围环境发生各种联系。如果系统与环境进行物质、能量和信息的交流，并能保持最佳适应状态，那么，就说明这是一个有活力的信息系统。系统对环境的适应并不都是被动的，也有主动的，那就是改善环境，使其对系统的安全保障更加有利。环境可以施加作用和影响于系统，反过来，系统也可施加作用和影响于环境。

第五，综合性原理。所谓综合性，就是把系统各部分、各方面和各种因素联系起来，考察其中的共同性和规律性。任何一个系统，都可看作"由许多要素，为特定目的，而组成的"综合体。因此，"综合性原理"体现在三方面。其一，系统安全目标的综合性。如果安全目标优化得当，就能充分发挥系统效益；反之，如果忽略了某个安全因素，那么，有时就会产生严重后果。其二，实施方案选择的综合性。即同一安全问题，可有不同的处理方案；为达到同样的安全目标，也有多种途径与方法。可选方案越多，就越要认真综合研究，选出满意的安全解决方案。其三，充分利用综合性原理进行创新。如今，所有高精尖技术，无不具有高度的综合性。量的综合，会导致质的飞跃。综合对象越多，范围越广，创新空间就越大。所以，在安全管理过程中，也必须综合技术、管理、法律等多方面成果。

第六，人本原理。该原理主要包括三个要点。

一是人是安全的主体。此条虽然简单明了，但却是核心。

二是用户积极参与是有效安全管理的关键。实现有效安全管理，有两条完全不同的途径。第一条，高度集权，依靠严格的纪律，重奖重罚，使得安全目标统一，行动一致，从而实现较高的安全性。第二条，适度分权，调动大家的积极性，使安全与个人利益紧密结合，使大家为了共同的安全目标而自觉努力。当然，这两条途径并非"二选一"，最好根据具体情况，适当融合。

三是使人性得到最完美的发展。无论是"人之初，性本善"还是"性本恶"，在安全管理中，在实施每项管理措施、制度、办法时，都必须引导和促进人性善的发展。如果以"人性之恶"去解决安全管理中的问题，也许在短期内会见奇效，但终究会失败。比如，在安全管理中，千万不要激发黑客们的攻击欲望，也不要引诱用户们的自私心。

四是管理是为用户服务的。总之，安全管理要"尊重人、依靠人、发展人、为了人"，这是"人本原理"的基本内容和特点。

第七，动力原理。对安全管理来说，动力不仅是动因和源泉，而且，动力是否运用得当，也制约着安全管理能否有序进行。安全管理的核心动力，就是发挥和调动人的创造性、积极性。因此，动力原理就是如何发挥和保持人的能动性，并合理地加以利用。安全管理，有三种基本动力。

一是物质动力。比如，要做好奖励、津贴等报酬方面的工作等。

二是精神动力。比如：要充分发挥人生观、道德观的动力作用，激发大家对理想、信念的追求；重视思想工作，及时解决顾虑等。

三是信息动力。比如促进各方面信息交流等。由于信息具有超越物质和精神的相对独立性，所以信息动力对安全管理会起到直接的、整体的、全面的促进作用。

上述三种动力，在运用时，应综合协调使用。虽然它们同时存在，但绝不是平均存在的。随着时间、环境、地点的变化，在安全管理中，这三种动力的比重也会发生变化。因此，应将这三种动力结合起来，使其产生协同作用：该奖物质时，奖物质；该奖精神时，奖精神；该奖信息时，奖信息。另外，还要处理好个体动力与集体动力、局部动力与全局动力的关系。当然，也要正确掌握刺激量，过多或过少都会影响激励效果，而且正、负刺激都要用，但要把握好度。比如，过度批评反而会引起逆反，促使"破罐子破摔"的负效应。

第八，效益原理。"效益"是包括安全管理在内的，所有管理的主题。效益是有效产出与投入之比。当然，效益可从社会和经济两方面去考察。一般来说，"安全"以社会效益为主、经济效益为辅。效益的评价虽无绝对标准，但是有效的安全管理首先要尽量使评价客观公正，因为评价结果会直接影响安全目标的追求和获得。评价结果越客观公正，对效益追求的积极性就越高，动力也越大，效益也就越大。对于安全目标效益，需要不断地进行追求。在追求过程中，必须关注经济效益的表现（比如，不能为了安全而过多牺牲经济等）；必须采取科学的追求方法，采取正确的战略，既要"正确地做事"，也要"做正确的事"；必须协调好"局部效益"和"全局效益"的关系；还必须处理好"长期效益"和"短期效益"的平衡；最后，追求效益还必须学会运用客观规律，比如，随着情况的变化制定灵活的安全方针，以随时适应复杂多变的环境等。

第九，伦理原理。按该原理的要求，在安全管理活动中要充分重视伦理问题，否则会事与愿违。为此，必须了解伦理的几个基本特性。

一是伦理的非强制性，它是靠社会舆论、传统习惯和内心信念起作用的。伦理虽非强制，但其作用绝不可低估，所谓"人言可畏""众口铄金""软刀子杀人"等就是其威力的见证。

二是伦理的非官方性，它是约定俗成的，不需要通过行政或法律程序来制定或修改。个人伦理也无须官方批准。

三是普适性，几乎所有人都要受到伦理的指导、调节和约束；只有违法的那一小部分人，才受法律约束。一般说来，违法者也会严重违背伦理；但也有例外，即违法是符合伦理的。

四是扬善性，它既指出何为恶，也指出何为善。它谴责不符合伦理的行为，也褒奖符合伦理的行为，尤其是高尚的行为。

好了，"安全管理学"就科普到此了。真心希望某些管理专家能与安全专家联袂，早日撰写出完整的安全管理学教材，用于信息安全专业高级人才的培养。这也算是填补了一个重要空白吧。这儿再多说几句，另一个同样需要填补的重要空白，是下章将介绍的安全心理学。必须承认，在学科体系建设方面，我们"网络空间安全一级学科"，应该向"安全工程一级学科"学习。虽然后者主要关心采矿等传统安全，但是，安全管理学和安全心理学等都早已是学科必修课了，而我们连教材都还没有！遗憾的是，由于"传统安全"和"信息安全"中所涉及的"安全"相差十万八千里，所以，对应的"管理学"和"心理学"也完全不是一回事。因此，网络空间安全的同行们，咱只能靠自力更生了！

最后，让我们按惯例，套用汪国真的情诗《思念》，来归纳并小结本章。

我叮咛你的

你不能遗忘

你告诉我的

我也全都珍藏

对于我们来说

安全管理是治乱法宝

——永远闪闪发光

威胁的爆发总是很短

灾后的纠错却是很长

在那网络空间

激荡起多少心动的诗行

如果你要想念我

就望一望书上那

优美的文字

有我渴望你的

目——光

第14章
安全心理学

网络空间的所有安全问题，全都可归罪于人！具体地说，归罪于三类人：破坏者（又称黑客）、建设者（含红客）和使用者（用户）。当然，他们相互交叉，甚至角色重叠。

首先，所有人，包括破坏者和建设者，肯定都是网络的使用者。这年头，谁还离得开手机、互联网、计算机等？！谁的生活、工作和娱乐，不与某个信息系统密切相关？！谁不是用户？！

其次，承建信息系统的专家、保卫网络的红客，当然是建设者。此外，从某种程度上说，使用者其实也是建设者；比如，群主建了一个群，难道他不算建设者？！黑客虽然是某个系统的破坏者；但在另一系统中，他很可能又是建设者。

最后，黑客肯定算破坏者，但是，粗心大意的用户难道就不是"自杀式"破坏者吗？！安全保障措施不健全（甚至是裸网）的建设者，难道不算是"自毁长城式"的破坏者吗？！安全保障不得力的红客，难道不是"良机的破坏者"吗？！况且，从纯技术角度看，红客和黑客，其实没啥区别。

不过，针对任何具体的安全事件，"三种人"（破坏者、建设者和使用者）之间的界限还是相当清晰的！因此，只要把这"三种人"的安全行为搞清了，那么网络的安全威胁就明白了！而人的任何行为，包括安全行为，都取决于其"心理"。在心理学家眼里，"人"只不过是木偶，而人的"心理"才是拉动木偶的那根线；或者说，"人"只不过是"魄"，而"心理"才是"魂"。所以，网络空间安全的核心就藏在人的心里，必须依靠"安全心理学"来揭示安全的人心奥秘！

可惜，在过去数十年里，网络空间安全界的专家们，主要忙于技术对抗，来不及研究心理学在安全中的作用。本章抛砖引玉，既科普"安全心理学"，又想让安全专家开眼界；当然，更希望借机鼓励某些心理学家与安全专家合作，尽早完成安全心理学教材，使其成为信息安全相关专业的核心基础课，从而弥补"网络空间安全一级学科体系"的一个重要空白。（说明，另一个有待弥补的重要空白，便是上章介绍的安全管理学。）

幸好，与安全技术相比，心理学结论读起来比较易懂，所以，本章直奔主题，即从心理学的特定角度，看看人的安全问题。

在网络空间中，"三种人"的目标、地位和能力等显然各不相同；这就决定了：他们的心理因素在安全过程中也会不同。

其中，破坏者的心理最具网络特色。如果没有黑客，也许就没有安全问题。但遗憾的是，黑客过去存在，现在存在，今后也将永远存在；甚至还可能越来越多。所以，你别指望黑客的自然消失，而应该了解他们为什么要发动攻击。在他们的破坏行为中，到底是什么心理因素在起作用。

"黑客心理"和"犯罪心理"，既有区别，也有联系。作为人精中的人精，黑客们当然知道其行为的法律含义，但为什么还是要做呢？从动机角度来看，这主要源于以下几种心理。

自我表现心理。许多黑客发动攻击，只是想显示自己"有高人一等的才能，可以攻入任何信息系统"。他们喜欢挑战技术、发现问题，同时把自己当网侠，要随时维护"正义"。他们认为，信息本该免费和公开。因此，他们蔑视现行规章制度，认为它们是不道德的，既不能维持秩序也不能保护公共利益。这类黑客，既有反抗精神，又身怀绝技，还有自己的一套行为准则，恰似"侠盗罗宾汉"。他们的主要原则是"共享"，所以热衷于把少数人垄断的信息，分享到网络上。他们期待成为一种文化原型，盼望被人们认识。他们把"非法入侵"当作智力挑战，一旦成功，就倍感快乐和兴奋，认为这是自我实现的最高体现。

好奇探秘心理。因猎奇而侵入他人系统，试图发现相关漏洞，并分析原因，然后公开其发现的东西，与他人分享。这类黑客，以青少年为主，他们对成年人具有逆反心理，总想干些出格的事，以引起成人注视；同时，他们也藐视权威。

义愤抗议心理。这类黑客好讲哥们义气，愿为朋友两肋插刀，以攻击网络的行为来替朋友出气，或表示抗议。

戏谑心理。这种恶作剧型黑客，以进入别人信息系统、删除别人文件、篡改其主页等恶作剧为乐。

非法占有心理。这类黑客也叫"物欲型黑客"。他们以获取别人的财富为目的，是一种犯罪行为；甚至，有的黑客，受他人雇用，专门从事破坏活动。这种黑客，危害极大。

渴望认同心理。这类黑客追求归属感，想获得其他黑客的认可。

很像《水浒传》中，好汉们上梁山前要首先"见红"一样。这既是一种自我表现，也是获得同类认可的需要。

此外，还有诸如自我解嘲心理、发泄心理等，都是引发黑客行为的心理因素。特别是，还有少数"心理变态型黑客"，他们从小家庭变异，或遭受过来自社会的打击，由于心理受过严重创伤，所以，长大后就想报复社会。

反过来，黑客发动攻击时，又利用了被害者的哪些心理呢？归纳起来，至少有以下四种。

恐惧心理。这是一种负面情绪，它是"由据信某人或某物可能造成的痛苦或威胁"所引发的危险意识。比如，电话诈骗犯，利用多种方法营造恐惧感，要求受害者"赶紧汇款，以避免血光之灾"等。

服从心理。假借某些人或机构的权威，迫使受害者服从其命令。比如，假冒执法机构，要求受害者配合提供相关信息等。

贪婪心理。利用受害者对事物，特别是财富的强烈占有欲，来实施攻击。比如，以祝贺"中大奖"为由，诱骗受害者上当。

同情心理。声称自己有难，急需好人帮忙，诱发受害者的同情心，实施攻击行为。

单独说完黑客后，再来看看，到底是什么心理因素引发了建设者和使用者的不安全行为。归纳起来，主要有以下几种。

省能心理。人总有这样一种心理习惯，即希望以最小能量（或付出）获得最大效果。它的积极意义是显然的，若能"少花钱，多干事"，当然好呀，谁不乐意呢！但是，从安全角度看，这个"最小"的度如果失控了，那么目标将发生偏离，就会从量变到质变，产生包括安全问题等在内的严重后果。因此，在建设网络保障体系时，虽然安全投资大，经济效益又小，但是安全无小事，该花的钱，就要舍得花。许多信息系统被攻破的原因，都是因为它只是一个"裸网"，几乎没有防范。省能心理，还表现为嫌麻烦、怕费劲、图方便、得过且过等惰性心理。这一点，在使用者身上尤其明显。比如，许多用户在设置密码时，只用0000或1111这样的"弱口令"，让黑客一猜就中。又比如，许多用户不严格按照管理规范进行操作，而是自作主张，略去了一些"烦琐"环节，给黑客开了后门等。省能心理，在破坏者身上就几乎没影了，因为黑客攻你时肯定不遗余力。

侥幸心理。由于多方面的原因，网络安全事件，特别是严重事件，并不会全都公布；再加上，每个人被击中的次数并不多，所以有人就会误以为"安全事件是小概率事件"。特别是当他发现"某人某天，虽有违章操作，但也安全无恙"时，就会产生侥幸心理，就会放松警惕，这就为安全事件埋下了"定时炸弹"。侥幸心理，主要发生在使用者身上；建设者身上虽有，但不多。至于黑客，他的"侥幸心理"则主要是"其犯罪行为不被发现"等。

逆反心理。某些情况下，在好胜心、好奇心、求知欲、偏见、对抗和情绪等心理状态下，人会产生"与常态心理相对抗"的心理状态，比如偏偏去做不该做的事情。破坏者和使用者，都会受"逆反心理"的引诱，从事不安全行为。比如，对使用者来说，许多明令禁止的操作，明明知道有危险，却偏要"以身试法"。在建设者身上，很少有逆反心理。

凑兴心理。俗话叫"凑热闹"，它是人在社会群体中所产生的一种人际关系的心理反应，多见于精力旺盛又缺乏经验的"初生牛犊"的年轻人身上。他们想从凑兴中得到心理上的满足或发泄剩余精力。凑兴心理，容易导致不理智行为。比如，许多计算机病毒就是在用户的"凑兴心理"帮助下，在网上迅速扩散的。另外，在黑客帝国内，这种凑热闹现象也很多，只不过外界不熟知而已，毕竟绝大部分黑客都是年轻人嘛。对建设者来说，"凑兴心理"就少见了。

群体心理。它是群体成员，在相互影响下形成的心理活动。所有复杂的管理活动，都涉及群体；没有群体成员的协同努力，组织目标就难以实现。群体心理的显著特征就是共有性、界限性和动态性。网络作为桥梁，将所有人连接成规模各不相同的群体；而且，在一定程度上，这些成员之间将形成几乎相同的"认同意识、归属意识、排外意识和整体意识"。所有行为，包括安全行为，都会受到群体心理的影响，无论是正影响，还是负影响。

注意与不注意。这也是人的一种心理因素。当人的心理活动指向或集中于某一事物时，这就是"注意"，它具有明确的意识状态和选择特征。人在对某一客观事物注意时，就会抑制对其他事物的影响。"不注意"存在于"注意"状态之中，它们具有同时性。也就是说，如果你对某事物注意，那么将同时对其他事物不注意。注意和不注意，总是频繁地交替着。无论是建设者还是使用者，他们的许多不安全行为其实都源于"不注意"。实际上，如果大家都注意安全，小心谨慎，那么破坏者就无缝可钻了。比如：软件或系统的安全漏洞，都是建设者"不注意"的产物；用户被钓鱼网站欺骗，也是因为"不注意"真假网址的那一丁点差别而已。

但是，"不注意"无法根除，任何人都不能永远集中注意力。除玩忽职守者外，"不注意"不是故意的。"不注意"是人的意识活动的一种状态，是意识状态的结果，不是原因。因此，提倡注意安全虽有必要，但还不够，还要在网络建设过程中，充分考虑如何应对"不注意"引发的安全问题。一是建立冗余机制，甚至在重要岗位上，由多人同时把关；二是为防止"不注意"的失误，在重要操作前，须采用"确认提示",即对操作内容确认后,再动作;三是改进系统设计,尽量避免因"不注意"而引起的误操作。

"注意"是可以被分配和转移的。

所谓"注意的分配",就是指在同时进行两种或多种活动时,把注意力指向不同对象。为了确保安全,有时必须"一心不能二用";但有时,又得"眼观四路,耳听八方"。能否合理分配"注意"是有条件的,只有对并行的几种操作,都已"得心应手"时,才能做到"注意"的分配;否则,就会顾此失彼。能否做到"注意"分配,还依赖于操作的复杂度,越复杂的操作,一旦分心,就越容易出差错。"注意"的分配能力因人而异,其关键是能否使操作程式化、习惯化、系列化,对操作越熟练,就越能灵活自如地分配注意。

所谓"注意的转移",就是指根据新需求,主动把"注意"由一个对象,转移给另一对象。这里强调"主动"转移,若是被动转移,则属于"注意的分散"。

"注意"还有其他一些品质,比如选择性、集中性等。"注意"的品质,是相互制约的;而且,每项品质也都有一个"度"。只有把握适当的"度",才能发挥"注意"对完成任务的积极作用,也才能既有效率,又不出错,还安全。

影响网络安全的心理因素,当然远远不止上述几种,此处不过"点到为止"而已。下面,对"三种人"不再区分,而是统一介绍"安全心理";当然,必要时也会指出相关差异。

人的心理,既同物质相连,又是人脑的机能,还是人脑对客观现实的反映。当然,这种反映具有主观的个性特征,对同一客观事物,不同的人反映会大不相同。人的心理因素及其与安全的关系,主要有以下几种。

第一，性格与安全。性格是一个人的习惯行为，是对现实比较稳定的态度。常见的性格有：认真、马虎、负责、敷衍、细心、粗心、热情、冷漠、诚实、虚伪、勇敢、胆怯等。性格是最重要、最显著的心理特征，是人与人的主要差异标志。性格主要构成于两方面：一是对现实的态度，比如，对自己、社会、集体和他人的态度，对利益、工作和学习的态度，对新事物的态度等；二是活动方式及行为的自我调节。

性格既有先天性，也有可塑性。因此，从"安全心理学"角度看，就应该努力培养那些对安全有利的性格；比如：工作细致，责任心强，自觉纠错，情绪稳定，处世冷静，讲究原则，遵守纪律，谦虚谨慎等。同时，也要克服那些不利于安全的性格，下面的八个性格，就不利于安全。

一是攻击型性格。这类人妄自尊大，骄傲自满，喜欢冒险，喜欢挑衅，喜欢闹纠纷，争强好胜，不接纳别人意见。他们一般技术都较好，但也容易出大事。

二是性情孤僻、固执，心胸狭窄，对人冷漠。他们多属内向性格，不善于处理与同事的关系。

三是性情不稳定。这类人易受情绪感染支配，易于冲动，情绪起伏波动很大，受情绪影响长时间不易平静；因而，易受情绪影响，忽略安全。

四是心境抑郁，浮躁不安。由于长期闷闷不乐，他们的大脑皮层无法建立良好的兴奋灶，对任何事情都不感兴趣，因此，容易失误。

五是马虎、敷衍、粗心。这是对安全的主要威胁。

六是在危急条件下，惊慌失措、优柔寡断、鲁莽行事。这类人常常坐失发现漏洞和灾难应急的良机，使本可避免的安全事件成为现实。

七是懒惰、迟钝、不爱运动。他们反应慢，无所用心，因此常常引发安全问题。

八是懦弱、胆怯、没主见。这类人遇事退缩，不敢坚持原则，人云亦云，不辨是非，不负责任，因此在特定情况下很容易出事。

第二，能力与安全。能力指那些"直接影响活动效率"的个性心理特征。能力包括一般能力和特殊能力；它们相互联系，彼此促进。一般能力包括观察力、记忆力、注意力、思维能力、感觉能力和想象力等智力要件。特殊能力，指在特定情况下的奇异能力，比如，操作能力、节奏感、识别力、颜色鉴别力等。

能力并非天生，而是后天可塑的。影响能力的因素很多，主要因素有素质、知识、教育、环境和实践等。

一是素质。它包括感觉系统、运动系统和神经系统的自然基础和特征；它是能力形成和发展的自然前提。但素质并不等于能力，只是能力发展的部分因素。

二是知识。它是指实践经验的总结和概括。在不断学习知识的过程中，能力也会形成和发展。当然，知识的发展与能力，也不是完全一致的；通常，能力的获得慢于知识。

三是教育。能力较强的人往往受过良好的教育，因为教育使知识和能力，趋于同步增长。

四是环境。它包括自然环境和社会环境。优越的环境，有利于能力的形成和提高。

五是实践。它是积累经验的过程，对能力的形成和发展起关键作用。

能力是安全的重要制约因素，比如，思维能力强的人，在面对重复的、一成不变的、不需动脑筋的简单操作时，就会感到单调乏味；从而埋下安全隐患。反之，能力较低的人，在面对力所不及的任务时，就会感受到无法胜任，甚至会过度紧张，从而容易引发安全问题。只有当能力与任务难度匹配时，才不容易出现安全问题。

第三，动机与安全。动机是一种内部心理过程，它是由"需求"推动的、有目标的动力；或者说，它是为达目的，而付出的努力。动机的作用是激发、调节、维持和停止某种行为。动机也是一种"激励"，是受需要、愿望、兴趣和情感等内外刺激的作用，而引发的一种持续兴奋状态。动机，还是促进行为的一种手段。不同的动机，将引发不同的行为；因此，在安全因素分析中，动机是重要因素。

第四，情绪、情感与安全。情绪是对客观现实的一种特殊反映形式，是对"客观事物是否符合需要"而产生的态度。当符合需要时，就会产生满意、愉快、热情等积极情绪；相反，就会产生不满、郁闷、悲伤等消极情绪。

按情绪的体验，可分为心境、激情和应激三种状态。其中，心境会比较持久、微弱地影响人的整个精神活动；激情则是一种强烈的、短暂的、爆发式的情绪；应激是在意外紧急情况下，由紧张所引起的情绪激化和行动的积极化。情绪对行为的效率、质量等都有重要的影响，它与能力的发挥密切相关。许多安全问题，都源于不良情绪。

情感是对客观事物的一种反映，它通过态度体验来反映客观事物与人的需要之间的关系。人的认识，总会与愿望、态度相结合；人对外界事物的情感，是在"对外界刺激的评估或认知"的过程中产生的。生理状态、环境条件，特别是认识过程等，都是制约情感的因素。

对事物的态度，取决于人当时的需要。人的需要及其满足程度，决定了情感能否产生以及所产生的情绪的性质。比如，安全是一种基本需要，当安全问题顺利解决时，就会给当事者带来喜悦和兴奋的感觉；如果被黑客攻击，受到伤害，就会令人不安，并带来负面情绪；如果损失很大，甚至会忧伤和恐惧。

情绪和情感在概念上虽有区别，但总是紧密相关的。情感是在情绪基础上形成和发展的；而情绪则是情感的外在表现形式。情绪常由现场情境引起，且具有较多的冲动性；一旦时过境迁，也就很快消失。而情感虽也有情境性，但很少有冲动性，且较稳定持久。一般来说，情绪和情感的差别只是相对的，在现实中，很难严格区分它们。

没安全问题时，就可能产生愉快的情绪；遇到安全挫折时，就可能产生沮丧的情绪。所以，情绪反应不是自发的，而是由"对个人需要满足的认知水平"所决定的。这种反应具有两面性，如喜怒哀乐、积极和消极、紧张和轻松等。

情绪既依赖于认知，又能反过来作用于认知；这种反应的影响，既可以是积极的，也可以是消极的。无论是积极的情绪，还是消极的情绪，对安全态度和安全行为都有着明显的影响。这是因为，情绪由动机作用所致。积极的情绪，可加深对安全重要性的认识，具有"增力作用"，能激发安全动机，采取积极态度。而消极的情绪，会使人带着厌恶的情感去看待安全，具有"减力作用"，采取消极的态度，从而容易引发不安全行为。

总之，安全管理应充分考虑个性化，采取适当措施，尽力调动积极情绪，避免消极情绪。若消极情绪出现，应尽快使其转化为积极情绪，从而确保网络安全。

第五，意志与安全。意志是"自觉确定目标，并支配和调节行为，克服困难以实现目标"的心理过程；也就是说，意志是一种规范自己的行为，抵制外部影响，战胜自己的能力。性格的坚强或懦弱等，常以意志特征为转移。良好的意志包括：坚定的目的性、自觉性、果断性、坚韧性和自制性。

在网络空间中，意志对安全行为起着重要的调节作用。一是推进人们为达到既定的安全目标而行动；二是阻止和改变与安全目标相矛盾的行动。在确定了安全目标后，就需要凭借意志力量，克服困难，努力完成目标任务。能否充分发挥意志的调节作用，至少应考虑以下两方面。

一是意志的调节作用与既定目标的认识水平相联系。对安全目标的认识水平，决定了意志行动力。比如，若对安全目标持怀疑态度，则意志行动就会削弱甚至消失；只有真正理解了安全目标，才能激发克服困难的自觉性，以坚强的意志行动，为实现安全目标而奋斗。可见，正确的认识，是意志行动的前提。

二是意志的调节作用与人的情绪体验相联系。意志行动体现了自制力，而自制力又与其情绪的稳定性密切相关。不稳定的情绪，对意志行动肯定不利。遇到挫折时，如果情绪波动，不能自我约束，从本质上讲，这是意志薄弱的表现。意志的调节作用，在于合理控制情绪，克服不利于安全的心理障碍，并调动有利于安全的心理因素，坚持不懈地实现安全目标。

良好的意志品质，包括四个方面。

一是自觉性：即在行动中，具有明确的目的性，能充分认识行动的意义，并主动支配自己的行动，以达到预期目的。自觉性既体现了认识水平，又表现了行动支配。例如，在面对网络安全时，自觉性就表现在：能认识到安全的重要性，主动服从安全需要，遵守安全操作规程，完成安全任务，力求达到安全目标。与自觉性相反的，是盲目性、动摇性等。

二是果断性：指善于明辨是非，决策当机立断。果断性，常与不怕困难的精神、思维的周密性和敏捷性相联系。例如，在执行重要任务时，严格按照安全规程操作，一丝不苟，决不鲁莽；一旦出现意外，能果断解决安全问题。

三是坚持性：指为实现既定目标，不屈不挠、坚持不懈地克服困难的意志力。坚持性，既包含充沛的精力，又包含坚韧的毅力。它是实现既定目标时，心理上的维持力量。与坚持性相反的，是见异思迁、虎头蛇尾等。

四是自制力：指在行动中，善于控制自己的情绪，约束自己的言行。自制力，一方面，能促进执行已有决定，并克服干扰因素；另一方面，又有助于抑制消极情绪和冲动行为。自制力强的人，能调动积极心理因素，情绪饱满，注意力集中，严格遵守安全规章；遇到困难时，能稳定情绪。与自制力相反的，是情绪易波动、注意分散、组织纪律性差等。

人对安全的认识，会经历从感性认识到理性认识的过程，并且循环不已，不断深化。而人的认识过程、情感过程和意志过程又相互关联、相互制约。在安全活动中，情绪与感知觉相联系；情绪体验的程度和意志，又与其对安全的认识水平密切相关。因此，情感和意志，可作为认识水平的标志，并在认识过程中起到"过滤作用"。另外，人的意志又与情感紧密相连。在行动中，无论困难是否克服，都会引起情绪反应；而在意志支配下，情感又起到动力作用，促使人们去克服困难，以实现既定目标。因此，情感能加强意志，意志又可控制情感。

第六，感知觉与安全。感知觉是指，在反映客观事物过程中所表现的一系列心理活动，比如：感觉、知觉、思维、记忆等。最简单的认识活动是感觉（如视觉、听觉、嗅觉、触觉等），它是通过感觉器官对客观事物个别属性的反映，如光亮、颜色、气味、硬度等。知觉就是"在感觉基础上，人对客观事物的各属性、各部分及相互关系的整体反映"，如外观大小等。但是，感觉和知觉（统称为"感知觉"）仅能认识客观事物的表面现象和外部联系，人们还须利用"感知觉"所获信息，进行分析、综合等加工过程，以求认识客观事物的本质和内在规律，这就是思维。例如，为了保证网络安全，首先要使大家感知风险，也就是要察觉危险的存在；在此基础上，通过大脑进行信息处理，识别风险，并判断其可能的后果，才能对安全隐患做出反应。因此，安全预防的水平，首先取决于对风险的认识水平；即对风险认识越深刻，出现问题的可能性就越小。如何有效利用感知觉特性，这与安全保障密切相关，也是建设者们必须认真研究的问题。

第七，个性心理与安全。某人身上，经常地、稳定地表现出来的整体精神面貌，就是个性心理特征。它是一种稳定的类型特征，主要包括：性格、气质和能力。它虽然相对稳定，但也与环境相互作用，也是可以改变的。由于每个人的先天、后天条件不同，因此个性心理特征千差万别，甚至独一无二。

对待安全的态度，不同的人会表现出不同的个性心理特征。有的人认真负责，有的人马虎敷衍；有的人谨慎细心，有的人粗心大意。对待前人的安全经验，有的人不予盲从，实事求是；有的人不敢抵制，违心屈从。在安全应急时，有的人镇定、果断、勇敢、顽强；有的人则惊慌失措、优柔寡断或垂头丧气。个性心理特征与安全关系很大，不良的个性心理特征经常是引发安全问题的直接原因。

第八，气质与安全。气质，就是常说的性情、脾气，它是一个人与生俱来的、心理活动的动力特征。这里的"心理活动的动力"是指心理活动的程度（如情绪体验的强度、意志努力的程度）、心理过程的速度和稳定度（如知觉的速度、思维的灵活程度、注意力集中与转移速度），以及心理活动的指向性（如有人倾向于从外界获得新印象；有人倾向于内心世界，经常体验自己的情绪，分析自己的思想印象）等。

气质具有较强的稳定性。虽然气质在后天影响下也会有所改变，但与其他个性心理特征相比，气质的变化更为缓慢，即"江山易改，禀性难移"嘛。

所以，在安全管理过程中，应针对不同气质进行有区别的管理。例如，有些人理解能力强、反应快，但粗心大意、注意力不集中；对这种类型的人就应从严要求，并明确指出其缺点。有些人理解能力较差、反应较慢，但工作细心、注意力集中；对这种类型的人需要加强督促，对他们提出速度指标，逐步养成他们高效的能力和习惯。有些人则较内向，工作不够大胆，缩手缩脚，怕出差错；对这种人应多鼓励、少批评，增强其信心，提高其积极性。

另外，面对高风险工作，在物色人选时也要考虑其气质类型特征。有些工作，比如个性化较强的OA类开发，需要反应迅速、动作敏捷、活泼好动、善于交际的人去承担。有些工作，比如软件漏洞检测等，则需要仔细的、情绪比较稳定的、安静的人去做。这样既人尽其才，又有利安全。

还有，在安全管理中，应适当搭配不同气质的人。比如，对抑郁质类型的人，因为他们不愿主动找人倾诉困惑，常把烦恼埋在心里；所以就应该有活泼的同事有意识地找他们谈心，消除其情感上的障碍，使他们保持良好的情绪，以利安全。

第九，个性对不安全行为的影响。一些个性有缺陷的人，如思想保守、容易激动、胆小怕事、大胆冒失、固执己见、自私自利、自由散漫、缺乏自信等，会对安全产生不利影响。因此，在关键岗位上，最好别单独安排这样的人。个性对安全行为的影响，主要表现在以下两方面。

一是态度的影响。态度是指对人和事的看法，及其在言行中的表现。态度是在某种情况下，以特定方式表现的倾向。通俗地说，态度就是一个人对某事特满意或不满意。比如，若对待安全风险的态度有问题，那么出现安全问题的可能性将很大。既然"态度决定一切"，那当然态度也能决定安全。

二是动机的影响。动机，是想努力达到的目标，以及用来追求这些目标的动力。此处的动力，包括：经济动力，即挣钱的动力；社会动力，比如荣誉等；自我实现的动力，即追求自我成功；综合动力，即各种动力的综合。

总之，人的行为受各种因素的影响，而可靠和良好的个性、正确的态度和正确的动机，有利于安全保障工作。

第十，行为退化对安全的影响。人，只有在理想环境下才能达到最佳行为。人的行为，具有灵敏灵活性；人，易受许多因素的影响。人的行为，有时会出现缓慢而微妙的减退。比如：若劳动时间太长，就会产生疲劳；若生活节律被干扰，就不能有效发挥体能；若失去完成任务的动力，就会懒散懈怠；若缺乏鼓励，就会泄气；若面对突然危险，就会产生应急反应等。

网络空间中，建设者和使用者的许多安全问题，归根结底，其实都是某种失误。因此，下面就来介绍失误的本质。

一种观点认为，失误是人的行为明显偏离预期标准，它可导致不希望的时间拖延、困难、问题、麻烦、误动作、意外事故等。

另一种观点认为，失误是指人的行为结果，超出了某种可接受的界限。即失误是指人在操作过程中，"实际实现的功能"与"预期的功能"之间的偏差，其结果可能带来不良影响。由此推知，失误发生的原因有两方面：一是工作条件设计不当，即规定的可接受界限不恰当；二是人的不恰当行为。

综合上述两种观点，失误是指行为的结果偏离了规定的目标，或超出了可接受的界限，并产生了不良的影响。失误的性质主要具有以下几个特点。

一是失误是不可避免的副产物，失误率可以测定。

二是工作环境可以诱发失误，故可通过改善工作环境来防止失误。

三是下级的失误也许能反映上级的职责缺陷。

四是人的行为反映其上级的态度；如果仅凭直觉去解决安全问题，或仅靠侥幸来维护安全，那迟早会出问题。

五是过时的惯例可能促发失误。

六是不安全行为是由操作员促发的、直接导致危害的失误，这属于失误的特例。级别越高的人，其失误的后果就越严重。

失误的类型很多，它们对归纳失误原因、减少失误率、寻找应对措施都有帮助。所以，下面介绍几种有代表性的失误分类法。

第一种方法，按失误原因，可将失误分为随机失误、系统失误和偶发失误三类。一是随机失误，是由行为的随机性引起的失误。软件Bug就是随机失误的典型。随机失误往往不可预测，不能重复。二是系统失误，是由系统设计问题，或人的不正常状态引起的失误。系统失误主要与工作环境有关，在类似的环境下该失误可能再次发生。因此通过改善环境等，就能有效克服此类失误。系统失误又有两种情况：任务要求超出了能力范围；或者，操作程序出了问题等。三是偶发失误，是一种偶然的过失，它是难以预料的意外行为。许多违反规程的不安全行为，都属于偶发失误。

第二种方法，按失误的表现形式，可将失误分为以下三类：一是遗漏或遗忘；二是做错，包括未按要求操作、无意识的动作等；三是做了规定以外的动作。

最后，我们从心理学角度，看看失误的原因。

为了清晰明了，只从用户角度来讲述。在网络空间中，从形式上看，用户的几乎所有失误，都源于"错敲了某几个键，或错点了鼠标"。考虑由"感觉（信息输入）、判断（信息加工处理）和行为（反应）"三者构成的人体信息处理系统，所谓"不安全行为"就是由信息输入失误，导致判断失误，而引起的操作失误。按照"感觉、判断、行为"的过程，可对不安全行为的典型因素，进行如下的分类。

第一类，感觉（信息输入）过程失误。由于没看见或看错、没听见或听错信号而产生的失误，以下是产生这类失误的几种主要原因。

一是屏幕上显示的信号，缺乏足够的诱引效应。即信号未引发操作员的"注意"转移。比如：误将数字0，当成英文字母O；没注意到字母大小写的区别；忽略了相关的提醒信息；等等。所以，为确保及时、正确地发现信号，仅依赖用户的某一种感官是不够的，还必须使屏幕内容以多种方式呈现（如字体大小、颜色、声音等），使其具备较强的诱引效应，引起用户注意。

二是认知的滞后效应。人对输入信息的认知能力，总有一个滞后时间。如在理想状况下，看清一个信号需0.3秒，听清一个声音约需1秒。若屏幕信息呈现时间太短，速度太快，或信息不为用户所熟悉，均可能造成认知的滞后效应。因此，对建设者来说，若软件界面太复杂，那就需要设置预警信号，以补偿滞后效应，避免用户不必要的失误。

三是判别失误。判别是大脑将"当前的感知表象信息"和"记忆中信息"加以比较的过程。若屏幕信号显示不够鲜明，缺乏特色，则用户印象不深，再次呈现时，就有可能出现判别失误。黑客钓鱼网站，就常利用此种失误，诱使用户上当。

四是知觉能力缺陷。由于用户的感觉缺陷，如近视、色盲、听力障碍等，不能全面感知对象的本质特征。因此，建设者在设计软件界面时必须充分考虑各种用户，尽量克服该缺陷，以减少失误的可能性。

五是信息歪曲和遗漏。若信息量过大，超过感觉通道的限定容量，则有可能产生遗漏、歪曲、过滤或不予接收等现象。输入信息显示不完整或混乱时，特别是有噪声干扰时，人对信息感知将以简单化、对称化和主观同化为原则，对信息进行自动修补，使得感知图像成为主观化和简单化后的假象。此外，人的动机、观念、态度、习惯、兴趣、联想等主观因素的综合影响，亦会将信息同化为"与主观期望相符合的形式"后再表现出来。

六是错觉。这是一种对客观事物错误的知觉，它不同于幻觉，它是在客观事物刺激作用下的主观歪曲知觉。错觉产生的原因很多，比如环境、事物特征、生理、心理等；此外，如照明、眩光、对比、视觉惰性等，也都可引起错觉。

第二类，判断（信息加工处理）过程失误。正确的判断，来自全面的感知客观事物，以及在此基础上的积极思维。除感知过程失误外，判断过程产生失误的原因主要有以下几种。

一是遗忘和记忆错误。常表现为没想起来、暂时遗忘。比如，突然受外界干扰，使操作中断，等到继续操作时，就忘了应注意的安全问题。

二是联络、确认不充分。比如，联络信息的方式与判断的方法不完善、联络信息实施的途径不明确、联络信息表达的内容不全面、用户没有充分确认信息而错误领会了所表达的内容等。

三是分析推理失误。在紧张状态下，人的推理活动会受到抑制，理智成分减弱，本能反应增加；所以，需要加强危急状态下的安全操作技能训练。

四是决策失误。这主要指决策滞后或缺乏灵活性。这类失误主要取决于用户个体心理特征及意志品质。

第三类，行为（反应）过程失误。此类失误的常见原因有以下几种。

一是习惯动作与操作要求不符。习惯动作是长期形成的一种动力定型，它本质上是一种"具有高度稳定性和自动化的行为模式"，它很难被改变；尤其是在紧急情况下，用户会用习惯动作代替规定操作。减少这类失误的措施是，相关软件操作方法必须与人的习惯相符。

二是由于反射行为而忘了危险。反射，特别是无条件反射，是仅通过知觉，无须经过判断的瞬间行为；因此，即使事先对安全因素有所认识，但在反射发出的瞬间，脑中也会忘记这件事。

三是操作和调整失误。其原因主要是相关标志不清，或标志与人的习惯不一致；或由于操作不熟练或操作困难，特别是在意识水平低下或疲劳时，更容易出现这种失误。

四是疲劳状态下的行为失误。人在疲劳时，由于对信息输入的方向性、选择性、过滤性等判别能力降低，所以会导致输出时的混乱，行为缺乏准确性。

五是异常状态下的行为失误。比如，由于过度紧张，导致错误行为。又比如，刚起床，处于朦胧状态，就容易出现错误动作。

安全心理学所涉及的内容还有很多，本章只是皮毛；不过，如何将心理学成果更加完美地融入网络空间安全，这是值得深入研究的课题。希望心理学家们，能够在此方面扮演重要角色。

最后，按惯例，我们套用汪国真的情诗《也许》，来归纳并小结本章。

也许，终究会有那一天
安全心理学将辉煌
也许，终究会有那一天
网络似铁壁赛铜墙
也许，只能是这样
黑客攻却不达顶峰
也许，只能是这样
虽惊险却掀不起浪
也许，我们将给予你的
会是一颗
饱经沧桑的心
和无限风光

第15章

安全经济学

伙计，如果你的信息只值100元钱，你愿意花101元去保护它吗？如果愿意，你就该去看大夫了，除非你有特殊理由。

同理，如果黑客攻击某个系统，需要花费101元，而他却最多只能获得100元黑产收入，请问他会发动此次攻击吗？如果会，那他也该看医生了，除非他有特殊理由。

由此可见，无论是攻方，还是守方，"经济"对他们而言，都是动力源。

套用一位大胡子爷爷的说法：如果有10%的利润，黑客就保证不会消停；如果有20%的利润，黑客就会异常活跃；如果有50%的利润，黑客就会铤而走险；为了100%的利润，黑客就敢践踏一切人间法律；如果有300%的利润，黑客就敢犯任何罪行，甚至冒绞首的危险。

而真实的情况是怎样的呢？根据美国《基督教科学箴言报》的消息："黑客的攻击导致了全球网络经济15%～20%的收益损失。网络攻击主要分为三类：侵犯知识产权、盗取资金和窃取商业机密等。"其实，该比例数字只是一个保守的估计，也许更多的经济损失被受害者隐瞒了，或者根本无法统计。可见，整体上，黑客们一直异常活跃，有些黑客会铤而走险，个别黑客甚至敢于犯法。当然，肯定也有黑客，对经济不感兴趣；不过，从经济统计上看这种黑客可以忽略不计，所以本章也不考虑。

其实，如今从技术提供到实施入侵，再到在线销售，一条完整的"黑客经济"链条已经成型，而且还在迅速扩展。"数据黑市"的热闹程度，一点也不亚于那张清明上河图：既有卖的，也有买的；既有业余的，也有专业的；既有批发的，也有零售的；既有买卖产品的，也有买卖服务的；既有代表个人的，也有代表单位的……总之，好一派"天下熙熙，皆为利来；天下攘攘，皆为利往"的繁荣景象。

你看，数据黑市的一个特定镜头是这样的。

张三花几两银子，从"卖枪者"阿猫手中，买了一个"黑客程序"，比如木马病毒；然后，他试图将此病毒植入特定的网站（黑客的行话叫"挂马"），试了几次都没成功；于是，张三又花几吊钱，聘请了专门的"挂马者"阿狗，帮他完成了"挂马"任务。当然，有些"卖枪者"也会提供额外的服务，替买家完成"挂马"。挂马的对象，一般是那些有流量又有安全漏洞的网站。这些网站一旦被植入木马，其浏览者就可能在不知不觉中被感染木马病毒，其电脑中的敏感信息，也就落入了买家张三之手。"挂马"的方式多种多样，比如通过垃圾邮件，或在论坛上张贴含有木马病毒的文件，吸引受害者下载等。

挂马成功后，受害者的大量信息就源源不断地批量传给了张三。在黑客帝国中，这样的批量信息，叫作"信封"。根据产品的不同，又分为"装备信封""QQ信封"等。接下来，张三就开始销售这些

"信封"，并以此获得经济回报。

李四从张三那里，批发购得某些"信封"后，便从中筛选出最有价值的信息，比如，位数较短或级别较高的QQ号码。然后，李四又将这些经过筛选的"二手信封"，卖给零售商王五。

王五将"二手信封"解封后，通过BBS（甚至某些电子商务网站）等渠道，将盗来的Q币、网游装备等"虚拟财产"，低价销售给最终玩家赵六。

综上，"卖枪者"阿猫、"挂马者"阿狗、"大买家"张三、"零售商"李四、个体户王五、购赃者赵六等，"黑产业"链上的每个人都有利可图。

而且，"黑产业"的商业模式也越来越"先进"；利润率也越来越高，甚至是无本万利。比如，最近很火的"勒索收入"，就成了黑色经济来源的主要部分。对黑客来说，进行一次勒索，只需要三步：

一是利用社会工程学手段，搞到被害者的信息；

二是有针对性地释放一只木马，锁定受害者的文件；

三是坐等受害者的赎金。

勒索者几乎没有任何风险，只要藏好自己的身份，不被网警盯上就行。

更可怕的是，许多正规的商业公司，竟然也成了黑客产品的幕后买家，从而大大"繁荣"了"黑客经济"。比如，这些商业公司，特别是互联网企业，利用"流氓软件"抢夺用户资源，或者加载广告软件等，以牟取暴利；而且有的公司，借助"流氓软件"强迫网民访问其网站，以提高点击量，从而获得风险投资等。这再一次验证了拿破仑的名言："世界上有两根杠杆可以驱使人们行动——利益和恐惧。"

　　"安全经济学"本来应该有两个分支：一是黑客经济学；二是红客（含用户）经济学。虽然"黑客经济"花样百出，但是由于过于隐蔽，很难对其进行完整研究；所以本章便略去"黑客经济学"，而只重点介绍"红客经济学"，且仍然称其为"安全经济学"。不过，无论是黑客还是红客，从经济学角度看，他们都遵守相同的安全利益规律；也就是说，如果安全所蕴含的经济利益能量越大，受众群体可支付的财富越多，那么红客对保障安全就越重视，同时黑客的攻击积极性也越高。反之，如果安全所蕴含的经济利益越小，那么，红客对安全保障就越不重视，整体上看，黑客的积极性也不会太高。但是，由于互联网的"积沙成塔效应"，这时，个别黑客可能反而会更加活跃，因为他可以更加轻松地通吃更多红客，获取更大的利益。

　　以下内容主要来自罗云教授的《安全学》（科学出版社，2015年），特此说明和感谢。虽然《安全学》一书中所说的"安全"，主要是指工伤事故、安全劳动生产等传统安全，而非黑客对抗的网络空间安全；但是，许多思路和方法却是相通的，当然，绝大部分内容是不通的。这再一次说明，咱们"网络空间安全一级学科"应该诚心诚意地向"安全科学与工程一级学科"学习，因为咱们网络空间安全领域，至今还没有诸如安全经济学、安全心理学、安全管理学等核心内容。这也是本书《安全简史》从第11章以后，也把网络安全专家作为科普对象的原因之一。希望此举能够引起网络安全专家的注意，重视学科体系的建设和完善；更希望将某些经济学家、心理学家和管理学家等吸引到网络空间安全领域中来，与网络安全专家们一起共同填补学科空白。

　　网络空间安全所研究的对象，是极富挑战性的、人为和非人为的安全灾难和事件，它所涉及的庞大而复杂的赛博系统，是由人、社会、环境、技术、经济等因素构成的大协调系统。因此，无论从社会的局部还是整体来看，在安全方面的投入都是极不平衡和相当有限的。不同的国家和地区，不同的行业、企业和个人，在进行安全保障活动的规划和决策时，其方案和措施所面对的要求和标准也都不一样。因此，为了获得最佳的安全效益，就必须把握好安全活动与社会经济和科技状况的关系。比如，从安全的作用上，分析安全系统的基本功能和任务，将促进社会经济发展、减少安全事件、降低安全损失等。但是，安全事件和危害又与社会活动的状况和规模有关，因此，安全活动应与社会经济发展的要求和状况相适应和协调。从安全的立足点上讲，安全活动的开展需要经济和科技的支持，安全既是一种消费活动，也是一种投资活动。"安全经济学"就是要研究这些活动之间如何进行最佳协调，其内容从上到下可分为四个层次。

一是哲学层次，包括安全经济观、安全经济认识论、安全经济方法论；

二是基础层次，主要包括经济学的基础科学，比如宏观经济学、微观经济学、数量经济学、系统科学、数学等；

三是应用基础层次，主要包括安全经济学的应用基础理论，比如安全经济原理、安全经济预测理论、安全经济分析理论、安全经济评价理论、安全价值工程、非价值量的价值化技术等；

四是技术层次，主要包括安全经济技术的研究方法与手段，比如安全经济政策与决策、安全经济标准、安全经济统计、安全经济分配、损失计算技术、安全投资优化技术、安全成本核算、安全经济管理等。

安全经济学的特点：从研究方法上看，可概括为系统性、预见性、优选性；从学科本质上看，可概括为部门性、边缘性和应用性。具体来说，有以下几方面的内容。

一是系统性。安全经济问题，往往是多目标、多变量的复杂问题。在解决安全经济问题时，既要考虑安全因素，又要考虑经济因素；既要分析研究对象自身的因素，又要研究与之相关的各种因素。这便构成了研究过程和范围的系统性。

二是预见性。安全经济的产出往往具有延时性和滞后性，而安全保障的本质又具有超前性和预防性，因而安全经济活动应具备一定的预见性。

三是优选性。任何安全保障活动都有多种可选方案，不同的保障措施往往有不同的约束条件，不同的方案也有不同的特点。因此，安全经济的决策应建立在优选的基础上。

四是部门性。安全经济学没有自己独立的理论，只是一般经济学的应用；然而，安全经济学具有特定的应用领域（安全领域），它以安全经济问题作为研究对象，研究、分析和解决安全领域中的经济现象、经济关系和经济问题。

五是边缘性。安全经济问题既受自然规律（安全客观规律）的制约，又受经济规律的支配。

六是应用性。安全经济学所研究的安全经济问题，都带有很强的技术性和应用性。

安全经济学意在研究安全的经济形式（投入、产出、效益）和条件，通过对安全保障活动的合理规划、组织、协调和控制，实现安全性与经济性的高度协调，以获得融人、网（机）、技术、环境和社会为一体的最佳安全综合效益。它的两个基本目标：一是用有限的安全投入，实现最大的安全；二是在达到特定安全水平的前提下，尽量节约安全成本。所谓安全成本，也称"安全投入"或"安全投资"，是指实现安全所消耗的人力、物力和财力的总和，既包括直接费用又包括间接费用。总之，安全经济学的最基本命题，或者要解决的最重要的问题就是安全成本（安全投资、安全投入）问题、安全收益（安全价值）问题和安全效益问题等。因此，下面就来分别介绍这三个关键点：安全效益、安全投资、安全价值。

第一，先来说说"安全效益"。其实，安全效益就是指通过安全投入，实现特定的安全保障条件和达到特定的安全水平，对用户（包括个人、单位、社会等）所产生的效果及利益。安全效益就是安全价值的实现，或者安全价值的外在表现，甚至从某种意义上说，安全效益就是安全价值。当然，安全效益有多种表现形式，例如：从效率上看，有宏观效益和微观效益；从空间角度看，有内部效益和外部效益；从表现形式上看，有显性效益（直接的）和隐性效益（间接的）；从时间上看，有当前效益和长远效益。而且，这些效益还可能相互矛盾。因此，在特定情况下，为了整体利益，可能要牺牲局部利益；为了长远利益，可能要牺牲当前利益。总之，要特别注意避免只顾当前、暂时、内部、局部、直接与显性的利益和效益，而忽略长远、未来、外部、全局、间接与隐性的利益和效益。在安全决策时，既要利用宏观协调对微观协调的控制作用，也要注意宏观协调对微观协调的依赖性，力求使各微观协调的局部功能与利益相统一，把微观协调的局部功能和利益转化为宏观协调的整体功能和利益。

安全效益也是安全水平的实现，它包括安全经济效益和安全社会效益两部分。

首先，安全经济效益是指通过安全投资，实现安全条件，保障网络系统的既定能力和功能，并提高潜能，为网络经济带来利益。安全经济利益又包括两方面：一是减损效益，即减少损失；二是增值效益，即维护和保障网络系统功能，创造价值。实现安全经济效益的基本策略是：以超前性预防作为主要的和根本的对策；采用治标为辅、治本为主的策略。

其次，安全社会效益是指安全条件的实现，对国家和社会发展、单位和个人等所起的积极作用，它通过减少安全事件对社会的危害来体现。安全社会效益与经济效益密切相关，甚至为了明确、清楚地分析问题，以及便于定量分析，通常对安全的社会效益进行"经济化"处理。在安全活动中，只有合理的安全投入设计，才能同时提高安全的经济效益和社会效益，否则，单方面追求高标准、高投入，最终非但不能提升安全经济效益，也不利于提高安全社会效益。

安全效益既有可预见性，又有不可预见性。前者指既然有安全投入，就必有安全产出，如果没有安全保障措施的投入，系统可能就会出现安全问题。后者指网络安全事件本身就难以预料（如黑客的攻击行为就难以预料等），因此，相应的安全效益也很难预料，很难说清安全措施到底产生了多少效益。

安全就是效益，忽视安全，效益也就无从谈起。因此，安全效益的实质就是：用尽量少的安全投入，获取尽可能多的安全保障。安全活动在获得所需安全水平的前提下，投入越少，安全的经济效益就越高。

安全效益具有间接性、后效性（滞后性）、长效性、多效性、潜在性和复杂性等特征。

间接性表现为：不同于业务经营过程中的利润效益，安全效益是通过防范事故、保障网络正常运行的过程，间接创造出来的经济效益。

后效性（滞后性）表现为：安全投资的回收周期长，特别是在安全事件发生后，才能体现其价值和作用。

长效性表现为：安全措施的作用和效果，不仅在措施的功能寿命期内有效，就是在措施失去功能之后，其效果（如对黑客的威慑效果）还会持续或间接地发挥作用。

多效性表现为：安全保障措施既维护了系统的正常运行，又保护了用户的信息安全；既减少了各方的经济损失，又使人的心理获得满足。

潜在性表现为：安全扮演着服务角色，它创造的价值大多不是从其直接功能中体现出来的；更多的是隐含在因安全事件的减少，而提高了网络系统效率，同时也减少了损失。

复杂性表现为：安全效益既有直接的，又有间接的；既有经济的，又有社会的；既有能用价值直接计量的，又有不能用货币直接计量的；等等。

在一定的技术条件下，安全效益=减损效益+增值效益+社会效益（含政治效益）+心理效益。在安全效益的这四个组成部分中，仅仅关注并增大其中一项或两项，并不能使安全效益最大化；因为四者是相互依存的，只有同时达到最优，安全效益才能最大化。但是，在实际场合下，四者几乎不能同时达到理想的最大化，其最大值是相对于一定技术水平而言的。安全经济效益的计算，常采用宏观经济效益计量法和微观经济效益计量法。

安全效益规律，体现在安全投入与产生的效果之中。一般情况下，预防性的"投入产出比"远远高于安全事件整改的"投入产出比"。在实践中，有这样一个安全效益的"金字塔法则"，即设计时考虑1分的安全性，相当于建设时的10分安全效果，进而会达到使用时的100分安全效果。

安全经济效益的实现过程是：制定安全目标→拟订安全措施方案→合理进行安全投入→开展安全经济评价→制定安全措施→加强安全教育→加强安全管理和监督→加大奖惩力度。

第二，再来说说"安全投入"或"安全投资"。它是安全保障活动中，一切人、财、物的投资总和。安全投资至少包括安全专职人员费、安全技术措施投入费、安全设备费、安全维护费、安全教育费、安全灾难的防灾和救灾等费用。研究安全投资问题，就是要揭示和掌握安全成本的规律。投资太少，会影响安全事业的发展，从而威胁网络系统的正常业务；投资太多，分配不合理，将造成资金浪费。安全投资的种类也有很多，主要有以下几种类型。

一是按投资的作用来划分，安全投资可以分为预防性投资和控制性投资。预防性投资是指为了预防安全事件而进行的安全投资，包括安全措施费、安全设备费、安全服务费等超前预防性投入。控制性投资是指安全事件发生时或发生后的灾难处置费用，包括救灾费、灾难恢复费等。预防性投资属主动投资，控制性投资属被动投资。

二是按投资时间顺序来划分，安全投资可分为灾难前的投资（即为预防灾难而花费的资金，如安全系统建设费、人员培训费等）、灾难中的投资（即灾难过程中的应急开销，如救灾人员的开销、救灾设备费等）和灾难后的投资（即灾难发生后的损失评估费、系统恢复费、善后开销等）。

三是按投资所形成的产品划分，安全投资可分为硬件投资和软件投资。硬件投资指能形成实体装置、实物或固定资产的投资。比如，安全设备费、安全技术费等。硬件投资形成的固定资产，在安全经济管理中可用折旧方式进行回收。软件投资指不能形成实物或固定资产的投资。比如，安全教育培训费、安全宣传推广费、安全服务费等。

四是按投资的用途划分，安全投资可分为工程建设费（用于建设安全保障系统的费用）、人员业务费（包括购买安全服务的费用、安全保障职员的开销、安全业务费等）和科研投入（用于安全新技术研发和新产品研制的费用等）。

了解安全投资的类别，有利于安全投资的科学管理，提高安全投资的利用效率等。那么，如何确定安全投资的多少和比例呢？这主要以安全投资是否能取得最大的经济效益和社会效益为依据，即安全投资是否有利于社会和经济目标的实现。一般来讲，确定安全投资合理比例的方法，主要有以下三种。

一是系统预推法。它是在预测未来经济增长和社会发展目标实现的前提下，经过系统分析和系统评价，并在进行系统的目标设计和分解的基础上，推测确定安全经费的合理投资量。比如，目前金融系统中，安全投资的比例约为信息建设费用的15%等。

二是历史比较法。根据本行业和本系统的历史做法，选择比较成功和可取的年份方案，作为未来安全投资的基本参考模式；在考虑未来的业务量、技术状况、人员素质、安全态势、管理水平等影响因素的情况下，并考虑货币实际价值变化的条件，对未来的安全投资量，做出比较确切的定量。这种方法应用简单，但不够精确。

三是国际比较法。参考世界其他国家，在不同时期和条件下的安全投资水平进行安全投资。当然，应该选择那些经济发展水平大体与我国相当、国民经济指标和安全经费来源大致与我国相同的国家，来进行投资比较。

从安全投入角度看，提高安全效益的基本途径有两个：一是提高安全水平；二是合理配置安全投入。也就是说，在提高安全水平的基础上，应处理好各项安全投入之间的比例关系。比如：安全保障措施中，各项安全费用之间的关系；安全技术费用（本质安全化）与安全维护费用（辅助性）之间的关系；安全硬件投入与安全软件（含管理）投入的关系；主动性投入与被动性投入之间的关系；等等。

安全经济学的基本原则是"最合理可行原则"，又称为"二拉平原则"，即任何网络系统都存在风险，不可能通过预防措施来彻底消灭安全风险；而且当系统的安全风险水平越低时，要想进一步再降低，就相当困难了，其安全成本也会迅速增长（换句话说，安全再加固投资的边际效益递减，最终趋于零，甚至为负），因此必须在安全风险水平和安全投资成本之间做出折中。最合理可行原则的内涵主要包括以下三个方面。

一是对安全风险进行定量评估，如果风险已经大得不能接受，那么就必须立即加大安全投入，采取风险削减、控制措施，使安全风险逐步降低到可接受的程度。

二是如果系统安全风险在可容许范围内，此时，就需要进行更进一步的"投资成本和风险分析"。若分析显示，再增加安全投入，对风险源的风险水平降低不大，则可暂时不用增加安全投资，以节约成本；若分析显示，再增加很少的安全投入，便能大幅度提高安全水平，则可适当追加安全投入。

三是如果经过评估，发现系统的安全风险很小，甚至可以忽略不计，那么此时就不必再追加安全投资。当然，并没有永远的安全，一旦安全风险上升，就应该及时追加安全投入。

对于安全风险的评价和控制，并非风险越小越好。因为减少风险就要付出代价，无论是采取措施降低安全事件发生的可能性，还是减少安全事件可能带来的损失，都需要相应的人、财、物投入。正确的做法是：将安全风险限定在一个合理、可接受的水平上，根据风险的因素，经过优化，寻求最佳的投资方案。也就是说，风险与投资，要取得平衡；不接受不允许的风险，但是要接受允许的风险。总之，在实际规划安全系统时，要遵循所谓的"最适安全"指导思想，即一个合理的安全系统是其安全能力处于"最适安全度"的状态：安全系统的功能与社会经济水平统一，与科技水平统一；在有限的经济和科技能力下，获得尽可能大的安全性。

第三，最后说说"安全价值"。所谓安全价值，其实就是"安全功能"与"安全投入"之比。而安全功能，是指某项安全措施在系统中所起的作用和所担负的职能。比如，防火墙的功能是阻拦非法入侵，密码的功能是保护信息的机密性，安全教育的功能是增强安全意识和知识等。就安全系统而言，"安全"在社会系统和业务系统中的功能，主要有以下几点：一是保护用户利益（包括财产和心理不受伤害）；二是保障技术功能的利用和发挥；三是维护系统拥有者的信誉、提高服务质量；四是维护社会经济持续发展，促进社会进步；五是维护社会稳定。但是在具体的安全投资中，单项安全投资的目的，构成了相应的安全子功能，它正是安全价值个例分析的对象。比如，若将资金消耗在不必要的安全子功能（甚至是与实现安全无关的不必要的功能）上，那就造成了浪费。因此，在具体的安全保障体系中，需要对安全功能进行认真整理，以达到下列目的：一是通过整理，掌握必要的安全功能，发现和消除不必要的功能，从而节省安全投资，改善安全价值；二是明确改善对象的等级，区分轻重缓急，把钢用在刀刃上，对重要的安全功能要大幅度提高，对次要的安全功能可以适当降低要求；三是通过整理，清理出各功能间的层次关系，为选择实施优化方案创造条件。

由于安全价值与安全功能成正比，与安全投入成反比，因此提高安全价值的主要途径有以下几种。

一是降低安全寿命周期内的投资。任何一项安全措施，总要经过构思、设计、实施、使用，直到基本丧失其安全功能，进而需要进行新的投资的过程，这就是安全寿命周期。该周期每一阶段所需要的费用，就构成了安全寿命周期投资。

二是以安全功能为核心，寻求实现所需安全功能的最优方案。

三是充分、可靠地实现必要的安全功能。所谓必要安全功能是指，为确保安全决策者对某项投资所要求达到的安全功能。与此无关的功能，就称为不必要的功能。安全功能分析的目的，就是确保实现必要安全功能，消除不必要功能，从而达到降低安全投入，提高安全价值的目的。

要想提高安全价值，就必须遵循以下四个基本观点。

一是经济观点。从某种意义上说，安全问题实质上是经济问题。因此，必须从经济角度去考虑安全体系中的每一个行动，尽可能把非经济的东西用经济尺度进行量化。

二是系统观点。安全保障工作其实是一个系统工程，因此必须用系统方法去分析、研究和解决问题。

三是长远的观点。安全投资的效应时间一般较长，其经济效益只能慢慢地体现出来，因此具有长效性、延迟性等特点。所以不宜急于追求近期和短期效益，应将目标放长远，力求获得长期的、综合全面的经济和社会效益。

四是动态观点。安全系统工程涉及人、网、环境等因素，而这些因素又处在变化之中；因此，安全活动要随着时间的推移，不断适应对象的变化，要动态地去分析和解决问题。

当然，由于价值=功能／费用，所以从形式上看，要提高价值，其可选的对策有：功能提高，成本下降；成本不变，功能提高；成本略有提高，功能更大提高；功能不变，成本降低；功能略有下降，成本大幅度下降。然而，人们对安全的需求会越来越高，提高安全价值就该重点考虑前三种情形；而仅仅在某些特殊情况下，才考虑后两种情形。可见，提高安全价值，并不是单纯追求降低安全投入或片面追求提高安全功能，而是要改善两者间的比值。

好了，关于安全经济学的三个最重要的核心（安全效益、安全投资、安全价值）就科普到此了。其实，本书介绍安全经济学还有另一个非常重要的原因：想想看，一方面，经济活动（当然是市场经济，而非计划经济）其实是各利益攸关方的充分竞争和博弈，经济的任何稳态结果，都是充分博弈的结果；但是，另一方面，网络空间安全活动，其实也是红客、黑客、用户等各利益相关方的充分竞争和博弈，当前安全的任何稳态结果，也是充分博弈的结果。换句话说，经济学的博弈规律和结果，完全可以借鉴到网络空间安全之中，而这正是《安全通论》想要解决的问题之一。由于相关结果涉及数学理论太深奥，欢迎有特殊兴趣的读者，关注即将出版的《安全通论》中的"安全经济学"一章；当然，那时全篇将充满数学公式，而不再是科普了。

好了，最后让我们按惯例，套用汪国真的情诗《我不期望回报》，来归纳并小结本章。

给予你的，

当然要期望回报。

安全付出，

就是为了有一天索取，

并且，安全效益越高越好。

如果安全是湖水，

投资便是堤岸环绕；

如果安全是山岭，

价值便是装点安全姿容的青草。

人，不一定能使自己伟大，

但一定可以，

使自己崇高。

第16章

正本清源话赛博

"赛博学"是20世纪最伟大的科学成就之一。

本章试图给诺伯特·维纳"平反",给他的赛博学被狭隘地翻译成"控制论"而平反——当然,最终的受益者是我们自己。无论是从世界观,还是从方法论,或是从历史沿革、内涵与外延、研究内容和研究对象等方面来看,"赛博"都绝不仅仅囿于"控制"。而且,更准确地说,"赛博学"的终极目标是"不控制",即所谓"失控";所以,如果非要保留"控制"两字的话,那么,所谓的"控制论"也该翻译成"不控制论"。同时,本章还想借机,纠正当前社会各界对"赛博"的误解和偏见,希望在赛博时代大家都拥有一颗真正的赛博心。当然,我们还要首次揭示发生在维纳身上的一些神奇现象,即所谓的"维纳数"。最后,以维纳小传结束本章。

为什么在《安全简史》中要介绍赛博学呢?原因很简单,当今的"网络空间"也称"赛博空间",就是从赛博学中生根、发芽而来的;所以要想解决相应的安全问题,当然就得追根求源,再次回到赛博学,正所谓"原汤化原食"嘛。

为何要平反

现代版"叶公好龙",正在各地震撼上演!

你看,如今,人人谈"赛博",处处谈"赛博",时时谈"赛博",可就是没几个人关心:到底什么才是真"赛博"!

老百姓拿"赛博"当时髦:赛博产品满天飞,以赛博命名的机构遍布街头巷尾,年轻人好像都是赛博达人;大爷大妈茶余饭后,更少不了"来盘赛博,消消食儿"。大有"非赛博,不新潮"的味道。

专家拿"赛博"当网络:甚至在权威英汉字典中,都理直气壮地将"Cyber(赛博)"翻译成"网络"。于是,网络专家就成了赛博专家;以为数字化、网络化后,就自然赛博化了。无聊时,专家们便开始争论:什么样的网络才算是赛博网络,它是不是一定要包含物联网等泛在网?

领导拿"赛博"当战场:将"赛博空间"与海、陆、空、天等并列,成为第五个誓死捍卫的领土要素,于是,便花巨资建立"领网"保护系统,要像保护领空、领海那样,防止所有人(包括内部和外部人员)侵犯其"领网"。

狭义上说,上述百姓、专家、领导都对,但又都不全对!

如果"赛博"仅仅是一个名词,那么我们根本没必要,下这么大的功夫来正其本,清其源。关键是,现在已进入"赛博时代",如果不全面、深入、严肃认真地对待"赛博",很可能就会错过大好时机,从而被时代所抛弃。

仅仅穿上"赛博"的外衣肯定不够,至少还要拥有一副强壮的"赛博"之躯;甚至,仅仅有一副强壮的"赛博"之躯也还不够,还必须拥有一颗火热的"赛博"之心。那么,"赛博"之心到底是什么呢?!

"赛博"是一种新的世界观

过去三百余年来，人类的主流世界观都是以牛顿力学为基础的世界观。为避免卷入不必要的意识形态之争，我们称这种世界观为"牛顿观"，其最人特点主要有两个方面。

一是世界是确定的，随机（或偶然）因素可以忽略不计，所以，才有爱因斯坦的名言"上帝不会掷骰子"。

二是时间是可逆的，所以，你可以乘坐时光机，回到远古，或穿越到未来。

上述"牛顿观"当然没错，但是一旦进入"赛博"社会，这个世界观就得彻底调整了，因为当你戴上"赛博眼镜"后，世界将会发生变化。

一是赛博世界是不确定的，它会受到周围环境中若干偶然、随机因素的影响。因此，你无法像牛顿精准预测抛物体位置那样，来精准预测某个热分子的位置；你可以预测天边嫦娥会飞哪里，但无法预测身边玉兔会跑哪里；你可以把控车辆生产线的所有细节，但无法预料汽车会遇到什么行人；你可以预测天上星星有几颗，但无法预测天上彩云有几朵。

二是赛博时间是不可逆的。假如，把一部行星运动的纪录片快速放映时，那么，无论是正向放映还是逆序放映，你感受到的行星运动都完全符合牛顿力学，即时间的正向流动与逆向流动并无区别，这就是牛顿时间的可逆性。但是，如果把一部雷暴影片逆序放映，那么，怪事就出现了：在应当看到气流上升的地方，却看到气流下降；云气不是在结集，而是在疏散；闪电反而出现在云朵发生变化之前等，这就是赛博时间的不可逆性。类似的不可逆时间，还有诸如进化论的时间、生物学的时间和热力学的时间等。

三是赛博世界是熵的世界。"熵"本来是一个热力学概念，其特点是：孤立（封闭）系统中，熵会自发地不断增加，一直到达其极大值，也就是系统达到热平衡为止。在赛博世界，熵却被用作"系统无组织程度"的度量。当然，赛博系统不是孤立系统，而是一个与周围环境密切关联的系统；特别是，赛博系统可以通过反馈、信息等来减少其"无组织程度"，因此在赛博系统中经常会发生熵减少现象。

四是我国"天人合一"的远古哲学理念，在赛博世界中重新被广泛尊崇。在赛博世界，一方面，人和动物被看成是活的机器（这也是曾被"意识形态控"们无情批判的原因）；另一方面，机器又被看成是不流血的人或动物，并且要试图制造出能够充分逼近人和动物的各种机器。比如，会计算的机器、会记忆的机器、会推理的机器、会学习的机器、会说话的机器、会走路的机器、会干活的机器、会思考的机器、有神经系统的机器等，甚至更大胆地，要制造出能自我繁殖的机器！（注意：这里是带基因的"繁殖"，而不是简单的复制）结合现实情况，不难看出，除了最后这个"自我繁殖机器"还没取得突破，赛博世界中的其他目标，在过去的半个多世纪中都已经或多或少取得了重大进展。特别是最近，以谷歌汽车为代表的新一代人工智能的出现，相关成果即将井喷。注意：这里的机器，既包括软件，也包括硬件，还包括系统；所以，诸如网络、组织机构等，也都可看成机器。

五是信息就是信息，不是物质也不是能量。不承认这一点，在赛博世界就不能生存。在牛顿世界里，却压根儿没有"信息"这东西，只有物质和能量。

到目前为止，在赛博世界观指导下，最直观、最具体、最成功的案例，当数信息通信，其实质是：对一类从统计上预期要收到的输入，做出统计上令人满意的动作。可能正是因为信息通信的巨大成功，才使许多人将信息通信系统（包括网络等），误认为就是赛博系统本身！

具体地说，在通信系统中，如果只需要根据单次输入，而产生相应动作，那么，这就是牛顿世界问题，在此就没有意义；所以，通信系统必须能够对全部（随机）输入，都做出令人满意的动作。在信息通信系统中，被传递的既不是物质，也不是能量，而是一个个"等概率2选1"的随机事件（称为比特）；这一点在牛顿世界中，也是不可想象的。如果只有一个偶然事件需要传递，那么"不传消息"就是最有效的传递，这又与牛顿世界格格不入。（哪有"不传"就是"传"的道理！）当然，信息能够被传输的前提条件是"被传递消息的变化符合某种统计规律"，而最优秀的，寻求信息的这种统计规律的理论，便是香农创立的、家喻户晓的信息论，它正是用"熵"这个统计力学的古典概念来刻画信息的组织化程度，即信息为负熵。

新一代人工智能、大数据分析等领域的众多成果，将是赛博世界中即将出现的新的成功案例；相信到那时，人们就不会再把"赛博"误以为"网络"了。

怎么样，读者朋友们，赛博的世界观与牛顿世界观完全不同吧！关于赛博世界观，国人过去确实拿根鸡毛就当了令箭吧！

其实，当今许多新概念和新技术，都与赛博学密切相关。因为赛博学本身就是自动控制、电子技术、通信技术、计算机技术、神经生理学、数理逻辑、语言等多种学科相互渗透的产物，它研究各类系统所共有的通信和控制特征，而无论这些"系统"是机器还是生物体，甚至是社会等。虽然各具特色，但是这些系统都会根据周围环境的某些变化，来调整和决定自己的运动。

"赛博"是一种新的方法论

在赛博空间中，既然世界观变了，相应的方法论当然也要变。最主要的方法论有以下几种。

一是统计理论。这是最常用的赛博方法论。基于"在一定条件下，处在统计平衡的时间序列的时间平均等于相平均"这个结论，就可以从统计系统中任一时间序列的过去数据，求出整个系统的任一统计参数的平均值。实质上，这也就是由过去可以从统计上推知未来，预测未来。根据这一思路，维纳提出了著名的预测和滤波理论。统计理论也是大数据挖掘、分析、综合、预测等的根基！当然，赛博系统的统计预测，不可能像牛顿系统中的预测那样精准；但是，确实存在最优的预测公式，能够使其对统计参数的估算所产生的误差为最小。

二是反馈机制。这是赛博系统中，最具特色的方法论。在动物世界，反馈机制是天生的，其实，动物的许多行为都依赖于神经系统的反馈。在赛博系统中，人类有意识地模仿动物，运用反馈与微调来达成目标。当我们希望按照某个给定的式样来运动时，给定式样和实际完成的运动之间的差异，被用作新的输入来调节这个运动，使之更接近于给定的式样，这便是反馈的核心。如今，导弹制导和无人驾驶的成功都主要依赖于反馈机制。当然，必须充分把握好"反馈与微调"的度：若反馈不及时，系统就会不稳定；微调过度（即矫枉过正），也会出现震荡。例如，许多政策"一管就死，一放就乱"，其病根就在于没有处理好针对反馈的微调工作；甚至，掩耳盗铃地人为篡改或封闭反馈。比如，有些网民的真实意见被随意注水或删除等。在赛博世界，只有及时、全面、准确地掌握反馈，并依此进行合理的微调，才能保持系统的稳定并达到预设目标；否则，就是自欺欺人，就会搬石头砸自己的脚。反馈微调机制，在现代管理、软件迭代、商业模式设计等方面也已经被广泛使用，并获得了良好的效果。

三是黑箱逼近理论。针对内部结构未知的黑箱系统，用内部结构已知的白箱去逼近，使得黑白两箱在接入相同输入时，它们的输出互为等价，虽然它们的内部结构可能完全不同。比如，用线性系统，去逼近非线性系统，并以此来处理随机噪声等。

四是数学理论。赛博学的底层数学基础，是莱布尼茨的普遍符号论和推理演算；中层数学基础，是数理逻辑；上层的数学理论就更多了，包括（但不限于）概率论、熵理论、博弈论、热力学理论、信息论、系统论等。

五是表示理论。在赛博系统中，用时间序列、随机变量，来表示所接收和加工的信息流的数学统计性质。

总之，赛博系统以偶然性（随机性）为基础，根据周围环境的随机变化，来决定和调整自己的运动，因此它与传统的牛顿力学方法论是完全不同的。

赛博学对科学的贡献是巨大的。比如，对生物学来说，反馈概念引入生物系统后，丰富了相关内涵和外延，特别是由此而发展出来的"稳态理论"，甚至已成为生命科学的现代基本概念之一；"如果没有反馈性自动调节机制，那将是完全不可思议的"，这已成为生物学界的共识。

赛博学的反馈概念被引入内分泌领域后，生理学家发现了甲状腺与垂体之间的反馈机制。瑞典科学家也通过实验，以可信的结果，进一步证实了"负反馈是精确调节机体机能的、不可缺少的重要环节"。

"赛博"一直被误解

目前对"赛博"最大的误解,就是将维纳的开山之作《赛博学》,狭隘地翻译成了《控制论》!而且,更可悲的是,"控制论"这个名词已经老少皆知;如不花大力气,下大决心纠正这个错误,那么,很可能就会将错就错下去。

但是,从前面的世界观和方法论两节,我们已经很清楚地知道:无论是从内涵与外延,还是从研究内容和研究对象等方面来看,"赛博"都绝不仅仅囿于"控制"。更可怕的是,"控制"这个词本身已有非常明确的内涵,而且其普及度也很高,各种与赛博学关系不大的"控制理论"书籍多如牛毛;与之完全相反的却是,继承赛博学的专著反而凤毛麟角。由此可见,维纳的思想是多么神奇,都半个多世纪过去了,竟然还没有第二个人能够对其理论"接盘",仍然还是曲高和寡;虽然,实际上,整个社会一直是在按其理论所指的方向发展着。此外,在国内,真正研读过维纳《控制论》(再错用一次吧)的读者寥寥无几,而且还会越来越少。当某天,国人已经忘记维纳这本书,而只记得如雷贯耳的名字"控制论",并被其他"控制理论"误导时,我们可能就真的:身在曹营(赛博时代),心在汉(牛顿时代)了!

如果我们能及时拨乱反正,将维纳这本书更名为《赛博学》,并广泛告知大众;那么,身处赛博时代的人们在追问什么是赛博时,一定会首先想到维纳的那部"圣经":《赛博学》!

笔者人微言轻,除了吼几嗓子,可能再也无计可施了。所以,只好恳请各位读者,为赛博学的更名做些力所能及的工作吧，谢谢啦！

关于赛博学的边界，国内外也有不少误解。其实，这个误解并不难消化，只要注意一下这本书"赛博学"的副标题"关于在动物和机器中控制和通信的科学"，就可以勾画出其基本的内容框架，即动物与动物之间的交流、动物与机器之间的交流、机器与机器之间的交流等。当然，由于维纳《赛博学》一书的涉及面相当广泛，一般人很难完全读懂，比如，除了覆盖众所周知的IT领域外，它还通过赛博世界观，用赛博方法论研究了诸如脑电波问题、自组织问题、语言问题、社会问题、精神病理学问题、视觉问题、普遍观念问题、神经系统问题、振荡问题、量子问题、分子问题等。而赛博学研究这些众多的，看似毫不相关问题的目的，其实非常清晰，那就是要制造出像动物一样的机器。所以，至少，由此可知，赛博真的不仅仅是专家们所指的网络，无论那网络有多么庞大！维纳本人，对赛博学的权威定义是："设有两个状态变量，其中一个是可调节的，而另一个则不能控制。这时，我们面临的问题是：如何根据那个不可控制变量，利用从过去到现在的信息，来适当地确定可调变量的最优值，以实现对于我们最为合适、最有利的状态。"

虽然我们不知道为啥赛博学总是被误解，但有一点可以肯定，那就是它的名字没取好！维纳当初创立这套理论后，自觉无法用已有的所有名词来为其取名，便在1947年，基于希腊字"掌舵人"，自己造出了一个"新词"（Cybernetics），并以此纪念1868年麦克斯韦发表的第一篇有关"反馈机制"的论文。可惜，比较乌龙的是，维纳自造的这个"新词"，其实并不是新词。事实上，该词早在柏拉图的著作中就经常出现，那时的含义是：驾船术、操舵术，后来又演变为"管理人的艺术"；1834年，著名的法国物理学家安培，在研究科学分类时，又把Cybernetics称为"管理国家的科学"，在该意义下，Cybernetics被收入了19世纪的许多著作词典中。安培还把Cybernetics与"民权的科学"、外交术和"政权论"等一起，都列入了政治科学。于是，可怜的维纳，本来生了个宝贝儿子，却因为一时大意，取了个"阿猫阿狗"的名字，而被政治家们真的当成猫猫狗狗来对待了！

不过，无论如何，赛博学都属于维纳，它是一门科学，绝不是政治学。赛博时代，起源于维纳，得益于维纳，今后发展，也仍然离不开维纳。

必须申明，本章虽然大声疾呼要为"赛博学"被误译为"控制论"而平反，但是，我们对《控制论》一书的翻译者们，绝无半点埋怨或指责，甚至相反，我们要对他们表示深深的崇敬，并号召广大读者朋友们一起，向他们鞠躬，无论他们是否还健在！

在那个年代，他们冒着巨大的风险，以假名翻译出这本书籍，让国人有机会了解世界先进学术思想和成果，已经相当勇敢了。何况在那么早的后机械时代，若不允许音译，也许很难有别的什么词，比"控制论"更接近Cybernetics了；而且，翻译成听起来更像技术著作的《控制论》，也许有助于出版吧。设想一下，如果让现代"专家"们，按字典将该书翻译成《网络学》，岂不更是让人笑掉大牙。

赛博学诞生记

赛博学是典型的混血儿，它的诞生过程，值得所有科学家深思、学习！

虽然赛博学的基因来自医学、生物学、生理学、通信、控制、数学等看似完全无关的许多学科，但是，其核心只有一点，那就是"信息反馈"。

而早在20世纪30年代，赛博学的卵子其实就已经受精；那时，人们对信息和反馈已有比较深刻的认识，不少著名科学家都做了大量的研究。比如，英国统计学家费希尔，从古典统计理论角度，研究了信息理论，提出了单位信息量的问题；美国电信工程师香农，从通信工程角度，研究了信息量的问题，提出了信息熵的公式；维纳则从控制观点，研究了有噪声的信号处理问题，建立了维纳滤波理论，并分析了信息的概念，提出了测定信息量的公式和信息的实质问题。总之，他们几乎都同时扑向了信息的度量问题。

另外，仍然是在这一时期，人们又进一步发现了"反馈"与"控制"之间的神奇作用。特别是，1932年，美国通信工程师奈奎斯特，发现了负反馈放大器的稳定性条件，即著名的"奈奎斯特稳定判据"。"二战"期间，维纳在改进防空武器时发现："动物和机器中控制和通信"的核心问题，也是反馈和微调问题。后来，维纳把反馈概念推广到一切赛博系统，把反馈理解为"从受控对象的输出中，提取一部分信息作为下一步输入，从而对再输出发生影响的过程"。巴甫洛夫条件反射学说，证明了生命体中也存在信息和反馈。

但是，赛博学的孕育过程，却长达十余年！虽然全世界许多领域的科学家们，在冥冥之中早就隐约感觉到了"反馈控制"的灵魂，但是却始终对它"只能意会，不能言传"；因为，任何一个人，无论他有多么广阔的视野，无论他有多么丰富的知识，他对这种泛在的"反馈机制"都只能是"神龙见首不见尾"。

于是，维纳等顶级科学家，终于意识到：现代科技的发展，一方面，学科越分越细，使大家沦为狭隘分工的奴隶；另一方面，学科交叉和综合又势不可挡，出现了许多跨学科问题，这与原有的狭隘专业分工，又发生了尖锐矛盾。

若要解决这对矛盾，就必须打破原有狭隘的专业界限，集合一批知识面广的专家，联合起来，共同攻关。比如，让数学家、数理逻辑学家、生理学家去接触工程，让工程师熟悉生理学；鼓励开垦科学处女地，鼓励优势互补，因为正是这些边缘区域，也许会提供最丰富的机会。

幸好，这时神经生理学家罗森布卢斯等，主持了每月一次的"青年科学家沙龙"，包括维纳等在内的，来自数学、物理、电子、工程、生理、心理、医学等各行各业的专家都主动聚集起来，进行激烈的头脑风暴，深入讨论科学方法论等。大家以圆桌聚餐的形式，自由谈话，毫无拘束；饭后，由某一领域的专家，以宣读论文的方式，来接受大家的尖锐而善意的批评。这种辩论，对于那些思想半通不通的人，不曾有充分自我批评的人，那种过分自信而妄自尊大的人，确实是当头棒喝；当然，受不了批评的人，下次就不会再来了。

经过该沙龙长达十年的思想碰撞，一丝火花终于出现了。维纳发现"每个通信系统，总是根据需要，传输不同内容的信息；每个自动控制系统，必须根据周围环境的变化，自己调整自己的运动，具有一定的灵活性和适应性。通信和控制系统接收的信息，都带有某种随机性质，都具有一定的统计分布；而且通信和控制系统本身的结构，也必须适应这种统计性质，能做出统计上的最佳动作，使得预期收到的输入失真最小"。

于是，在清华大学完成访学后，经过十年怀胎，1947年"赛博学"这个崭新的学科便诞生了；翌年，出版了《赛博学》一书，引起国际学术界的广泛关注。

神奇维纳数的偶然发现

伟大的数学家、"赛博学"的创始人维纳，简直是一位难得的天才！

他18岁就获得了哈佛大学哲学博士学位。在其博士论文答辩会上，主席看他一脸稚气，便好奇地询问其年龄。不料，维纳回答："我今年岁数的立方是一个四位数，岁数的四次方是一个六位数，这两个数正好把0~9这十个数字全用上了，不重不漏……"此言一出，满座皆惊！

读者可以验证一下：18^3=5832=A；18^4=104976=B，果然，把这两个数串起来后，得到A&B=5832104976，它确实是"正好把0~9这十个数字全用上了，不重不漏"，即它是0~9这十个数的一个置换。如果故事仅仅到此，那么，也就平淡无奇了。可是，我们竟然发现了两个惊人的秘密。

秘密一：维纳生于1894年11月26日，卒于1964年3月18日，即，若考虑月份因素的话，那么，维纳享年69岁。但是，69这个岁数也是一个非常神奇的数：69的平方是一个四位数4761，记为A；69的立方是一个六位数328509，记为B；把这两个数串起来后，得到A&B=4761328509，它又是0~9这十个数的一个置换！真不可思议，难道维纳"69岁去世"也有其神秘之处？！要知道，他是在斯德哥尔摩讲学时，心脏病突然发作而逝世的。

秘密二：维纳生于19世纪，死于20世纪，横跨2个世纪。但是，2

这个数也是一个非常神奇的数：$2^2=4=A$；$2^{29}=536870912=B$；即A&B也是0~9这十个数的一个置换。

如果与上述18（维纳获博士学位的年龄）、69（维纳去世的年龄）和2（维纳跨越的世纪个数）类似的数很多，那么，维纳的"神奇指数"就会大打折扣了。但是，真相却完全出人意料！为了找到尽可能多的类似数，我们给出一个在保留"0~9这十个数的一个置换"条件下的最广泛的定义。

定义：如果某个正整数Z满足如下三个条件：一是Z的n次方是一个m位数（$0<m<6$，n都是正整数），记为A；二是Z的（n+k）次方是一个（10−m）位数（$k \geqslant 1$也是正整数），记为B；三是把A和B这两个数串起来后，得到0~9这十个数的一个置换。那么，就称这个数Z为"（n，m，k）–维纳数"。

比如，维纳获博士学位的年龄数18，就是一个"（3，4，1）–维纳数"；而维纳去世的年龄数69，就是一个"（2，4，1）–维纳数"；2就是一个"（2，1，27）–维纳数"。但是，经计算机穷举验证，却得出了一个令人意外的结果：除了2、18和69这三个数之外，再也没有别的维纳数了！维纳一生的三个重要年龄数都这么神奇，真是不可思议！

维纳素描

好了，浏览过"赛博学"后，下面就请大家跟我一起，去见见它的创始人——伟大的维纳教授；也顺便体会一下，啥叫英俊，啥叫天才，啥叫全才，啥叫神童，啥叫学问！

伙计，坐好了吗，扶稳了吗？心脏不好的朋友，建议先吃片药，待会儿别吓着你。好呢，有请维纳先生入场！

宇宙电视台，宇宙人民广播电台，各位观众，各位听众，台湾同胞，海外侨胞，大家请看，维纳在其大哥的陪伴下，向我们走来了。啊！难道这就是传说中的维纳，好帅哟，活脱脱一位"洋武松"嘛！但见他"身躯凛凛，相貌堂堂。一双眼，光射寒星；两弯眉，浑如刷漆。胸脯横阔，有万夫难敌之威风；话语轩昂，吐千丈凌云之志气；心雄胆大，似撼天猛虎下云端；骨健筋强，如摇地貔貅临座上。如同天上降魔主，真是人间太岁神！……"

各位观众，各位听众，抱歉，刚才一激动，给介绍错了！原来，那位"洋武松"不是维纳，另一位"形如冬瓜，步态如鸭"的大胖子，才是维纳。这个，这个……人不可貌相嘛！不过，我敢打赌，当你读完此章后，你将看见一位真正的、顶天立地的"洋武松"。

维纳的故事实在太多，所以，为突出重点，下面只给他画几笔素描。

第一笔素描：维纳是天才的语言学家！

伙计，懂外语吗？提起二外、三外，就会头皮发麻吧！英语四、六级考试，学了好几年才勉强过关吧！再看看人家洋大郎，早在六岁时，就已能熟练使用拉丁语、希腊语、德语和英语等语言了。据说，维纳至少精通12门语言，简直可以支撑半个联合国了；甚至，有两位在海外留学的、绝顶聪明的中国学生，也不得不依靠维纳当翻译，才能彼此沟通，因为，他们一个讲普通话，另一个只会粤语！当然，如果你认为"维纳的语言天赋，天下第一"，那么，又错了！因为，还有一个语言天赋更牛的人：他仅凭一己之力，就能让联合国的所有翻译下岗！这个人，就是维纳他爹。这位既无文凭又无职称的穷光蛋，18岁时孤身移民美国，历尽艰辛，凭着会40多门语言的功底，竟然在哈佛大学当上了教授！这位父亲，不但集德国人的思想、犹太人的智慧和美国人的精神于一身，而且还为人类培养出了一位"前无古人，后无来者"的天才儿子！

第二笔，维纳是罕见的神童！

啥叫"神童"？如果维纳谦虚一点，否认自己是神童，那么估计地球上就再也没有神童了。这小子，3岁开始读书，而且，不是读的小人书哦，而是初级生物学和天文学等五花八门的科学读物哟；6岁自发研究数学法则；7岁开始深入物理学；小学期间就掌握了初等数学，让老师不知所措，只好向家长投降；不满12岁时，中学毕业；一入大学，就直接攻读抽象方程论，仅用三年时间便学完所有课程；18岁获哈佛大学哲学博士学位；19岁就在世界顶级哲学刊物上发表了数学论文……伙计，明白"神童"的真谛了吧！

第三笔，维纳是博览群书的榜样！

还是小娃娃时，维纳就几乎读遍了达尔文的《进化论》、金斯利的《自然史》和夏尔科的《精神病学》等科学著作；而且在文学方面，也对18—19世纪的名著进行了地毯式的"轰炸"，特别对儒勒·凡尔纳的科幻小说爱不释手。上大学后，这位"扫描仪"就更加疯狂了。大一时，恋上了物理和化学，对实验尤其兴致勃勃，不但做过许多电机工程实验，而且还完成了"无线通信电磁粉末检波器"和"静电变压器"；大二时，又成了哲学和心理学的粉丝：哲学家斯宾诺莎的"崇高的伦理道德"，让他倾倒；莱布尼茨的"多才多艺"，让他着迷；詹姆士的哲学巨著，更让他废寝忘食，而且通过父亲的关系，他还零距离接触了这位实用主义大师。后来，再转战生物学：生物馆和实验室，成了他的最爱；动物饲养室的管理员，成了他的闺密；他不仅乐于采集各种生物标本，而且还泡在图书馆中，研读了贝特森等著名生物学家的著作。据不完全统计，除了哈佛哲学博士，维纳还攻读过哈佛生物学博士、哈佛数理逻辑博士和康奈尔大学哲学博士。当然，他始终自称为"数学家"。

第四笔，维纳是顶级名师的得意高徒！

都说名师出高徒，但是，什么才算"名师"呢？如果看看维纳的老师名单，恐怕会惊掉您的下巴！

指导维纳学习数理逻辑的导师，是一位诺贝尔文学奖获得者。对，你没看错，就是"文学奖"！这位导师虽是无神论者，但是怎么看，该老兄本身都像一尊神！是的，他就是20世纪最著名、影响最大的学者之一——伯特兰·罗素。这位历史学家，不但与他人共同创建了分析哲学，而且其著作《数学原理》对逻辑学、集合论和语言学等都产生了巨大影响。作为良师益友，罗素建议维纳阅读了爱因斯坦的代表性论文，学习了卢瑟福的电子理论，研究了波尔学说等。罗素的教诲，使维纳懂得了"不仅数学是重要的，而且还需要有物理概念"，从而促使其将数学、物理和工程学等结合起来，统一研究。

维纳的数学老师是哈代教授。这位老兄，又是一名猛将：13岁上大学，而且还是以培养数学家著称的大学（温切斯特学院）。作为牛津大学教授和剑桥大学教授，他不但创立了"具有世界水平的英国分析学派"，而且还发现了重要的"回归数现象"，其成果横扫数学山脉的各主要巅峰。对了，哈代还有一个非常著名的中国弟子哟，他就是自学成才的华罗庚。哈代给了维纳深刻的启示，并直接推进了维纳早期的主要成就。

维纳还有另一位十分了得的数学导师，号称"19世纪末至20世纪初，数学界的一面旗帜""数学界的无冕之王""天才中的天才"，等等；反正，能用的形容词，好像都用光了。如果你还没猜到他是谁的话，那么，被认为是"20世纪数学的制高点"的23个数学问题，皆出自他手！是的，他就是独一无二的希尔伯特，是维纳所遇到的"唯一真正样样精通的天才数学家"。希教授视野广阔，是维纳向往的数学家，还特别擅长将"数学抽象"与"物理现实"很好地结合起来。

总之，从这些大师身上，维纳认识到了科学的力量和知识的深度。

第五笔，维纳做的学问，是真学问！

为当院士而"做学问"，不是真学问，维纳毫不犹豫地辞去了美国科学院院士头衔；为谋高位而"做学问"，也不是真学问，本来要当选为美国数学会会长，但是综合考虑后，维纳坚持只当副会长；为争名夺利而"做学问"，仍然不是真学问，维纳坦承"信息论属于香农博士"，而香农却说"光荣应归于维纳教授"。如果非要说"维纳做学问，也争功，也夺利，也求名"的话，那么：他的功，是百世功；他的利，是千秋利；他的名，是万代名。别的学问暂不说，单单是他创立的赛博学，就引领了一个全新的时代，其深刻思想：突破了传统束缚，引起了人类的共鸣；揭示了机器中的通信和控制机能与人的神经、感觉机能的共同规律；为现代科学技术研究，提供了崭新的科学方法；促进了思维方式和哲学观念的一系列变革。

哥们儿，以上刷刷五笔素描后的维纳，难道不是顶天立地的"洋武松"吗？

好了，下面让我们按惯例，套用歌德的情诗《我爱你，与你无关》来讲述赛博学中"控制"与"反馈"的爱情故事，并以此归纳并小结本章。

它爱你，与你无关
即使控制对反馈的思念
也只属于它自己
不会带出系统
因为它只能存于循环链

它爱你，与你无关
就算它此刻站在天才身边
依然背着你的双眼
不想让你看见
就让它只隐藏在风后面

它爱你，与你无关
此乃为啥你记不起它的笑脸
却到处能感觉
它的陪伴
无论是什么时间和地点

它爱你，与你无关
《控制论》不够分明

所以我选择平反
赛博学必须正本并清源

它爱你，与你无关
面对新型方法论
你不能躲开
顺应潮流才能领先

它爱你，与你无关
真的啊
它占据时代核心
带给人类幸福
但你必须
更新世界观

第17章
信息与安全

140亿年前，世界上才只有一粒"物质"，一粒比芝麻还小的物质；随着一声巨响，"芝麻"爆炸了，宇宙诞生了，同时，热能、原子能等"能量"也就出现了；又过了100亿年（约38亿年前），生命便出现了，随之"信息"也就诞生并被使用了：终于，世界的全部三要素（物质、能量、信息）就凑齐了。为啥要说这一段呢？嘿嘿，若连"信息"都还没有，就别奢谈什么"信息安全"了！

同样，"安全"也是大约500万年前，随着人类的诞生而诞生的。因为，"安全"就是指：人的身心没有危险，不受威胁，不出事故；若连人都还没有，当然就更没有"人的身心"，也就更没有"安全"了。不过，直到第二次工业革命时，由于大规模生产造成了空前的各类伤亡事故，人类才开始有意识地将"安全"作为一门学问来认真研究。虽然早在几千年前，人类就已研究和使用"密码"了，但是直到计算机和互联网普及后，"信息安全"才成为共同关注的课题，才受到越来越多的重视。可惜，在安全研究方面，人类至今还近似于"盲人摸象"，还没有形成完整的学科体系，还在忙于应付各种具体的"不安全"问题，或处理人类遭受的相应损害。

在安全领域中，比较直观的是以"工伤事故"或"自然灾害"等为代表的"物质安全"或"能量安全"，它们其实是"由于物质或能量失控，对人的身心造成的损害"。这里的"失控"，既包括过度，也包括不足。比如，洪水算是失控，由"过度"引起的失控；干旱也算失控，由"不足"引起的失控。

相比之下，"信息安全"就比较抽象了。从字面上看，"信息安全"也可以解释为"信息失控后，对人的身心造成的损害"。由于信息既不是物质，也不是能量，所以信息失控只会直接损害人的"心"，而不可能像物质和能量那样，直接损害人的"身"。当然，"心"的直接损害，一般也都会对"身"造成间接损害；但是，这已不是"信息安全"的研究范畴了，至少不是重点。所以，伙计，当某天你的艳遇信息曝光后，若遭老婆痛打，请记住：这是信息先损害了她的"心"，然后，间接地，她才"损害"了你的"身"。当然，这也是你老兄活该。

物质和能量失控的主要原因，基本上都是自然的或无意的，比如，地震或火灾（极个别杀人、放火等犯罪行为除外）；而与此相反，"信息失控"基本上都是人为因素造成的（极个别的设备老化等事故除外）。这些人为因素，既有黑客的恶意破坏引起的"过度型信息失控"，也有集权机构的随意封堵引起的"不足型信息失控"。

除了直接伤害的对象不同（是"心"而非"身"），由于信息的其他特性，也使得"信息安全"大别于"物质安全"和"能量安全"。比如，信息的快速传播特性，造成了谣言失控等信息安全问题；信息的共享特性，造成了失密等信息安全问题。如果要按此思路，试图以罗列的方式穷尽所有信息安全问题，那么就会陷入信息安全的迷魂阵中而不能自拔。因此，与其一头钻入"信息安全"的牛角尖，还不如退出来，把"信息"本身搞清楚后，相应的安全问题，也就是"秃子头上的虱子"——明摆着了。

在描述信息安全前，先让我们看看"悟空安全"吧。面对悟空，当它呈现原形时，只要你不被金箍棒打着，那就基本上算是安全的了；当它变成眼镜蛇后，你就得小心其毒液了；当它变成狮子后，你最好别被它咬着……总之，它每次变形后，相应的安全威胁也会不同，你的安全保护措施也要及时调整。你若能像二郎神那样，自如应对孙猴子的所有变形，那么恭喜你，"悟空安全"问题就被你彻底解决了！

与悟空的 72 变相比，"信息"的千变万化，更是有过之而无不及。因此，若要全面了解信息安全、了解信息对人的损害，就必须遍历信息的所有"变身"及其可能造成的损害。当然，还得考虑信息的全生命周期安全，比如，信息的安全产生、安全处理、安全存储、安全传输、安全使用、安全销毁等。

由于信息及其安全太重要，而且系统性又很强，不宜切割开来分别独立介绍；所以，本章将以较长的篇幅，从多个方面展开科普。其主要内容包括信息的含义、信息的交流、信息的度量、信息论大白话等内容。

信息的含义

如果说悟空的原形是猴子，那么，信息的原形便是众所周知的"消息"。用行话说，消息就是事物存在和发展变化的情况。

为了生存和发展，每种生物都必须随时从周围环境中获取消息，并及时做出反应，采取相应的行动，以适应环境的变化。比如，猎豹获得食物消息后，就会去捕食；收到危险消息后，就会逃避或采取保护措施。植物也必须根据温度消息，来决定何时枯萎，何时返青；这其实也是生存和安全措施。动物主要通过视觉、听觉、嗅觉、味觉、触觉等感官，来获取或传递消息；植物也会借助物质和能量，来获取或传递消息。

当然，消息并不是环境本身，而是环境的存在和变化情况。生物随时都会收到许多消息。至于哪些消息有用，哪些无用，哪些重要，哪些次要，那就全靠生物的本能了。比如，"猫老公"的求偶之歌，对"猫太太"来说，简直就是天籁之音；但是，对隔壁小狗来说，这不过是噪声而已，甚至让人讨厌。总之，生物们随时都在通过消息与周围环境保持着在线联系，并对消息做出反应，决定自己的行动；力图以最佳方式，适应环境变化。可见，消息对所有生物都非常重要，甚至决定着它们的生死存亡。

虽然人类也是通过感官和大脑来获取外部环境消息的，但是与其他生物不同，人类有更高级的手段。比如：人类有丰富的语言，可以通过对话来交流情感，传递消息；人类还有优美的文字，可以通过书信来交流情感，传递消息；至于电视、网络等多媒体通信工具，还可以让相隔万里的人们，"面对面"地交流消息；人类也可以通过各种约定，来及时交流一些特殊消息，比如用SOS表示求救，用点头（或摇头）表示肯定（否定）等。

人类获取和发出消息的手段，虽然各不相同，但是其目的却是相同的，即通过消息来认识和改造事物，以适应环境的变化，维持生存和更有效的生活。比如，当你驾车奔驰在大街上，突然看见路口的红灯时，你就会立即刹车，让绿灯方向的车辆先行。这其实就是一种相互交流消息的过程：你及时停车，既给对方让了路，又避免了两车相撞、人员伤亡；而对方也安全、快速地通过了路口。此时，大家交换消息的目的，都是为了适应外部的环境变化，保证交通安全畅通。实际上，接收和运用消息的过程，就是适应周围环境变化的过程，也就是大家在这个环境中，相互协调，确保有效、安全生活的过程。外部环境的变化，以消息的方式，作用于人类感官，把消息传给人们；然后，人们再选择行动去应对该消息，适应外部变化，即反作用于外部世界。这就是一个交换过程，即消息的交换过程，该过程又叫"通信"。人类同外界的联系，既包括熟知的物质交换和能量交换，也包括此处介绍的消息交换。

消息的交换和传递，会采取一定的形式，或包含在一定的形式之中。比如，电视播放的新闻和音乐，报刊登载的文章和广告，人们的谈话和来往书信，以及电话、网络、音频、视频、文本等，都包含着消息，也都是消息的传递形式。人类交流情况和感情，总要通过一定的形式来进行，或用语言，或用文字，或用图表，或借助于动作和表情等，这些形式就构成了各种消息，信息便包含在这些消息中。

注意，消息只是信息的原形，消息并不等于信息，就像悟空并不等同于猴子一样，否则，如何解释那72般变化呢？其实，消息和信息既有区别，又有联系。信息是消息的内容，消息是信息的形式；或者说，消息是信息的载体，消息是用来传递信息的。信息之所以包含于消息，是因为，信息的传递依赖于物质或能量，信息不可能独立存在。比如，信息在大脑里时，就以大脑为载体；当我们把它说出来时，它就以声音为载体了；信息在网络中时，则以电流为载体。

既然信息和消息的关系，是内容和形式的关系；那么一条消息中，就可能包含很多信息，也可能包含很少信息，甚至还可能没有信息。比如，同样是"医院放假了"这样一条消息，对急诊病人来说，就是晴天霹雳，就非常意外，就含有很大的信息量；对慢性病人来说，就不太重要，所含的信息量也较少；对大部分健康者来说，可能根本不在乎，所以这条消息对他来说，所含的信息量就更少了；对某位已提前知道该通知的人来说，这条消息的信息量就没有了；对普通病人来说，该消息传递了一个利空信息；对附近居民来说，甚至有可能传递了一条利好信息，因为家门口不再堵车了。因此，消息并不等于信息。

另外，同一信息，也可能包含在不同的消息中。比如，仍然是"医院放假了"这条信息，它既可通过电视告诉你，也可通过报纸、网络等形式传到你耳中。但是，不管是哪种形式，该消息所包含的内容都是一样的。这又从另一角度表明，信息和消息确实不同。

总之，信息和消息不能混为一谈。一句话、一段文字、一段视频等都可以称为消息；而它们所表达的内容，才是信息。再重复一次：信息和消息的关系，是内容和形式的关系。内容不能脱离形式而存在；同样，信息也不能脱离消息而被传递。通信时，总要先从获得的消息中，提取所需要的内容，即信息；然后，才做相应的反应。如果得不到任何消息，当然，也就得不到任何信息。但是，通信的目的，并不是想获得消息，而是想借助消息来获得所需要的信息，以便决定下一步做什么，或怎么做，才能协调外部环境，做出最佳应对行动。

因此，消息和信息既密切相关，又不能彼此等同。信息是包含在消息中的抽象量，消息是信息的载荷者；消息是具体的，信息是抽象的。信息是消息，但消息并不一定包含信息。

由于消息是音信，是关于人或事物情况的报道，因此，"消息安全"就至少包含"音信安全"，以及"关于人或事物情况报道"的不失真等。

除了"消息"这个原形，信息与悟空类似，还有许多变身。这些变身以不同的定义方式出现。

别以为信息的定义很简单，更别以为查查字典、上上网就行了。其实，不是担心你搜不到"信息"的定义，而是害怕你在搜出的众多定义面前手足无措。因为如今"信息"的权威定义已多如牛毛，而且都各有各的道理、各有各的用途：有的适合于哲学层面的宏观研究，有的适合于工程层面的技术开发，还有的适合丁理论层面的数学推导等。

关于信息的含义，字典的说法很多，看看下面几种说法。

美国《韦伯斯特字典》说："信息"是用来通信的事实，在观察中得到的数据、新闻和知识。因此，这时的"信息安全"，重点就是事实的真实。

英国《牛津字典》说："信息"是谈论的事情、新闻和知识。因此，这时的"信息安全"，重点就是知识正确，新闻真实，事情未被操控。

我国《辞海》将"信息"解释为：①音信、消息；②人或事物发出的消息、指令、数据、符号等所包含的内容（对接收者来说一般是预先不知道的）。因此，这时的"信息安全"，就至少包含消息安全、数据安全、符号安全、指令安全等。

关于信息的含义，权威专家们也在百家争鸣，至今说法还略有不同。

1928年，哈特莱在《贝尔系统电话》杂志上发表了一篇题为"信息传输"的论文，在文中他认为"信息是指有新内容、新知识的消息"。因此，这时的"信息安全"，就是新消息的安全。

1948年和1949年，香农连续发表两篇论文，即"通信的数学理论"和"在噪声中通信"，提出了信息量的概念和信息熵的计算方法，并因此被公认为信息论的创始人。香农认为"信息是用以消除随机不确定性的东西"。因此，这时的"信息安全"，就是安全地消除随机不确定性。

1948年，赛博学创始人维纳，在其名著《赛博学——关于在动物和机器中的通信与控制问题》中指出："信息是人们在适应外部世界、控制外部世界的过程中同外部世界交换内容的名称。"因此，这时的"信息安全"，就是安全地交换内容。

1975年，朗高在其出版的专著《信息论：新的趋势与未决问题》中指出："信息是反映事物的形成、关系和差别的东西，它包含在事物的差异之中，而不是在事物本身。"因此，这时的"信息安全"，就是安全地反映事物的形成、关系和差别。

不同学科对信息含义的解释，也是五花八门、各不相同的。

新闻学界认为："信息"是事物运动状态的陈述，是物与物、物与人、人与人之间的特征传输。新闻是信息的一种，是具有新闻价值的信息。因此，这时的"信息安全"，就是"特征"的安全传输。

经济学界认为："信息"是反映事物特征的形式，是与物质、能量并列的客观世界的三大要素之一，"信息"是管理和决策的重要依据。因此，这时的"信息安全"，就是正确的管理和决策。

图书情报学界认为："信息"是读者通过阅读或其他方法处理记录所理解的东西，它不能脱离外在的事物或读者而独立存在，它与文本和读者，以及记录和用户之间的交互行为有关，是与读者大脑中的认知结构相对应的东西。因此，这时的"信息安全"，主要指认知安全。

心理学界认为："信息"不是知识，它是存在于我们意识之外的东西，它存在于自然界、印刷品、硬盘和空气之中；知识则存在于我们的大脑之中，它是与不确定性相伴而生的，我们一般用知识而不是信息来减少不确定性。因此，此时"信息安全"的含义，主要是心理信息安全。

信息资源管理学界认为："信息"是数据处理的最终产品，即"信息"是经过采集、记录、处理，以可检索的形式存储的事实与数据。因此，这时的"信息安全"，就是数据安全。

"信息"的定义清单还没完呢，如果你愿意的话，还可以再罗列一些，直到信息的众多变身，把你彻底搞晕为止！

对了，关于"信息"的定义，维纳还有另一个非常著名的论述："信息就是信息，不是物质也不是能量。不承认这一点的唯物论，在今天就不能存在下去。"该定义揭示了信息的重要地位，原来，信息、物质和能量是客观世界的三大构成要素，所以，"信息安全"其实是与"物质安全"和"能量安全"并列的三大安全之一。信息安全就是要"确保信息原形及其所有可能化身，都没有危险、不受威胁、不出事故"。

本来很严谨的科学术语，信息的定义却为啥如此千奇百怪呢？这主要是因为"信息"的极端复杂性。不过，大家不必纠结于"信息"的众多定义，更不要被它们捆住手脚，完全可以对各种定义，按需取用。因为无论是哪种定义，它们都充分肯定了"信息"的以下九大基本性质。

普遍性。如今，有事物的地方，就必然存在信息，所以信息在自然界和人类社会是广泛存在的。信息存在于尚未确定的，即有变数的事物之中；已确定的事物则不含信息。这里"已确定的事物"，意指事物没有意外变化，其存在是确定的，并且也是预先知道的。因此，重复的叙述不会提供任何信息。这里"尚未确定的事情"，意指存在着某种变数，有多种可能状态，而且预先不知道（或不全知道）究竟会出现哪种状态。事物存在的可能状态越多就越不确定，对其变化就越难掌握，于是，事物一旦从不确定变为确定，我们就可获得越多的信息；相反，某事物如果基本确定，甚至已经确定，那么，它包含的信息就很少，甚至没有信息。比如，关于未来某场中国男足的比赛结果，就可能有输、赢、平三种可能性。这就是尚未确定的事物，它具有不确定性，或存在意外。这样，一旦比赛结束，尘埃落定后，人们就会获得一些信息。特别是，作为"常败将军"的某足球队，如果突然赢了，那么，该结果的信息量就很大；如果他们一如既往地输了，那么，其信息量就很小，因为这早就在大家的预料之中。

客观性。这是信息的第一特性。信息是对客观事物的反映。由于事物的存在和变化不以人们的意志为转移，所以，反映这种存在和变化的信息同样也是客观的，也不随人们的主观意志而改变。如果人为篡改信息，那么，信息就会失去其价值，甚至不再是"信息"了。对信息的最基本要求，就是要符合客观实际，即准确性。若没有事实，没有准确性，就不会有相应的信息，甚至基于错误信息所做的决策也会是错误决策。

动态性。信息会随着事物的变化而变化。信息的内容、形式、容量也会随时改变。这是因为，客观事物是不断运动变化的，存在着多种可能状态；因而，作为标志事物运动形式的信息，也就会随之不断产生和流通，并按新陈代谢的规律，涌现新信息，淘汰老信息。

时效性。信息的这一特性，来源于客观事物的动态性。事前的预测、事中的及时反馈，都能对决策产生直接影响，从而改变事物的发展方向。信息的使用价值，会随时间的流逝而衰减：信息越及时，其价值就越大；反之，过时的信息就没什么价值了。这是因为，信息作为一种宝贵资源，它可为决策提供依据。获取信息是为了利用信息，而只有及时的信息才能被利用。信息的价值，在于及时传递给更多需求者；所以，信息必须具有新内容、新知识。"新"和"快"是信息的重要特征。事物发展变化的速度，决定了相关信息的有效期和价值衰减速度。事物发展变化越快，相应信息的有效期就越短，价值衰减也越厉害。比如，股票信息的有效期，一般会非常短，几秒钟后，股票信息就会过时，就会被淘汰，就会变得一钱不值。

可识别性。信息是可识别的，识别又可分为直接识别和间接识别。直接识别，指通过人的感官的识别；间接识别，指通过各种测试手段的识别。不同的信息源有不同的识别方法。信息识别包括对信息的获取、整理、认知等。要想利用信息，就必须先识别信息。

可传递性。通过各种媒介，信息可在人与人、人与物、物与物之间传递。可传递性是信息的要素，也是信息的明显特征；没有传递就没有信息，就失去了信息的有效性。同样，传递的快慢，对信息的效用影响极大。

可共享性。它是指同一信息，可在同一时间，被多个主体共有；而且还能够无限复制、传递。可共享性，也是信息最重要的本质特征，因为物质和能量都不具有该特性。比如：一个苹果被张三吃掉后，李四就没有了；同样，一度电被电视机用掉后，电脑就不能再用了；但是，墙上张贴的通告，无论被多少人阅读，虽然每个人都获得了相关信息，但是墙上那张通告却并无任何变化，其中所含的信息，对新读者来说，更不会减少。信息为什么能共享呢？因为信息包含于事物之中，人们只是通过感官去获知信息。如果事物本身没有变化，那么它所包含的信息，也就不会因人的感知而减少。此外，信息的可传递性也为共享搭建了桥梁。信息共享的结果，就是人们能收到的信息越来越多，甚至出现"信息爆炸"。于是，如何准确、快速地获取信息，如何高效存储信息，如何适当处理信息等，都将成为未来的重要课题。

知识性。借助信息，便能获得相关知识，消除认知缺陷，由不知转化为知，由知之甚少转化为知之较多。为啥信息具有此特性呢？因为，信息可以表示事物属性、特征和内容的联系，信息是关于事物状态的表述，它虽依赖于具体事物，但却又不是具体事物本身，而是事物固有含义的表示，或者说，是关于事物运动状态的一种形式。因此，我们可以独立于具体事物，来获取和利用信息。这样，人们获得了信息，也就获得了关于事物的知识。虽然信息不等于知识，但信息中却包含着知识。所以，信息的知识性也是不可忽略的。若想获得知识，就得重视信息。当然，知识中也包含大量信息，所以，不但可从知识中获取信息，也可从信息中获取知识。读书学习就是从知识中获取信息，你取得的信息越多，获得的知识就越丰富；反之亦然。

可开发性。信息作为一种资源，取之不尽，用之不竭，因而可不断探索和挖掘。由于客观事物的复杂性和事物之间的相关性，反映事物本质和非本质的信息常常交织在一起，再加上它们会受到历史的和认识能力的局限，倘若需要，也可以不断开发，不断利用。

信息的交流

本节的标题叫"信息的交流"，可为啥不叫"信息的通信"呢？原因在于，本书不仅要科普外行，而且还希望刷新内行的某些观念。

在安全通信界，过去不太关注"交流"和"通信"的区别；一说起"通信"，马上就想起了各种通信技术。虽然"通信"确实是一种"交流"，但是本节的"交流"不涉及技术，只在乎内容。由于"信息交流"已成为黑客的一种攻击手段，比如，通过信息交流，误导被攻击目标，使其采取自以为正确的行动，结果却是自杀。因此，为避免陷入技术误区，本节采用了"交流"这个名词。

为厘清"交流"和"通信"的区别，我们再仔细考察一下"信息"的含义。信息的存在虽是客观的，但对信息的理解却是主观的；每个人的认知背景各不相同，所以面对相同的信息，大家获得的信息却相异。正如面对同一头猪，有人看见的是肉，有人看见的是宠物。因此，通信虽然确实是一种交流，但是从技术角度看，"通信"只关心信息的客观内容，即只关心数字信号的传输，而对信号的具体含义却不在乎；而"交流"只关心信息内容（无论主观或客观内容）的传递，并不在乎采用何种手段，更不关心是否采用了某种技术。

虽然信息是无价之宝，但是只有在充分的交流中，信息价值才能得以体现；即使你有再好的想法，如果不与大家分享，也不能发挥作用。如果信息交流失控（无论是过度，还是不足），也会引发相应的安全问题。信息的无穷价值，主要基于以下三项核心功用。

一是信息可帮你拿主意，做决定。当你想干什么事情，却又犹豫不决时，你便可查找相关信息，了解更多情况，从而明白这件事情该不该做，以及该如何做等。这也就是，在通常情况下，领导总是显得更英明的原因——他掌握的信息更多、更全面，而且已对信息做了深入分析，权衡了利弊，所以他的决定就更靠谱。如果你缺乏信息，却硬要拍脑袋做决定，那么就很可能导致决策失误，自食苦果。如果你能基于充分调研，以大量的、准确的、可靠的、全面的信息为决策做支撑，那么你就完全有可能"比领导还英明"。

二是信息可帮你控制、调节各种活动。其实，所有活动都离不开信息，每个人、组织和单位的活动，当然也离不开信息。比如，某领导做出了某决定，若要将它付诸实施，就必须向下传达指令，并组织大家贯彻落实。该指令中就包含着信息，下级也正是基于该信息，来具体落实领导的决定。若在落实过程中，发现原有决定与实际情况不符，或下属的执行有偏差，这样，领导就又获得了新信息。根据这些新信息，领导又下达新命令，纠正落实过程中的偏差。于是，领导的决定，就逐步得到实现，并最终达到原定目标。由此可见，决策者借助信息，便可控制和调节自己和下属的各项活动。如果缺乏信息，那么，领导既做不出正确决定，也无法组织、指挥和协调下级的行动了。因此，信息是决策的工具，没有信息便不能实施领导职能。有权而无信息者，也不能正确发挥权力的作用，甚至可能丧失权力。因为，单凭权力，你既做不出正确决策，也不能领导正确行动。相反，占有大量信息的"小人物"，也可能很有权威，因为他可借助信息做出正确决策，赢得大家的信任。其实，人类的一切活动，一切生物的活动，一切机器的运转，都离不开信息。所以，信息是控制和调节的依据与基础。当然，信息的反馈必须畅通、及时，否则，相应的调节和控制就会失效。比如，黑客仅仅通过修改仪表盘的数字（其实是改变反馈数据），就轻松摧毁了伊朗的核电站。

三是信息可帮助人类相互通信，彼此沟通。换句话说，信息是人们相互联系的纽带。这里的通信，并不限于人与人、人与组织、组织与组织之间的通信，而是全社会的通信与联络；涉及的内容丰富多彩，渠道也纵横交错。实际上，它们形成了一张信息网；全社会正是借助该信息网，才组成了一个有机整体。比如：在某机构内，上级向下级部门颁布规章，下达指令；下级向上级反映情况，汇报工作，请示问题；各部门之间，各级之间，上下左右之间，内外之间彼此交流情况，其实都是在利用信息，进行相互沟通和联络。此时，每个人在与外部联络时，都是相关信息的输入、输出中心；从而，大家都能有序地工作和生活。如果离开了相互通信和联络，大家彼此隔绝，那么机构的各项活动也就停止了，或者该机构就会陷入无序的混乱中。当然，社会或机构的组织状况，也会影响信息的沟通。如果机制不合理，机构臃肿，管理层次繁多，那么信息的沟通就会遇到障碍。所以，流畅的沟通联络，也离不开"便于传递信息的组织架构和管理体制"。

若要充分交流信息，就得有一个交流系统，即信息传递的媒介和网络。当然，最简单和最原始的信息交流系统，就是两人之间的面谈，这时不需要任何设备，也不用任何技术。甲把信息传给乙，叫正向通信；乙把信息传给甲，叫逆向通信。两人相互通信，就叫双向通信，他们就构成了一个信息交流系统。信息在两人间来回流动，就形成信息流通渠道。较复杂的信息交流系统，可由多人通信构成，此时，信息流通的渠道多，经过的中间环节也多。这些渠道相互交错，就形成了信息交流网络。每个中间环节，就是信息网上的一个节点。处于多渠道关键环节的人，能够获得更多信息，能够更自由地交流信息；因为他们既可直接从纵向联系中获得信息，也可从横向联系中获得信息。

信息交流系统可分为两大类：正式的信息交流系统和非正式的信息交流系统。正式的信息交流系统，事先对信息进行了设计，安排好了传递路线和到达地点等。例如，上级向下级传达指令、下级向上级汇报工作等，就是正式的信息交流系统。而非正式的信息交流系统，对信息的传递未做事先安排。比如，邻里之间，茶余饭后的闲聊，就是非正式的信息交流系统。

正式的信息交流系统，与权限和职位密切相关。居于领导地位的人更有控制权，他们可以优先获得信息，优先传递信息。但是，正式的信息交流系统也有其局限性，有时也会阻碍信息交流。比如，某些领导出于私心，也许会对上级信息进行选择性传达，对下级意见也进行选择性上报；这种欺上瞒下的做法，当然会影响信息交流的畅通。另外，正式的信息交流系统，环节太多，不但速度慢、效率低，而且还容易半途丢失。

与之相反，在非正式的信息交流系统中，任何人都没有绝对控制权，信息可以快速、灵活地传递。大家可以自由交谈，传播最新消息。当然，非正式的信息交流系统也有其缺点，比如，所传消息不够准确，甚至会被有意歪曲等。

因此，无论是正式的还是非正式的信息交流系统，都各有优缺点，而且它们还彼此相互联系。比如，在非正式系统中传播的许多消息，其实也来自正式系统；而正式系统中的有些消息，也是从非正式系统中收集来的。所以，在信息交流系统中，不仅正式信息发挥着重要作用，而且，非正式信息也扮演着某些辅助角色，它们都不可或缺。只有两类系统并用，才能扬长避短，获得更多的信息。

信息是善变的，虽然它随时都在人群中穿梭往来，给大家通风报信；但是，你只能看到它的"化身"，却永远看不到它的"真身"。例如，当你拿起话筒，说了声"喂"之后，马上就可听见对方的回答，这就是信息在起作用。但是，信息其实并未直接出面，而是它的"化身"联系了双方。具体地说，在这一瞬间，信息至少变换了三次：首先它从你脑子里出来，借助口舌，摇身一变，就化成了声音，这是第一变。此声音通过声波，迅速钻进话筒，又立刻变成了电波，这是第二变。电波又以光速，通过无线电跑到对方听筒中，又恢复成声音，然后，进入听者的耳朵和大脑，才又恢复原形，这是第三变。可见，信息这家伙，在人群中传递时，确实是神出鬼没、变化无穷的。

那么，信息为啥总是以"化身"出现呢？这是因为，信息离不开物质载体，它不断地从一种载体迁移到另一种载体，从而完成其传递过程。人们在交流前，信息存储于人的脑海中，以大脑为载体；当人们把它说出去，它就以另一种东西（比如，声音、语言、文字、图像、视频、电信号等）为载体。离开了载体，信息就既不能存在，也更不能传递了。信息的各种"化身"，称作信息的形式。信息从一种形式变成另一种形式，就叫信息的变换。之所以要对信息进行各种变换，这是因为，只有将信息变成适于传递和接收的形式，才能完成相应的信息交流；否则，你脑子中的信息，就不可能跑到我脑子中来。我们必须将脑中的信息，变换成声音、语言等形式，才能进行交流。如果相距太远，相互喊话无济于事的时候，我们还得将信息变成文字、书信或借助于电话、网络等，才能交流。所以，信息的传递，离不开信息的变换；实际上，信息的传递过程，就是信息的变换过程。

那么，信息在传递过程中，究竟需要几次变换，需要变换成什么形式呢？这就得视发信方和收信方的具体情况而定了。比如，两人面谈时，就无须借助设备，只要把信息变成语音就行了。但是，不管信息如何变换，传递信息都离不开两个过程：装和卸。所谓"装"，就是把信息安装到载体上去；所谓"卸"，就是把信息从载体上取出来。信息的变换，其实就是"装卸"工作。把信息变成适于传输的形式，就是装；到达目的地后，再进行逆过程，即把信息变换成便于接收的形式，就是卸。用行话说，装的过程，叫编码；卸的过程，叫译码。

从广义上说，一切信息的变换过程，都是编码或译码的过程。所谓编码，就是把信息变换成信号的措施；而译码，就是与编码相反的变换过程。信息只有经过编码，才能发送出去；只有经过译码，才能被接收。就连最简单的信息交流，也必须经过编码和译码。比如，两人面谈，讲者将信息变成适于空气传递的话音，就得经过大脑，组成语句，这个过程就是编码。听者的耳朵接收到语音后，经过大脑的理解，明白了对方话音的意思，这个过程就是译码。又比如，把头脑中的想法变成文字，就是编码；人们看见这些文字，理解其含义，这是译码。因此，一切信息交换过程，都是编码和译码的过程。

综上可知，信息交流必须满足以下几个条件：一是要有信息的发送者；二是要有信息，并且必须经过编码和译码，把信息变换成便于传递和接收的形式；三是要有传递信息的渠道；四是要有信息的接收者；五是要有信息交流的效果，接收者能够收到并理解信息。

从信息的流动过程来看，信息的传递有起点，有终点，还有途经的路径。这里的起点，又称为信息源，它是信息的来源，通常以符号形式发出信息。比如，人发出信息，是通过大脑，指挥说话或做其他动作，因此，人就是信息源。当然，信息源既可以是人，也可以是机器；一本书、一幅画等都可以是信息源；斗转星移等自然现象，也可以是信息源。

信息传递的终点，称为信宿，即信息的归宿，它是信息的接收者，既可以是人，也可以是机器。因为，信息既可以在人与人之间传递，也可以在人与机器、机器与机器之间传递。

信息传递的路径，叫信道，它是传输信号的通道和媒介。比如：两人对话时，彼此的语音通过空气传播，这时，空气就是信道；电信号在光纤中传播时，光纤就成了信道。因此，信道的种类很多。

发出信息的信源，接收信息的信宿和传递信息的信道，这三个东西组合在一起，就构成了信息系统的基本结构。

信息经过编码，由信源出发，沿信道传递到达信宿，经过译码，被信息接收者收取，这就是信息交流的基本流程，也是信息运动的基本规律。因此，在交流信息时，就应该按此规律办事；特别是信息的发送者，应该考虑所发信息采用何种形式，才便于传递和接收。比如：远程交流，可用电话形式；严肃问题，可用文字形式；面对小朋友，则最好采用讲故事的形式；等等。

在介绍"交流信息的前提"之前，先讲一个"对牛弹琴"的故事。话说，在战国时期，有位琴师，名叫公明仪。一天，他心血来潮，竟然对牛弹奏起了古雅的琴曲，可是这牛根本不理他，依然只顾埋头吃草。其实，牛并非没听见琴声，而是它对这种曲调不感兴趣罢了。于是，公明仪又用琴模仿牛蝇的叫声和孤独小牛犊的声音；这次，牛就摆动尾巴，竖起耳朵，认真听了起来。

由此可见，作为发信者的信源和收信者的信宿，若想交流信息，就必须有一个前提，那就是必须使用同一种"语言"。这里所谓的同一种语言，就是要求双方对该语言的含义，必须有相同的理解；换句话说，在通信中，发信者和收信者都必须采用同样的信号，或信号之间有一一对应的关系，即信号的含义是双方都清楚的。这一点对于远程通信更为重要，因为人们交流信息时，信源和信宿都会经常变化，只有当双方所使用的符号具有共通性，通信才能实现。比如，如果发信方用某种方式编码，而收信方却随意选择了另一种译码，那么他们就很可能无法通信，便又再现了"对牛弹琴"的场景。

由于通信方式多种多样，所以双方必须事先约定共同的"信号库"，即相同的编码和译码方式。比如，双方都用同一种方言交流时，他们的共通信号库就是这种方言。因此，学外语也可看成，为了交流信息多掌握一种公共信号库而已。为什么共同的语言，能够成为交流信息的公共信号库呢？因为，语言具有传递信息的功能，它是有规则的符号，可以用来将想法传递给别人。当然，这里的"语言"，不仅仅指汉语、英语等人类自然语言，也包括数学家们使用的公式（数学语言）、软件程序（计算机语言）、哑语、旗语等。语言之所以能交流信息，因为它是信息的载体。信息是由语言构成的，但是信息又不是语言。在各种语言中，自然语言是交流信息的超级工具；因为在日常生活中，在信息传递时，若用自然语言来表述思想，则其意义损失最少。

为什么说"语言是信息的载体"呢？因为信息能够表示事物存在

和发展的含义和特征，而语言也具有此功能；于是，语言就自然可以当作信息的载体，实现信息的传递，这是第一个原因。

语言与其表述的现象之间，有什么关系呢？其实，每种语言的结构都与客观世界的结构相似。比如，地图就可以利用语言、文字和图形，来代表土地、山川、河流、村镇和城市等；所以，即使是在陌生处，你也可以凭地图准确到达目的地，因为实际路线与地图的标记是相符合的，除非地图已过时。语言能作为信息载体的第二个原因是：语言同客观世界之间，在结构上也是相似的，因而语言所表达的含义和事物发出的信息含义也是相似的；而语言又是可以传递的，所以信息以语言为载体，就可实现信息传递。

当然，语言中并非所有词汇的含义，都与客观世界相符合；因为，客观世界在不断变化，不断产生新信息。而语言在短期内，却不会发生太大变化；因此，某些词语便可能过时，而不得不将其淘汰，并另造新词，或给旧词赋予新含义。在网络时代，这种新词屡见不鲜，所有网络词汇都是例子。这也是多义词出现的重要原因。

当然，语言作为信息的载体，用词语代表客观事物及其含义，也不可能很具体，而是比较抽象；因此，经常就会出现"只能意会，不能言传"的情况。比如，一张地图，无论多么详细，也不能把真实环境的所有特征都绘出来。从逻辑上看，如果要求地图与其表示的地区一丝不差，那么，就得连地图本身也得标出来，这显然是不可能的。同样，语言和词汇也只能代表"人类感官所能感知的客观事物"的大概。人类只有几千个词汇，而自然界却有无数个事物；因此，无法用词汇将全部事物精确地描述出来，只能通过抽象手法，略去事物的细枝末节。语言越抽象，被略去的细节就越多。自然语言所表达的含义是模糊的、多义的，很容易造成歧义；因此很难基于共同的语言，建立信息交流的公共信号库。

同时，由于年龄、性别、文化背景等的不同，特别是认识水平、立场观点、思想感情上的差异，所处的环境和地位的不同，对同一事物、同一词汇、同一句话的理解，也可能不同。从而，交流时可能出现误会。因此，为了准确交流信息，即使是使用了公共的信号库，也要尽量避免理解信息时的误会。

关于信息的交流方式，主要有两种：口头、书面。前者将信息变为语言和声音来传递；后者则把信息变为文字、符号等来传递。它们各有优缺点。

口头交流的优点：一是方便。只要会使用同一种语言，双方便能彼此交谈，传递信息。这时，只需发挥大脑、口舌和耳朵等的功能，无须其他条件。二是直接。面对面交流，距离近，传得快，发出信息和接收信息都无障碍，信息在传递过程中，也少有失真。三是形象。一般来说，口头交流信息时，总会伴随着面部表情和肢体动作，比如皱眉、微笑、瞪眼、咧嘴、摇头、脸红、耸肩、手势等，这些都是对信息的补充。此外，语音的高低、抑扬顿挫等，也能增强对方的理解力。四是灵活。讲者既可以重复重点，也可以随时更正、解释、发挥、反问、叙述、论证等。听者既可以随时提问，又能进行辩解、插话、评论等。当然，口头方式也有其缺点，特别是它经过多次转述后，会变得面目全非。

书面交流方式则不同，它不再具有口头方式的上述优点。它需要组词、造句，反复琢磨，费劲地书写等；反正，需要努力，才能把事情说清楚，把道理讲明白，这确实比较伤脑筋。但是，书面方式更加严谨，且在转述过程中不易造成信息失真。特别是对于那些需要大量图表、照片和数字的信息，就无法用口头方式传递，只能借助书面。此外，书面方式的法律效力更强。总之，口头方式和书面方式各有优缺点。

信息不但能够在人群中传递，而且也可以在机器之间传递；但是，这两种传递却存在着本质的差别。

机器之间的信息传递，就像是收发室收信和送信一样，信息只是做简单的运动（收取、存储和转发），信息内容不会发生根本变化，除非有信道噪声干扰，造成失真。但是，人与人的信息传递，就大不相同了。在此时的信息交流中，信息不但随时会运动和变化，而且还可能得到补充和发展，并不断形成新信息。这便是"人群交流"与"机器间信息传递"的根本区别。这是因为，人是积极的主体，而机器却只是被动的客体；人的信息交流，会受到社会和心理因素的影响；而机器之间的信息传递，却没有此类影响。具体地说，主要差别体现在以下几个方面。

首先，人的信息交流是积极的、主动的、有意识的、目的明确的。比如，人的交流总希望达成一致认识，获得对事物的共同理解。双方交流信息时，都不是简单、被动地发出和接收信息，而是积极地去分析信息，理解信息，运用信息，纠正、补充和发展信息，向对方提供新信息，由此取得双方共同或近似的认识。人们对事物的共同理解，认识上的统一，就是这样实现的。

其次，人类还会借助信息交流，相互影响对方的行为，而且这种影响还是积极的、主动的。大家都在彼此交流观念、思想、兴趣、情绪、感情等，除了想达到思想上的一致认识，获得共同的理解，还想影响对方从事某种活动。比如，得知油价明天又要上涨后，你可能就会马上前往加油。所以，人们的信息交流与认识实践活动是密切相关的。人们运用信息指导行动，这便是交流信息的目的之一。

最后，人们交流信息时，还会受到各种社会特性的影响。比如，同样一句话，由不同地位的人说出时，其分量显然是不一样的，因而，听者的反应也不尽相同。不同职业的人交流信息的习惯也有差别，比如，数学家重视精确性，诗人喜欢浪漫等。

懂得人与人交流信息的特点后，就不应机械地看待信息在人群间的运动，而应将其看成不断发展变化的过程；就不应将人看成被动的信息发送者或接收者，而应把人看成积极的主体。人们在交流信息时，都会影响彼此的认识和行为，因此，发信者必须考虑：你发出的信息，会给别人的认识和行为，带来什么影响。不顾听众而无的放矢，很可能事与愿违，甚至产生负面影响。

信息的度量

曾经，土地不能度量，后来埃及人发明了几何学，解决了这个问题；曾经大象不能度量，后来曹冲借用大船和碎石，解决了这个问题；曾经混合物的比重不能度量，后来阿基米德利用浮力，解决了这个问题；曾经商品重量不能度量，后来范蠡发明了秤，解决了这个问题……反正，看得见、摸得着的物质度量问题，基本上都已解决，而且还很直观。

曾经，像什么电呀、磁呀、热呀等能量的度量问题，也很让人头痛；后来，科学家经过长期努力，终于给出了圆满的答案：电流用安培来度量，热力学温度用开尔文来度量，能量、功、热量用焦耳来度量，电荷量用库仑来度量，电位、电压、电动势用伏特来度量，电容用法拉来度量，电阻用欧姆来度量，电导用西门子来度量，磁通量用韦伯来度量，磁感应强度用特斯拉来度量，电感用亨利来度量……反正，几乎所有能量的度量问题，也都基本解决；而且，也已经很普及了。比如，你家里肯定就有好几个电表、温度计什么的。

但是，与物质和能量并行的、38亿年前就已出现的信息，该如何来度量呢？从学术研究角度来看，这个问题虽已解决；但是，翻遍政府认可的所有计量单位，你唯一找不到的，就是信息的计量。

确实，信息的度量比较抽象。虽然，你手机每月收到的流量计费单，其实就是基于你消耗的信息量而给出的；你U盘上标明的容量，就是表示该U盘能存储多少信息量……反正，信息的度量，其实在你日常生活中，已经很普遍了。但是，要想把信息的度量说清楚，还真不容易。本节就来试一试。

先来看一个反例。话说，战国时代，魏国大臣庞葱，陪太子到邯郸做人质。临行前，庞葱对魏王说："要是现在有人报告说，闹市上有虎，大王，您信吗？"

"不信！"魏王立刻答道。

"如果先后有两个人，前来报告说闹市有虎，您相信吗？"庞葱又问。

"我会怀疑。"魏王回答道。

"那么，要是有多人，接二连三前来报告，说闹市有虎，您会相信吗？"庞葱接着问。

魏王想了想，回答说："我会相信。"

于是，庞葱就劝诫魏王："很明显，闹市上不会有虎。可是，经过多人一说，好像就真的有老虎了。现在邯郸离魏国，比王宫到闹市远多了；而且，今后议论我的人，肯定也会很多。希望大王不要轻信。"

魏王道："一切我自己知道。"

可是，庞葱走后，不断有人在魏王面前毁谤他。待到许久之后，当庞葱陪太子回国时，魏王果然听信了谗言，再也没召见庞葱了。

从这个故事可知，魏王误将消息量当作信息量。一人说谎，他不信；多人说谎，他就信了。把消息混同为信息了。"用消息的多少，来衡量信息的多少"，这就是几千年来，量度信息的古老方法。其实，这是不对的，虽然至今电信运营商，仍然对短信按条计费。

从上一节，我们已经知道：信息不等于消息，信息只是消息的内容，消息只是信息的形式，二者是不同的。有客观内容的消息中，包含着信息；而无客观内容的消息中，就没有信息。如果得到的全是谎言、废话或已知的东西，那么当然就没信息可言了。相反，虽然你只得到一条简短消息，哪怕只有一个字，但是，其中却包含了许多客观内容，都是你闻所未闻的，或者是完全出乎意料的，那么你就获得了较多的信息。所以，不能用"收到消息的多少"来衡量"获得信息的多少"。正如不能用"车流量的多少"来衡量"人流量的多少"一样，虽然，这两种流量确实彼此相关。甚至，如果人流量为零，那车流量也肯定为零，除非自动驾驶汽车已经上街；如果车流量很大，那么，也许人流量也会较大。当然，由于信息总是隐含于消息中，所以信息与消息总是难解难分；而且，在许多情况下，的确也是"消息的数量越多，它所包含的信息也越多"。

从20世纪20年代起，由于研究通信理论的需要，人们开始认真探索量度信息的方法。特别是奈奎斯特和哈特利这两位科学家，他们在研究电信系统传输能力的基础上，提出了在电信系统中量度信息的理论；从而，使人类对信息度量问题，有了更深刻的认识。

直至20世纪40年代，信息论和现代密码学的奠基人，香农博士才从本质上解决了信息的度量问题。从此，客观信息（不含主观部分，即数字信号所代表的信息）的度量，才终于被解决了。

香农的解决思路，以"不确定性"为起点，它基于这样的事实：

在没有获得任何信息之前，信源对收信者一定存在某种不确定性；也就是说，信息从信源发出，但在收信者还没收到之前，他对信源存在着一定的不确定性。所谓不确定，就是收信者对信源的认识不肯定、不知道。当收信者收到信息后，他对信源的"不肯定、不知道的认识"就部分或全部消除了。获得的信息越多，消除的不确定性也就越多。因此，信息实际上就是"运动着的事物中，所包含的不确定性"。人们交流信息，相互通信，实质上就是在消除"收信者收到消息之前，对信源消息不知道的"不确定性。总之，在获得信息之前，收信者对信源的认识，存在着某些不确定性；当获得信息后，这些不确定性也就被消除了，不知道的答案也知道了。

例如，当期末考试结束后，在考分未公布前，小明心里可不踏实啦！会不会及格？会不会又是倒数第一名？会不会被老师批评？会不会被同学取笑？等等，总之，一大堆不确定的问号，无时无刻不折磨着他，让他寝食难安。终于，成绩信息出来了：语文1分，数学0分；于是，所有曾经的问号都消失了。紧接着，新的不确定性又出现了：回家后咋办？屁股会不会有血光之灾？怀揣着新问号，小明提心吊胆地进了家门。爸爸看完成绩单后，深深吸了口气，发出一条信息："儿呀，要认真学习哦，你有点偏科！"小明一屁股瘫在凳子上，有关考试的所有不确定性总算彻底消除了；过去不知道的所有答案，也都知道了！

于是，度量信息的方法，便可以概括为：用消除对信源认识的不确定性的多少，来量度信息的多少。也就是说，如果收信者获得的信息越多，那么他消除的，对信源的认识上的不确定性也就越多；反之，就越少；如果根本没消除任何不确定性，那么就没有获得任何信息。

"用不确定性来度量信息"显然比"用消息来度量信息"更科

学，因为前者不看重消息的形式，而只在乎消息的内容。用不确定性来量度信息时，谎言就不再包含信息了，而且废话、重复的话也不再包含信息了。总之，凡是你已经知道的消息，对你来说就不再包含任何信息了。因此，只要知道"一条消息消除了多少不确定性"，也就知道它包含多少信息了。

可是，又如何来度量"不确定性"呢？它也是看不见，摸不着的呀；它的量度也并不直观呀！不过，幸好，这种"不确定性"是客观存在的；对事物认识上的"不确定性"是否被消除，是能够感觉得到的。因为，一旦"不确定性"被消除，我们就能由"不知道"变为了"知道"。因此，我们对这些"不确定性""不知道"的多少，对信息量的多少，也可以用其单位来表示。其实，衡量"不确定性"和"不知道"的工具，就是概率论和统计学。

所谓概率，通俗点讲，就是事件可能发生的程度。某件事情绝对不会发生，就称为不可能事件，其概率为零；反之，某件事情绝对会发生，则称为必然事件，其概率为1。两个事件互不影响，即一个事件发生与否，与另一事件完全无关，那么，它们就称为独立事件。如果一个事件的出现，会引起另一事件的出现，那么，就称它们为相关事件。在一定条件下，可能出现，也可能不出现的事件，就称为随机事件，其概率在0和1之间。其实，概率并不神秘，它在日常生活中经常使用，比如，当你拍着胸脯说"此事有90%的把握能成功"时，你就已经在运用概率知识了。

所谓统计数学，其实就是以概率为基础，通过大量的数字统计来发现事物的必然规律和内在联系的。它是数学的一个分支。你每天看到的天气预报、股市走势分析等各种统计数据，就是统计学的计算结果。

为说清楚如何运用概率论和统计学来度量信息，或度量收信者对信源的"不确定性",我们先来回忆一下儿时玩过的"抛硬币游戏"。

抛硬币有两种可能结果:正面朝上,或反面朝上。但在每次抛掷前,究竟哪面会朝上,是不能肯定的。这种不肯定就是认识上的不确定性。等到抛掷以后,一旦知道了结果,这种不确定性也就被消除了,这是因为我们获得了信息。

如果硬币是均匀的,那么,抛掷多次,并记录每次的正、反面结果,然后,再统计出平均每次出现正面或反面的次数。于是,你会发现,出现的"正面朝上的次数"和"反面朝上的次数"各占一半,即各为二分之一。这个二分之一,就叫作抛掷硬币的概率。这是什么意思呢?它表示抛掷一次硬币,出现"正面朝上"或"反面朝上"的可能性,各占二分之一。可见,两种可能性是相等的。因此,每次抛掷前,对于可能出现的结果,就不是"完全不知道",但也不是"完全知道";因为我们知道存在着两种可能性:一种是"正面朝上",另一种是"反面朝上"。也就是说,我们对出现的结果,一半知道,一半不知道。这样,我们认识上的"不确定性"若用概率来表示,就是二分之一。当抛掷一次后,出现了结果,我们就获得了信息;于是,这个二分之一的"不确定性"也就被消除了。信息论就把"抛掷均匀硬币后,所获得的信息量"规定为信息的度量单位,并给它起了个名字,叫作比特。正如科学家们将"光在真空中,在1/299792458秒的时间内所通过的距离"规定为长度的单位"米"一样;也正如,将"1立方分米的纯水在4℃时的质量"规定为重量单位"千克"一样。

反正,今后你只需记住:"抛掷一次均匀硬币,所获得的信息量"就是1比特,这就足够了。有了度量信息的单位(比特)后,就可以度量"能被信息消除的不确定性"了。因为,概率与信息存在下列密切关系。

一个事件，如果它出现的概率为1，那它的出现就不会提供任何信息，因为它是预先知道的，不能消除任何不确定性，也不能消除任何"不知道"；另一种极端是，如果它出现的概率为0，那它的出现就会带来无穷大的信息量，因为它的出现完全出乎人们的意料；当然，更常见的情况是，它出现的概率介于0与1之间，此时，事件出现的概率越大，提供的信息量就越小。因此，小概率事件发生时，我们能够获得的信息反而越多，即粗略地说，概率与信息成反比关系。

既然概率越小的事件，一旦出现，其消除的不确定性就越多，所含的信息量就越大，那么，为了收集更多的信息，是否该专选小概率事件呢？答案是：不行！因为，虽然一旦发生，它确实能提供更多信息量，但是该事件发生的可能性也很小，所以综合信息量其实并不大。守株待兔的故事，就是这种情况的典型例子。

话说，古代宋国有个农夫，正在田里翻土。突然，一只野兔从旁边草丛里慌慌张张窜出来，一头撞在田边树墩上，便倒在那儿一动也不动了。农夫走过去一看：兔子死了。因为兔子跑得太快，把脖子撞折了。农夫高兴极了，他一点力气没花，就白捡了一只又肥又大的野兔。他心想：要是天天都能捡到野兔，日子就好过了。从此，他再也不肯出力气种地了。每天，他把锄头放在身边，就躺在树墩跟前，等着第二只、第三只野兔，也撞到这树墩上来。世上哪有那么多便宜事，农夫当然没有再捡到撞死的野兔，而他的田地却荒芜了，庄稼也都死掉了。你看，兔子送上门的信息量确实很大，但是，遇到这种事的可能性却非常小，所以整体上，农夫并没占到便宜。

如果反过来，专选大概率事件，是否就能够获得更多的信息呢？

答案也是否定的！因为，如果事件的概率过大，虽然发生的可能性很大，但是它们提供的信息量却很小。极端情况是，如果概率大到1，那么，你就只能重复得到已经知道的消息，却根本没有新信息。

那么，选择哪种可能性的事件，才能获得最多的信息量呢？答案是：当事件的各个结果都等可能出现时，该事件的整体信息量达到最大值。比如，若某个事件有两种等可能的结果（即每个结果出现的概率为$p=1/2$），那么，该事件的信息量就是$-(1/2\log p+1/2\log p)=-\log p=\log 2=1$ 比特，这里的$\log$是以2为底的对数函数。如果某事件有 4 个等可能的结果（即每个结果出现的概率为$p=1/4$），那么，该事件的信息量就是$-(1/4\log p+1/4\log p+1/4\log p+1/4\log p)=-\log p=\log 4=2$ 比特。一般来说，如果某事件有n种可能的结果，而且这些结果出现的概率分别为p_1，p_2，$\cdots$，p_n，那么，该事件的整体信息量就是$-(p_1\log p_1+p_2\log p_2+\cdots+p_n\log p_n)$比特（这里，$p_1+p_2+\cdots+p_n=1$）；而这个公式，刚好与热力学中的熵公式相同（只是带个负号而已）。所以，信息源事件的整体信息量，反映了信息源的不确定程度，也反映了信息源的不肯定程度。

信息论大白话

"信息论"之名，家喻户晓；但信息论之实，却曲高和寡！

虽然香农早在半个世纪之前，就创立了信息论；虽然信息论也已进入大学课堂，成为通信专业的必修课；但是该课程至今仍然是"学渣谈之色变，学霸叫苦连天"，甚至许多博士和教授也只不过对其一知半解而已。

若想真正洞穿信息论，那你得练好下列基本功。

一是语文要好，要能读懂"天书"，否则，像什么熵呀、条件熵呀、互信息呀，几个概念下来，你就基本晕菜了。

二是数学要好，不能有"公式恐惧症"，否则，待到铺天盖地的、大如磨盘的公式陨石般砸下来时，你就惨了。

三是脾气要特别好：一次读不懂，就读两次；白天读不懂，晚上接着读；今天没读懂，明天继续读。反正，无论它怎么"虐你千百遍"，你都得"待它如初恋"；否则，"哧溜"一声，它早已化作一股清烟，无影无踪了！

四是想象力要好，当香农无中生有地，用一句差点憋死人的话说"看，这就是由输入随机变量X和输出随机变量Y的转移概率矩阵构成的信息传输信道……"时，虽然你已憋得两眼发黑，但你的脑海中，却要立即浮现出一条高速公路，而且，各种车辆正在来回穿梭，多拉快跑。请注意，别将该公路想象成什么光纤呀、电缆呀等具体信道，因为香农的信道是"马"，而你所能见的各种信道，都仅仅是"白马""黑马""大马""小马"等；否则，过于具体的想象，将会引你入歧途，让你以偏概全。

五是……算了，不说了，再说下去，香农该告我"传播负能量"了。

其实，整个香农信息论的核心，只是两个定理而已，用行话说，分别叫作"信道编码定理"和"信源编码定理"。前者告诉你，高速路上最多能跑多少辆车；后者告诉你，每辆车上怎样才能"不多拉哪怕是1比特的无用之物"。

那位聪明哥们儿说啦：既然信息论这么难，那为啥一定要自找苦头，何不绕过去就是了？！嘿嘿，伙计，抱歉，实话告诉你：能绕过"信息论"的人，现在还没诞生呢；而且，今后也永远不可能诞生！因为，在信息大海中，能指引航程的、唯一的"灯塔"和"指南针"，均被信息论独揽囊中。明白了吧，哥们儿，这就叫"大海航行靠舵手"！

所以，若想在信息江湖中充老大，劝你还是先回家，老老实实地学好信息论后，再考虑出山吧，因为"得信息论者，得天下"嘛。

那么，在《安全简史》中，为啥要选入信息论呢？当然不是为了赶时髦，主要原因有以下四个。

其一，信息安全的核心，即现代密码理论，其实也是信息论的一个分支，它也是由香农于1948年，在另一篇著名论文《安全的数学理论》中创立的。

其二，《安全通论》的成果已经显示，黑客与红客之间的攻防对抗，其实可以等价为某种特殊信道（攻击信道、防卫信道）的信息传输问题；而各方胜负次数的极限，也刚好就是这些信道的"信道容量"。

其三，信息论是安全通论的榜样；前者统一了通信江湖，后者也想为各安全分支，建立统一的基础理论。

其四，《安全通论》已作为"胶水"，将"通信圣经"《信息论》和"经济圣经"《博弈论》粘在一起，形成了一部全新的"圣经"，即三论融合。

好了，下面欢迎大家与我们一起，走马观花，看看啥叫大白话版的信息论。当然，你别指望仅用简单的白话，在不运用任何公式和符号的前提下，就能把信息论讲深、讲透；其实，即使香农在世，他也无能为力。不过，用信息论来重新解读一些经典故事，还是很有启发意义的。

首先来看看烽火狼烟中的信息论。

你肯定知道，"烽火"是我国古代，用以传递边疆军情的一种通信方法。它始于商周，延至明清，沿袭几千年，其中尤以汉代烽火规模最大。在边防军事要塞或交通要冲的高处，每隔一定距离就建筑一高台，俗称烽火台，亦称烽燧、烟墩等。高台上有驻军守候，发现敌人入侵，白天就燃烧柴草以"燔烟"报警，夜间燃烧薪柴以"举烽"（火光）报警。一台燃起烽烟，邻台见之也相继举火，逐台传递，须臾千里，以达到报告敌情、调兵遣将、求得援兵、克敌制胜的目的。

若用信息论来重新解读该"简略版烽火通信系统"，那么，你将有以下发现。

一是该系统在"信源压缩"方面已达最优。因为"有敌情"是小概率事件，一年四季赶不上几回，此时，用成本较高的动作（点火，相当于"长码"）来"编码"；而"平安无事"是大概率事件，此时用成本较低的动作（实际上是不动作，相当于"短码"）来"编码"。于是，总体成本就最低。如果将这两个动作颠倒，即无事点火，有事反而火灭，那么"通信成本"将大幅度提高，而且所传递的"信息量"也并无半点增加。几千年后，香农博士在创立信息论时，在其两个核心定理之一——信源编码定理中，也仍然采用了这种"烽火编码压缩"思路，使得最终算法达到最优。

二是作为一种军事通信系统，"烽火传情"的"信道容量"非常有限，其实只能传送一条消息，即某件事情是否发生。那么，该烽火系统的核心是什么呢？一般人都会误以为是烽火台、狼烟、火把等看得见、摸得着的东西；但是，抱歉，必须告诉你，那是不对的！其实，该系统的最重要部分是"码书"，即事先相关各方的约定：一旦出现烽火，到底意味着什么，应该采取什么应对措施等。

一般情况下，"码书"的约定，虽然应该是：一旦出现烽火，那就表示敌人来袭，应该马上增援。但是，历史上还真的出现过"码书"被篡改的情况。

那已是三千多年前的事了。据说，周幽王性情残暴，喜怒无常；自从绝代佳人褒姒入宫后，便终日沉溺于美色。可是，这位美人入宫后，却从来不笑，整日愁眉苦脸；这可急坏了幽王，他绞尽脑汁，要想逗褒姒一笑，但却都失败了。于是，幽王下旨：凡能使褒姒一笑者，赏黄金千两。得知此圣旨后，奸臣虢石父告诉幽王："先王在世时，因南戎强盛，唯恐侵犯，因此在骊山设了二十多处烽火台，又设置了数十架大鼓。一旦发现戎兵进犯便放狼烟，烟火直上云霄，附近诸侯见了，就发兵来救。您要使王后一笑，不妨带她去游骊山，夜点烽火，众诸侯一定领兵赶来，上个大当；王后见状必定发笑。"幽王听了，依计而行，立即备了车仗，同王后来骊山游玩。

当时有个诸侯听了这消息后，大吃一惊，急忙赶到骊宫奏道："先王在世设烽火台是为紧急之用，今天无故点燃烽火，戏弄诸侯，一旦戎兵侵犯，再点烽火，有谁信之？那时何以救急呢？"幽王不听劝阻，并下令点燃烽火。附近诸侯看到烽火点燃，以为京都有敌进犯，都领兵点将前往骊宫；然而待赶到骊山下，却不见敌兵，只听宫内弹琴唱歌。这时幽王正和褒姒饮酒作乐，听得诸侯到来，便派人去向诸侯道谢说："今夜无敌有劳各位。"诸侯听了面面相觑，只好带兵卒恨恨离去。这时褒姒在楼上看见众诸侯白忙一阵，不觉抚掌大笑。幽王一见大喜，当即赏给虢石父黄金千两。

幽王的所作所为触怒了申国侯，于是，他联结南戎包围了京都。虢石父得知后，面奏幽王："目前事情紧急，我王快派人去骊山点放烽火，召来诸侯以御敌兵。"烽火虽被点着，但由于上次失信于诸侯，大家认为天子又在开玩笑，都按兵不动。幽王等不到救兵，终于被杀，丢掉了江山。

设想一下，如果在那次戏弄诸侯前，幽王同步修改了"码书"，比如，让各诸侯知道：明天的"烽火"仅限娱乐，希望大家积极配合，假装赶来救援，并且，仅此一次，今后"烽火"仍为真敌情。那么，幽王的命运可能就会重写。

通过这个故事，我们可知：烽火通信的"码书"，虽然可以修改，但是必须同步修改，绝不可单方面修改；否则，必定误解，传错信息，引起严重后果。

其实，真正的烽火通信并非上面那么简单。一方面，所传递的信号，不只两种，而是六种，分别是蓬（蓬草）、表（树梢）、鼓、烟、火炬、积薪（高架木柴草垛）等；而且，白天举蓬、表、烟，夜间举火，积薪和鼓则昼夜兼用。另一方面，烧烽火的"堆数"也是有讲究的：凡来敌不满一千人，则只烧一堆积薪；超过一千来敌，则烧二堆积薪；若来敌超过一千，并且已经开始攻击时，则烧三堆积薪。除了烧积薪，还附有举蓬、举表、举火炬等不同规定；并因来敌方位不同和时间不同，又有各自不同的规定。

由此可见，完整的"烽火通信系统"的信道容量其实不止1比特，相应的"码书"也可能很复杂，并且"信源压缩"还大有余地。

再来看看莫尔斯电码中的信息论。

莫尔斯电码，是一种时通时断的信号代码。它通过不同的排列顺序，来表达不同的字母、数字和标点符号。该代码发明于1837年，是一种早期的数字化通信形式。不同于现代二进制代码（0，1），莫尔斯代码包括五种：点（.）、划（–）、点和划之间的停顿、每个字符间短的停顿（在点和划之间）、每个词之间中等的停顿，以及句子之间长的停顿等。以英文为例，26个英文字母和相关数字、符号等的莫尔斯代码分别是：

A=（.–）　　　　B=（–...）　　　　C=（–.–.）　　　　D=（–..）

E= (.)　　　　F= (..–.)　　　　G= (––.)　　　　H= (....)
I= (..)　　　　J= (.–––)　　　　K= (–.–)　　　　L= (.–..)
M= (––)　　　　N= (–.)　　　　O= (–––)　　　　P= (.––.)
Q= (––.–)　　　R= (.–.)　　　　S= (...)　　　　T= (–)
U= (..–)　　　　V= (...–)　　　　W= (.––)　　　　X= (–..–)
Y= (–.––)　　　Z= (––..)　　　　1= (.––––)　　　2= (..–––)
3= (...––)　　　4= (....–)　　　5= (.....)　　　6= (–....)
7= (––...)　　　8= (–––..)　　　9= (––––.)　　　0= (–––––)
?= (..––..)　　 /= (–..–.)　　　( ) = (–.––.–)　　 –= (–....–)
.= (.–.–.–)

等等。

如果仔细分析上述莫尔斯电码，你会发现设计者在"信源压缩"方面已经做了许多工作。比如，经常出现的字母E和T（即大概率事件）等，就用低成本的"短码"（1点或1划）来代表；而不常出现的字母或符号（即小概率事件），则用高成本的"长码"（6个点或划）来代表。此思路也是信息论中，香农"信源编码定理"的最优压缩思路。

当然，为了更进一步地压缩信源，莫尔斯码的设计者还约定了许多缩写，比如，AB=All before，ARRL=American Radio Relay League，ABT=About，ADS=Address，CUL=See you later，GA=Good afternoon or Go ahead，73=Best regards，88=Love and kisses，99=go away 等。这些缩写虽有实际效果，但比较零碎，在理论上对信息论的"信源编码定理"几乎没有任何帮助或启发。

莫尔斯电码中还有一些很特别的编码，其中，最为著名的就是：求救信号SOS。该电码符号，早在1906年就已约定，并于1909年8月首次被美国 "阿拉普豪伊号"轮船使用。当时该船的尾轴破裂，无法航行，就向邻近海岸和过往船只拍发了"SOS"信号。

在 "SOS"之前，人们却习惯于用"CQD"来表示船舶遇难信号。所以，在1912年，当泰坦尼克号游轮首航遇险时，船上的无线电首席官员菲利普，却一直在发送"CQD"遇难信号，而其中的"D"又很容易与其他字母混淆；所以，周围船只并未意识到是紧急求救信号，也就没有快速救援。当泰坦尼克即将沉没时，下级无线电操作员布莱德才恳求道："发送SOS吧，这是新的求救信号，这也可能是你最后的机会了！"然后，菲利普在传统的CQD求救信号中，夹进了SOS信号。该信号直到第二天早上，才被另一艘船"加州人号"收到，因为当时无线电信号并未被全天监听。

泰坦尼克号沉没后，"SOS"才终于被广泛接受和使用。

自莫尔斯电码在1837年发明后，一直只能用来传送英语或以拉丁字母拼写的文字。由于中文没有字母，所以在1880年，清政府才雇用丹麦人，设计了中文汉字电报。

中文电码表，采用四位阿拉伯数字作为代号，简称"四码电报"。从0001到9999按四位数顺序排列，它最多可表示一万个汉字、字母和符号。汉字先按部首，后按笔画排列；字母和符号放到电码表的最尾。但因中文电码是"无理码"，记忆困难，一般人几乎无法熟练地掌握使用，它更没有刻意考虑过"信源压缩"问题。

总之，在信息论诞生前，包括烽火通信、电报码等在内的多种编码中，"信源压缩"都已被或多或少考虑过了，而且许多思想也在信息论中得以体现。但是，直到宽带数据通信之前，由于信道中传递的信息量都很少，信道容量问题几乎未出现；所以，信息论中有关信道容量极限的"信道编码定理"及其思想之前从未有过蛛丝马迹，真的好似横空出世一样。由此，不得不赞叹香农的伟大！

香农信息论的目的就是：在安全可靠的前提下，如何提高信道传输信息的效率（简称"传信率"）。为了便于理解，先来看看如何提高一条公路的运输能力。其实，关键只有两点：

一是"多拉"。路上跑的每辆汽车，都要装满，以不超过最大载重量为限；而且，务必不能装载无用的货物，避免消耗有效的载货空间和载重量。

二是"快跑"。路上的汽车要足够多，但又不能太多，要以既不堵车，又能以不超速的最快速度奔跑为限。

与上述物质传输相似，在信息传输的情况下，提高传信率的关键，也只有类似的两点。

一是信源编码（类似于"多拉"）：无用的信息，绝不多传输1比特。这就是信息压缩问题，即能被压缩的信息都要扔掉。为此，香农给出了信息源能被压缩的极限。

二是信道编码（类似于"快跑"）：绝不浪费信道的传输能力，哪怕是1比特。为此，香农给出了信道传输能力的极限，用行话说，就是信道容量的极限。

在通信系统中，如何才能"多拉"呢？办法很简单，主要有两条：一是每个信号所携带的信息量要尽可能多；当然，这个"多"是有极限的，即无法超过信息源的平均信息量，或称为信源的熵。二是无用的"货物"别"拉"，用行话说，就是所谓的"压缩信源编码"，即尽量减少码数，尽量降低编码的多余度。这就增加了每个信号所携带的信息量。正如，讲话时要尽量精练，废话都要压缩掉，只要把意思说清楚就行；说话啰唆，编码的多余度就太大，就降低了传信率。在言简意赅，压缩信源编码方面，古文和古诗就是榜样。

在通信系统中，"快跑"就意味着传递信号的速率要快。而传递每个信号，都需要一定的间隔，就像公路上需要足够的车距一样。信号传得太快，就分不清彼此了，就"堵车"了；而且，信道在单位时间内，所允许通过的信号，也有一定的限度。例如，若数人同时对你狂吼，那你无论如何，也听不清他们到底在说什么了。

由此可见，只有当每个信号所携带的信息量达到最大平均信息量（"多拉"），同时传输信号的速率也达到信道允许的最大值（"快跑"）时，传递信息的效率才是最高，传信率才能达到最大值。

信道容量还有另一层含义，即信道的传信率极限；一旦达到了这个极限，就达到最大值。信息传输的速率，一旦超过了信道容量这个极限，就一定会出现差错。可见，信道容量限制着传信率，即限制着传递信息的效率。就像面对一个容量 1 升的杯子，你无论如何也不可能将 2 升水注入其中一样。

在信道容量的限制下，为提高传信率，还可分别考虑是否有噪声的情况。

如果一个信道无噪声干扰，那就意味着信源发出的每个信号，经过信道传输，都能准确无误地被接收。此时，只要传信率等于或小于信道容量，那么，就一定可以找到某种编码方法，使信息能够准确无误地传递。如果传信率大于信道容量，那就必然会出现差错。

但是，噪声干扰总是存在的，此时，信号在传递过程中，会发生某些失真，要损失一些信息量。于是，有的信号在传到接收端后，就变得含糊不清了，传信率也就降低了。此时，信道容量就是"有效传信率"的最大值，即发送的"最大传信率"减去"传输时产生的疑义度"。这里，疑义度是指平均每个信号增加的含糊程度，它也是每个信号损失的信息量。由此可见，在有噪声干扰的情况下，信道容量同样限制着传信率。传信率也必须等于或小于信道容量，才能使信号准确无误地在信道中传输；否则，就会产生差错。

总之，无论是否有噪声，要想使信息传输不出差错，一个最起码的要求是：传信率不能大于信道容量。这就是提高传信率所必须遵从的基本原则。

哥们儿，关于信息论，我只能帮你到此了，你好自为之吧！

虽然古人已多次在诗文中谈及"信息"二字，比如，南唐李中《暮春怀故人》诗："梦断美人沉信息，目穿长路倚楼台。"宋朝陈亮《梅花》诗："欲传春信息，不怕雪埋藏。"但是我们还是想套用一首诗，针对信息及其各种变身的安全，将本章概括如下：

第一最好不相恋，信息根本看不见。

第二最好不相思，比特与熵很难知。

第三最好不相欠，系统首要保安全。

第四最好不相忆，对付失控需妙计。

第五最好不相弃，蚁穴虽小能溃堤。

第六最好不相亏，内外兼顾显神威。

第七最好不相误，泄密信息价值负。

第八最好不相堵，畅通反馈有帮助。

第九最好不相依，一劳哪能得永逸。

第十最好不相攻，和谐相处好轻松。

但曾相见便相知，安全保障最及时；

信息若能充分用，免以得失作相思。

第18章
系统与安全

伙计，见过面向安全专家的安全科普吗？若没见过，嘿嘿，请你看过来，看过来！本章从系统论的高度，来重新审视网络空间安全，将给你展现一幅完全不一样的安全景象。既然是针对安全专家，那就不能只讲风趣了；所以呀，如果你不打算成为安全专家的话，也可以跳过此章。

在网络空间安全领域，连傻瓜都会背诵这样的"武林秘籍"，即：安全是整体的，不是割裂的；是动态的，不是静态的；是开放的，不是封闭的；是相对的，不是绝对的；是共同的，不是孤立的。

但是，真正落实到行动时，大家就全都忘了。甚至在安全治理操作中，经常倚重的许多办法，却是最笨的办法，也是最帮倒忙的办法；因为这些办法"以局部不安全熵的减小，激发了全局不安全熵的大幅度增加"，或者"以暂时不安全熵的减小，激发了长期不安全熵的大幅度增加"，或者"以封闭性不安全熵的减小，激发了开放性不安全熵的大幅度增加"，或者"为追求绝对安全，却激发了系统不安全熵的大幅度增加"，或者"为追求孤立的安全，却激发了共同的不安全熵的大幅度增加", 等等。

为什么会大面积、长时间出现这种言行不一致, 或者事与愿违的情况呢?

最根本的原因就是: "系统论"在安全领域未被充分重视, 甚至干脆没有从系统论角度来考虑安全问题! 因此, 本章就来科普一下系统论及其在安全领域中的应用。

与信息论类似, 许多人对系统论也是"只闻其声, 未见其人"。而且, 系统论比信息论更偏向于哲学, 所以理解起来就更难, 甚至会觉得比较空泛。普通读者可以略去本章, 但是对于安全专家来说, 系统论确实不应回避, 不但建议认真阅读本章, 还建议深入思考安全的系统论方法。

本章被选入《安全简史》, 还有以下三个原因。

一是系统论、信息论和赛博学(过去称控制论)合称为"三论", 它们彼此互补, 密不可分, 并从不同侧面反映了客观世界的变化规律。信息论教我们如何认识和度量信息, 系统论和赛博学则教我们如何利用信息; 前者利用信息实现系统的最优化, 后者利用信息实现"有目的系统"的最佳控制。目前, "三论"发展大有统一化的趋势, 而且统一的方向还明显偏向于系统论。既然前两章已分别涉及赛博学和信息论, 所以, 本书中的第三论——系统论, 也不该被忽略。如果把系统论的优化目标定为"安全", 那么系统论也就自然演化为安全系统论了; 因此, 在后续介绍中, 我们就不刻意区分安全系统论和系统论了, 而是用"(安全)系统论"来表述。

二是根据安全通论已有的结果, 我们知道: 安全与信息一样, 也是负熵, 或者说"不安全"是熵; 而赛博系统的整体安全趋势, 其实就由该系统的"安全熵"趋势所确定。因此, 安全保障的真正目的其实只有一个，即最佳情况是促使系统的"不安全熵"减少，次之是维持"不安全熵"不增加，再次之是阻止"不安全熵"快速增加。换句话说，判断某种安全保障措施是否正确的唯一标准，是"它将引起系统的不安全熵向哪个方向发展"，而绝不是"执行者的初衷是否善意"，或者"某些领导或组织是否高兴"等。可见，（安全）系统论将有助于从整体上，对所有安全加固措施的正确性进行宏观评估，避免"好心办坏事"的情况发生。

三是借助系统论，便能俯瞰系统安全的全貌，并在复杂的网络系统对抗中随心所欲地排兵布阵，胸有成竹地声东击西，鬼使神差地指南打北。特别是"复杂系统理论"本身，就是对付黑客的神器，是"四两拨千斤"的法宝，这一点已在安全通论中得到了充分证实。

作为（安全）系统论的引子，先来讲几个故事，看看在缺乏系统思维的情况下，将出现什么怪事。

众所周知，最严谨的科学是"逻辑学"，一般的直觉是："只要逻辑合理，那结论就一定正确。"但是，下面几个悖论，将颠覆你的直觉。

话说，有位国王特别擅长逻辑学，为彰显其缜密的思维，他制定了一条奇怪的法律：每个死囚在被处死前，都要说一句话。如果这句话是真话，那他将被砍头；如果这句话是假话，那他将被绞死。

国王对其"法律"很得意，因为，按照逻辑：每句话要么是真话，要么是假话，不可能有第三种可能性。因此，死囚犯将要么被砍头，要么被绞死。

可是，有一次，聪明的系统学家被押赴刑场后，他却说："我将要被绞死！"这下，逻辑学国王傻眼了。因为，如果国王将系统学家绞死，那么遗嘱"我将要被绞死"便是真话，但根据法律，"说真话将被砍头"；如果国王将系统学家砍头，那么遗嘱"我将要被绞死"便是假话，但根据法律，"说假话将被绞死"。总之，无论国王如何行刑，他都会破坏自己的法律，从而陷入不能自拔的矛盾之中。

那么，这个矛盾是从哪里冒出来的呢？答案就是：该矛盾是从系统中冒出来的！在缺乏系统思维的情况下，如果最严谨的"逻辑学"都会出现漏洞的话，那就更别说安全等其他科学了。实际上，许多东西，从局部上看虽是天衣无缝，但从整体上重新考虑时，便会漏洞百出，当然也就会引发相应的安全问题；用行话说，这便是（安全）系统的整体性。

同样，从孤立角度看是天衣无缝的东西，而从关联角度来看，就可能出现矛盾；用行话说，这便是（安全）系统的关联性。

从低等级结构角度看是天衣无缝的东西，而从高等级结构角度来看，就可能出现矛盾；用行话说，这便是（安全）系统的等级结构性。

从静态角度看是天衣无缝的东西，而从动态角度去看时，就可能出现矛盾；用行话说，这便是（安全）系统的动态平衡性。

从正时序看是天衣无缝的东西，而从逆时序去看时，就可能出现矛盾；用行话说，这便是（安全）系统的时序性。

从分散开来看是天衣无缝的东西，而从统一角度看，就可能出现矛盾；用行话说，这便是（安全）系统的统一性。

总之，（安全）系统论的认识基础，就是所谓的"系统思维"，即对系统的整体性、关联性，等级结构性、动态平衡性、时序性、统一性等本质属性进行最优化，至少避免出现漏洞和矛盾，从而避免相应的安全问题。

为加深印象，下面再介绍一些有趣的悖论，它们可能由系统的上述某一种或某几种特性所引发，欢迎大家自行对号入座。

苏格拉底悖论：苏格拉底说"我只知道一件事，那就是我一无所知"。这句名言显然是一个悖论，因为，如果"我只知道一件事"，那么我就"知道一件事"，从而，就不可能是"一无所知"；如果我真的是"一无所知"，那么就不可能"知道任何一件事"，当然，也就不可能"只知道一件事"。

二分法悖论：一个正在行走的人永远到达不了他的目的地，因此，运动是不可能的。因为，你若要到达终点，必须先到达全程的1/2处；要到达1/2处，必须先到1/4处，……每当你想到达一个点，总有一个中点需要先到，因此你是永远也到不了终点的。这个结论显然与日常经验相矛盾，但是，其论证过程好像又是"滴水不漏"呀，问题出在哪里呢？此悖论的另一种等价形式也称为"飞矢不动悖论"，即飞箭是不可能移动的。因为它在飞行过程中的任何瞬间，都有一个暂时的位置，而在该位置上，箭是不动的；因此，箭是不能动的。此悖论其实早在战国时期，就由诡辩学家惠施发现了，他说："飞鸟之影，未尝动也。"

忒修斯之船悖论：如果船上的木板被逐渐替换，直到所有木板都不是原来的木板，请问，这艘船还是原来的那艘船吗？此悖论的新版本已经层出不穷，比如，人体细胞每七年更新一次，七年后，镜子里的你，还是你吗？将器官逐一移植后，你还是你吗？等等。

上帝无所不能的悖论：无所不能的上帝，能不能创造出他自己搬不动的石头？如果上帝能创造出这种石头，那他就"搬不动这块石头"，从而就不再是"无所不能"；如果他"不能创造出这种石头"，那么，他就已经不再是"无所不能"了。

理发师悖论：理发师承诺"我将帮城里所有不自己刮脸的人刮脸"。那么请问，理发师给自己刮脸吗？如果他给自己刮脸，就违反了"只帮不自己刮脸的人刮脸"的承诺；如果他"不给自己刮脸"，那么他就必须"给自己刮脸"，因为他承诺：将帮不自己刮脸的人刮脸。此悖论，便是有名的罗素悖论，由英国数学家勃兰特·罗素教授，于20世纪初提出，它几乎改变了数学界20世纪的研究方向。

祖父悖论：如果某人乘坐时光机，穿越回去杀死了还处在孩提阶段的爷爷，请问会发生什么？如果杀死了爷爷，那么他就从未诞生；如果他从未诞生，如何回到以前杀死他的爷爷？所以，即使他能穿越回去，也不可能杀死他爷爷。

谎言者悖论：早在公元前6世纪，哲学家艾皮米尼地斯就说"所有克利特人都说谎，他们中间的一个诗人这么说"。这显然是个悖论，因为，如果"这个诗人没说谎"，那么就不可能是"所有克利特人都说谎"，因为诗人也是克利特人；如果"这个诗人说了谎"，那么就不可能是"所有克利特人都说谎"。

"世界上没有绝对的真理"，这句话本身也是一个悖论。因为，如果这句话是"真理"，就说明"世界上是有绝对真理的"，因此，这句话就错了；如果这句话不是"真理"，那么，也说明"世界上是有绝对真理的"，因此，这句话也错了。

柏拉图-苏格拉底悖论。柏拉图和老师苏格拉底，有这样一段对话。柏拉图说："苏格拉底的下句话是错误的。"苏格拉底说："柏拉图说得对。"那么柏拉图到底是对还是错呢？如果柏拉图是对的，那么苏格拉底说的"柏拉图说得对"就是错的，所以柏拉图就是错的；如果柏拉图是错的，那么，苏格拉底说的"柏拉图说得对"就是对的，从而，柏拉图就是对的。反正，无论怎么样都是矛盾的，都会陷入恶性循环。

类似的悖论还有很多，此处就不再罗列了。当然，必须澄清的是：以上悖论虽然是因缺乏系统思想而出现的，但是这并不意味着（安全）系统论就是要研究这些悖论。不过，如果缺乏系统观，那么就一定会出现诸如悖论等系统漏洞，从而引发相应的安全问题。

安全系统论研究的对象，当然就是各种"系统"。例如：首先是人子系统，又可细分为黑客子系统、红客子系统、用户子系统或他们的可能组合的人员子系统等；其次是网络系统，又可分为局域网子系统、城域网子系统、互联网子系统或它们的可能组合的网络系统等；最后是人网融合系统，包括各类人员和网络的可能融合系统等。由于系统的种类太多，因此，下面将它们统称为"系统"。换句话说，安全系统论，就是要对这些"系统"进行安全分析、安全评价和安全控制。

系统安全分析。要提高系统的安全性，减少甚至杜绝安全事件，其前提条件之一，就是预先发现系统可能存在的安全威胁，全面掌握其特点，明确其对安全性的影响程度；这样，便可针对主要威胁，采取有效的防护措施，改善系统的安全状况。此处的"预先"是指：无论系统生命过程处于哪个阶段，都要在该阶段之前，进行系统的安全分析，发现并掌握系统的威胁因素。这便是系统安全分析的目标，即使用系统论方法辨别、分析系统存在的安全威胁，并根据实际需要对其进行定性、定量研究。

系统安全评价。系统安全评价要以系统安全分析为基础，通过分析和了解来掌握系统存在的安全威胁。对系统安全进行评价时，不必对所有威胁采取措施；而是通过评价，掌握系统安全风险的大小，以此与预定的系统安全指标相比较。如果超出指标，则应对系统的主要风险因素采取控制措施，使其降低至标准范围之内。

系统安全控制。只有通过强有力的安全控制和管理手段，才能使安全分析和评价产生作用。当然，这里的"控制"，需要从系统的完整性、相关性、有序性出发，对系统实施全面、全过程的风险控制，来实现系统的安全目标。

利用系统论方法研究安全时，需要重点关注以下五个方面。

一是要从系统整体性出发，考虑解决安全威胁的方法、过程和目标。比如，对每个子系统安全性的要求，要与实现整个系统的安全功能和其他功能的要求相符合。在系统研究过程中，子系统和系统之间的矛盾，以及子系统与子系统之间的矛盾，都要采用系统优化方法，寻求各方面均可接受的满意解；同时，要把系统论的优化思路贯穿到系统的规划、设计、研制、建设、使用、报废等各个阶段中。

二是突出本质安全，这是安全保障追求的目标，也是系统安全的核心。由于安全系统论中，将人、网、环境等看成一个"系统"，因此，不管是从研究内容还是从系统目标来考虑，核心问题都是本质安全，即研究实现系统本质安全的方法和途径。

三是人网匹配。在影响系统安全的各种因素中，最重要的是人网匹配。

四是经济因素。由于安全的相对性，所以安全投入与安全状况是彼此相关的，即安全系统的"优化"受制于经济。但是，由于安全经济的特殊性（安全投入与业务投入的渗透性、安全投入的超前性与安全效益的滞后性、安全效益评价的多目标性、安全经济投入与效用的有效性等），就要求在考虑系统目标时，要有超前的意识和方法，要有指标（目标）的多元化的表示方法和测算方法。

五是安全管理。系统安全离不开管理，而且管理方法必须贯穿于安全的规划、设计、检查与控制的全过程。

总之，"安全系统论"就是利用系统论的方法，从系统内容出发，研究各构成部分存在的安全联系，检查可能发生的安全事件的危险性及其发生途径；通过重新设计或变更操作，来减少或消除危险性，把安全事件发生的可能性降到最低。可见，要了解安全系统论，就必须先了解系统论，因此，下面就来对它进行一点科普。

（安全）系统论既是科学，又是哲学。从科学角度看，它开创了全新的研究领域——系统。从哲学角度看，它既刷新了人类的世界观，又提供了独树一帜的方法论。那么，到底什么是"系统"呢？

学霸们，如果你精力过盛，背书成瘾的话，那么，"系统"的数十种定义，也许可供你解闷。比如，"系统是诸元素及其正常行为的给定集合……""系统是有组织的和被组织化的全体……""系统是有联系的物质和过程的集合……""系统是许多要素保持有机的秩序，向同一目的行动的东西……""系统是由相互作用和相互依赖的，若干组成部分合成的，具有特定功能的有机整体；而且这个系统本身，又是它所从属的一个更大系统的组成部分……""开放性、自组织性、复杂性，整体性、关联性、等级结构性、动态平衡性、时序性等，是所有系统的共同的基本特征，也是系统方法的基本原则……"，等等。

至于学渣们，你就别跟着凑热闹了，只需知道：整个世界就是系统的集合，世界上的任何事物都可看成一个"系统"就可以了；再简单一点，你只需记住"网络空间及其任何一部分，都可看成一个系统"就好了。而网络空间安全，正是研究这些系统的安全，所以研究"系统"的方法和思路，当然也能够应用于研究系统的安全，从而演化出安全系统论。当然，任何系统都是"物质、能量和信息相互作用和有序化运动"的产物。

"系统"一词，来源于古希腊语，表示"由部分构成整体"的意思。根据不同的原则和情况，"系统"可分为不同的类别。比如，按人类干预的情况，可划分为自然系统、人工系统；按学科领域，可分成自然系统、社会系统和思维系统；按范围划分，则有宏观系统、微观系统；按与环境的关系划分，就有开放系统、封闭系统、孤立系统；按状态划分，就有平衡系统、非平衡系统、近平衡系统、远平衡系统；此外还有大系统、小系统；等等。不过，其中，最受关注的系统是："开放系统"和"封闭系统"。

"开放系统"的特点是"系统与外界环境之间有物质、能量或信息的交换"；"封闭系统"则与此相反，它与外界环境之间不存在物质、能量或信息的交换。用系统思想来观察现实世界，几乎一切系统都是开放系统。

开放系统的演化过程，在一定条件下是一个减熵的过程；它使系统的组织化程度不断提高，系统内部结构更趋复杂而精致，功能更趋完善，系统逐渐由低级向高级发展。网络空间的安全加固措施，也可看成是与开放系统的"物质、能量或信息交换"，其目的在于减少"不安全熵"。

在封闭系统（或孤立系统）中，情况就完全相反了。比如，将一瓢冰水，倒入沸水锅中后，冰水会变热，开水会变凉，并且锅内的水温将最终趋于均衡，变得不冷也不热，这便是著名的"热力学第二定律"，或者说，熵始终是增加的，或熵不减性；因为，此时与外界的热交换比例很小，可以忽略不计。而在有限网络中，系统的不安全性也会越来越高，除非有外力帮助，或者说，网络空间的不安全性也遵从热力学第二定律。

"整体原则"是（安全）系统论的基本原则。可以把"安全"当作一个系统，并分析该系统的结构和功能；研究各要素与环境间的相互关系和运动规律，充分发挥各要素的潜力；在"局部安全服从整体安全"的前提下，尽可能实现目标优化。根据"整体原则"，网络空间便可看成关系的集合体，没有不可分的终极单元；关系是内在的，而非外在的。因此，必须立足整体，通过考察部分之间、整体与部分之间、系统与环境之间的复杂作用和联系，达到对系统安全的整体把握。

如果你理解该"整体原则"有困难，那么想想中医，就迎刃而解了。因为，几千年来，中医一直认为"人是一个整体"；与此相反，有些西医却将人体看成可局部拼装拆卸的机器：肠子坏了，切掉一截；脸破了，用屁股皮补上，如果你不嫌弃的话……中医确信，人的四肢百骸，五脏六腑，借助于经络系统，连成了一个以五脏为中心的密不可分的整体；所谓的"治病"，就是对这个整体系统进行优化，而不是头痛医头，脚痛医脚。中医始终从整体角度，分析病症及其变化；从整体活动中，研究局部病变的实质。比如，以阴阳、五行、脏腑、经络、气血、津液等学说为理论依据，对"望闻问切"得来的临床资料，根据其内在联系加以分析归纳，以探求疾病的根源和病变的本质。中医的目标优化结果是：上医治未病，中医治欲病，下医治已病。

（安全）系统论所考虑的整体，不是机械的整体，更不是局部的简单拼接，而是有机的整体；从而系统的整体安全功能，会呈现出"各要素在孤立状态下所没有的性质"，这些性质不但与各要素相关，还取决于复合内部各部分的特定关系。但是，系统的这一重要"有机特征"却经常被忽视，虽然，亚里士多德早就说过："整体大于部分之和。"比如，整体的不安全性，大于部分不安全性之和，即部分安全不等于整体安全。特别是，系统要素性能好，并不意味着整体性能也一定好；而且，系统中各要素不是孤立存在的，每个要素在系统中都处于一定的位置，并发挥着特定的作用。要素之间相互关联，构成了一个不可分割的整体。要素是整体中的要素，如果将要素从系统整体中割离出来，它将失去要素的作用。

在（安全）系统论的整体世界观指导下，相应的方法论也是整体性的，主要包括以下四个方面。

第一，信息方法。该方法完全撇开研究对象的具体结构和运动形态，把系统的有目的性的运动过程（比如，安全保障过程），抽象为信息传递和转换过程；通过对信息流程的分析和处理，来揭示某一复杂系统运动过程的规律，获得事物整体的知识，特别是其中信息接收、传递、处理、存储和使用的变换过程。与传统的经验方法不同，信息方法并不对事物进行解剖分析，而是仅仅综合考察信息流程。信息的普遍存在性和高度抽象性，决定了信息方法应用范围的广泛性。

信息方法绝不割断系统的联系，不是用孤立的、局部的、静止的方法去研究事物（比如，安全），也不是在剖析基础上的简单机械综合；而是直接从整体出发，用联系的、全面的观点去综合分析系统运动过程（比如，安全保障过程）。

第二，黑箱方法。所谓"黑箱"有两方面的含义：其一，黑箱的"黑"在于对其内部结构一无所知，即两眼一抹黑。其二，黑箱也并不"黑"，因为任何客体总有可以观察到的外部变化，即行为；也就是说，它的输入和输出之间存在着某种关系。比如，通过黑客的异常行为，可推断出相应的攻击手法等。

所谓黑箱方法，就是在客体结构未知（或假定未知）的前提下给黑箱以输入，从而得到相应的输出；并通过分析输入和输出的关系，来研究客体的方法。比如，把网络系统看成"黑箱"，将"攻"看成输入，系统反应为其输出；再将"防"作为另一输入，达到所需的安全输出，并以此来探讨它们的对应关系。此时，不对箱子的性质和内容做任何假定，而只是确定某些作用于它的手段；并以此对箱子进行作用，使人与箱子之间形成一个耦合系统。然后通过输入输出数据，建立相应的数学模型，推导出内部联系。黑箱方法研究的不是箱子本身，而是人与箱形成的耦合系统。

绝对的黑箱其实并不存在，任何系统都是一个"灰箱"，即部分已知的系统。因为在人类视野之外，并无客体，凡纳入主体范围的认识对象，总会有所知道的东西。与黑箱方法相反的方法，是所谓的

"白箱方法"，它把系统结构按已知关系表达出来，形成完全清晰的"白箱系统"，并进一步研究、预测系统未来行为，以控制系统的将来过程。当然，绝对的"白箱系统"也是不存在的。

第三，反馈方法。这是一种"以原因和结果的相互作用来进行整体把握"的方法，也是赛博学的基本方法；其特点是：根据过去操作的情况，去调整未来行为。所谓"反馈"就是将系统的输出结果，再返回到系统中去，并和输入一起调节和控制系统的再输出的过程。如果前一行为结果加强了后来行为，称为正反馈；如果前一行为结果削弱了后来行为，称为负反馈。"反馈"在输入输出间，建立起了动态的双向联系。

反馈方法就是"用反馈概念，去分析和处理问题"的方法，它成立的客观依据在于原因和结果的相互作用。不仅原因引起结果，结果也反作用于原因。因而，对因果的科学把握，必须把结果的反作用考虑在内。比如，计算机病毒的查杀过程，就是一个典型的基于反馈法的安全保障措施：首先，及时获取网上的病毒反馈；然后，"对症下药"研制相应的杀毒软件；接着，再继续监视网络情况等。

第四，功能模拟法。这是由赛博学发展出来的另一种方法，它忽略对于质料、结构和个别要素的分析，暂时撇开系统的结构、要素、属性，而只是单独研究行为，并通过"行为功能"来把握系统的结构和性质。该方法的依据是维纳的如下重要发现："从结构上看，技术系统与生物系统都具有反馈回路，表现在功能上则都具有自动调节和控制功能。这就是这两种看似截然不同的系统之间所具有的相似性、统一性。确切地说，一切有目的的行为都可以看作需要负反馈的行为。"

功能模拟法具有以下三个特点。

一是以行为相似为基础。在赛博学看来，系统最根本的内容就是行为，即在与外部环境的相互作用中所表现出来的系统整体应答。因此，两个系统间最重要的相似，就是行为上的相似。在建立模型的过程中，可以撇开结构，而只抓取行为上的等效性，从而达到功能模拟的目的。比如，在网络空间安全保障过程中，许多未知攻击的防御，就得依赖于分析各种大数据中的异常行为。

二是模型本身成为目的，而非手段；甚至将模型看成"具有生物目的性"的机器。在传统模拟中，模型只是把握原型的手段；对模型进行研究，其目的是获取原型的信息。例如，原子的太阳系模型，本身没有任何意义，只是研究原子结构的一种方便的手段而已。但在功能模拟中，模拟却基于行为，以功能为目的。又如，在安全对抗中，建立相应的攻防模型也非常关键。

三是从功能到结构。一般模拟遵循的是从结构到功能的认识路线。而功能模拟则相反，它首先把握的是整体行为和功能，而不要求结构的先行知识。但它并不否认结构决定功能，同时也不满足于对行为和功能的认知；它要求从对行为和功能的认知过渡到结构研究，获得结构知识。比如，在进行序列密码分析时，用线性移位寄存器模拟未知的非线性密钥生成器的过程，便是从功能认知到结构研究的过程。

（安全）系统论的另一个原则，就是所谓的"动态性原则"，即动态演化原则；或者说，安全过程其实是一个演化过程。该原则的哲学基础是：世界是过程的集合体，而非既成事物的集合体。该原则的基本内容可概括为：一切实际系统，由于其内外部联系的复杂相互作用，总处于无序与有序、平衡与非平衡的相互转化的运动变化之中，任何系统都要经历系统的产生、维持、消亡不可逆的演化过程。也就是说，系统的存在，本质上就是一个动态过程（因此，安全也是一个动态过程）；系统结构，不过是该动态过程的外部表现而已（因此，网络及其安全设备等，不过是安全现状的外部表现而已）。任何系统作为过程，又构成更大过程的一个环节、一个阶段（因此，安全包括许多环节和阶段）。

关于动态演化，可以概括为以下三点。

第一，系统内部的相互作用，是演化的内在根据和动力。比如，网络空间安全对抗的演化，就是攻防双方相互作用的结果。

从空间角度来看，所谓的内部相互作用，就是系统的结构、联系方式。从时间角度来看，所谓的内部相互作用，就是系统的运动变化使各方力量总是处于此消彼长的变化之中，从而导致系统整体的变化。这种内部相互作用，规定了系统演化的两个主要方向和趋势：首先，从无序到有序、从简单到复杂、从低级到高级的，前进的，上升的运动，即进化；其次，从有序到无序、从高级到低级、从复杂到简单的，倒退的，下降的方向，也即退化。

第二，系统与环境的相互作用，是系统演化的外部条件。比如，在极端气象环境中，网络系统更容易向不安全方向演化。

任何现实系统，都是封闭性和开放性的统一。环境构成了系统内部相互作用的场所，同时，又限定了系统内部相互作用的范围和方式。

系统的进化尤其依赖于外部环境。系统的内在差异，总是在自发的不可逆过程中倾向于被削平，从而导致系统向无序的平衡态演化。因此，必须不断地从外部环境获得足够的物质、能量和信息，才能使系统差异得以建立和恢复，维持远平衡状态（比如，必须不断对系统进行安全加固，才能确保在网络攻防中的优势地位等）。因此，系统必须对环境保持开放，才能进化。

第三，随机涨落是系统演化的直接诱因。

稳定与涨落是刻画系统演化的重要概念。由于系统的内外相互作用，系统要素的性能会有偶然改变；耦合关系，会有偶然起伏；环境也会带来随机干扰。所以，系统整体的宏观量很难保持为某一平均值。涨落就是系统宏观量对平均值的偏离。按照对涨落的不同反应，可把稳定态分为三种：恒稳态，对任何涨落保持不变；亚稳态，对一定范围内的涨落保持不变；不稳态，在任何微小涨落下会消失。

根据系统的动态演化原则，系统不是"死系统"，即不是已经完成的、静止的、永恒的东西；任何实际系统，都是动态的"活系统"（所以，安全只是暂时的，不是永远的）。因此，应该从系统的动态过程中来把握对象；要从"对要素的静态分析"上升为"要素之间的相互作用、要素在系统整体中的动态变化的分析"；要从"对结构的静态分析"上升为"对内外相互作用、结构态的形成、保持和转化的动态分析"；要从"对系统整体的静态分析"上升为"对系统的发生、发展和消亡的总体过程的动态分析"。动态性原则，贯穿于系统科学及其方法的每一个具体内容中。

除了上述的"整体性原则"和"动态性原则"，（安全）系统还有许多其他原则。

层次性原则。它认为各系统都是按严格的等级组织起来的，因此具有层次结构。处于不同层次的系统，具有不同的功能。一方面，系统由一定的要素组成，这些要素是由更低一层要素组成的子系统；另一方面，系统本身又是更大系统的组成要素，系统的层次越高，可变化和组合的可能性就越复杂，其结构和功能就越多种多样。

相关性原则。这一原则包括内部相关性原则和外部相关性原则。内部相关性原则，指系统内各要素之间是相互联系、相互制约、相互依赖的；往往某个要素发生了变化，其他要素也随之变化，并引起系统变化。外部相关性原则，指系统内部与外部环境是相互联系、制约和影响的。

结构性原则。这一原则指系统联系是以结构形式表现的，系统的整体功能是由结构决定的，不同的结构具有不同的功能。所谓结构是指系统各要素之间的具体联系和作用的形式。系统内部各要素的稳定联系，形成有序结构，这是保持系统作为整体存在的基本条件。稳定结构是相对的，而变化则是绝对的；因为任何系统总要动态地与外界环境进行物质、能量和信息的交流。田忌赛马转败为胜的故事，就很好地说明了：虽然系统的要素相同，但由于结构不同，则可得到不同的效果（系统功能）。

有序性原则。系统的存在必然表现为某种有序状态，系统越是趋向有序，它的组织程度越高，稳定性也越好。系统从有序走向无序，它的稳定性便随之降低。完全无序的状态就意味着系统的解体。

目的性原则。系统的有序性是有一定方向的，即一个系统的发展方向不仅取决于偶然的实际状态，还取决于它自身所具有的、必然的方向性，这就是系统的目的性。任何系统都存在着目的性。

开放性原则。系统具有不断地与外界环境进行物质、能量、信息交换的性质和功能，系统向环境开放是系统得以向上发展的前提，也是系统得以稳定存在的条件。

突变性原则。系统通过失稳，从一种状态进入另一种状态是一种突变过程，它是系统质变的一种基本形式；突变方式多种多样，同时系统发展还存在着分叉，从而有了质变的多样性，带来系统发展的丰富多彩。

稳定性原则。在外界作用下，开放系统具有一定的自我稳定能力，能够在一定范围内自我调节，从而保持和恢复原来的有序状态、结构和功能。

自组织原则。在系统内外两方面因素的复杂作用下，开放系统的"内部要素的某些偏离系统稳定状态的涨落"可能得以放大，从而在系统中产生更大范围的、更强烈的"长程相关"。这些"长程相关"会自发组织起来，使系统从无序到有序，从低级有序到高级有序。

相似性原则。系统具有同构和同态的性质，这一点体现在系统的结构和功能、存在方式和演化过程均具有共同性。这是一种有差异的共性，是系统统一性的一种表现。

至此，我们对系统论做了一个简要介绍，并涉及了系统论在安全中的应用。其实，相关内容和细节还有很多，有特殊兴趣的读者，欢迎阅读即将出版的《安全通论》的"定性篇"，此处就不再赘述了。

如果说阅读前面各章，是享受快乐的话，那么，也许阅读本章，就不够快乐了。所以，按惯例，我们套用汪国真的诗《假如你不够快乐》，来归纳并小结本章。

假如你不够快乐

也不要把眉头深锁

系统论本来难懂

安全系统论就更加苦涩

打开尘封的门窗

让整体观和动态观遍及各角落

走向生命的原野

让风儿熨平前额

博大可以稀释忧愁

学科能够更加出色

第19章
安全英雄谱

既然上章不快乐，现在就给您找补回来。

首先送上一份"李伯清散打版"的香农外传，祝君笑口常开。为啥是"外传"呢，因为香农的正传已经太多，没必要由我们来写了。为啥写香农呢？因为他是信息论的创始人、现代密码学的奠基者。

接着，以纪念文章的方式介绍了国内四位信息论和密码学的开拓代表：周炯槃院士、蔡长年教授、章照止教授和胡正名教授。他们也是笔者的导师，他们对国家的贡献不应被遗忘，这也算是弟子的应尽本分吧。

香农外传

香农不是人！

其实，他是神，至少是"神人"！

他老爸更神：生下儿子后，不取名，却直接将自己的名字与儿共享，都叫Claude Elwood Shannon。虽然，这个名字汉译后，听起来有点不爽，发音很像"咳痨的·哀儿勿得·现脓"；但是，他老爸也许已经预料到：这个名字，注定将永垂青史！当然，本文纪念的是儿子"香农"，而非老爸"香农"。

他的一个远房亲戚更是"神上加神"！谁呀？！说出来，吓你一跳：托马斯·阿尔瓦·爱迪生！对，就是只用了"1%灵感"，却流了"99%汗水"，就发明了电灯的那位"发明大王"。

唉，真是龙生龙，凤生凤，老鼠生来会打洞啊！

都说香农是数学家、密码学家、计算机专家、人工智能学家、信息科学家等，反正"这家、那家"帽子一大堆。但是，老夫咋总觉得，他哪家也都不是呢！若非要说他是什么"家"的话，我宁愿选择他是"玩家"，或者尊称为"老人家"。其实，他是标准的"游击队长"，那种"打一枪换个地方"的游击队长。只不过，他"枪枪命中要害，处处开天辟地"！

先说数学吧。

俗话说"三岁看大，七岁看老"。香农同学早在童年时，就给姐姐凯瑟琳当"枪手"，帮她做数学作业。20岁就从密歇根大学数学系毕业，并任麻省理工学院（MIT）数学助教；24岁获MIT数学博士学位；25岁加入贝尔实验室数学部；40岁重返MIT，任数学（终生）教授和名誉教授，直至2001年2月26日，以84岁高龄仙逝。他的代表作《通信的数学理论》《微分分析器的数学理论》《继电器与开关电路的符号分析》《理论遗传学的代数学》《保密系统的通信理论》等，除了数学，还是数学。因此，可以说香农一生"吃的都是数学饭"，当然可以算作数学家了。

既然是数学家，你就应该老老实实地、公平地研究0,1,2,…,9这十个阿拉伯数字呀！可是，他偏不！非要抛弃2,3,…,9这八个较大的数字不管，只醉心于0和1这两个最小的数，难道真是"皇帝爱长子，百姓爱幺儿"？！更可气的是，他在22岁时，竟然只用0、1两个数，仅靠一篇硕士论文，就把近百年前（19世纪中叶）英国数学家乔治·布尔的布尔代数，完美地融入了电子电路的开关和继电器之中，使得过去需要"反复进行冗长实物线路检验和试错"的电路设计工作，简化成了直接的数学推理。于是，电子工程界的权威们，不得不将其硕士学位论文评为"可能是20世纪最重要、最著名的一篇硕士论文"，并轰轰烈烈地给他颁发了业界人人仰慕的"美国电气工程师学会奖"。正当大家都以为"一个电子工程新星即将诞生"的时候，一转眼，他又不见了！

原来，他又玩进了"八竿子都打不着"的人类遗传学领域，并且像变魔术样，两年后，完成了MIT博士论文《理论遗传学的代数学》！然后，再次抛弃博士论文选题领域，摇身一变，玩成了早期的机械模拟计算机元老，并于1941年发表了重要论文《微分分析器的数学理论》。

喂，香老汉儿，你消停点行不？！每个领域的"数学理论"都被你搞完了，我们"菜鸟"咋办？总该给咱留条活路嘛！

各位看官，稍息，稍息！口都渴了，请容我喝口茶，接着再侃。……

好了，该说密码了。

小时候，香农就热衷于安装无线电收音机，痴迷于莫尔斯电报码，还担任过中学信使，冥冥之中，与保密通信早就结下了姻缘。特别是一本破译神秘地图的推理小说《金甲虫》，在他幼小的心灵中播下了密码种子。终于，苍天开眼，"二战"期间，他碰巧作为小组成员之一，参与了研发"数字加密系统"的工作，并为丘吉尔和罗斯福的越洋电话会议提供过密码保障。很快，他就脱颖而出，成了盟军的著名密码破译权威，并在"追踪和预警德国飞机、火箭对英国的闪电战"方面，立下了汗马功劳。据说，他把敌机和火箭追得满天飞。（对了，这些玩意儿本来就"满天飞"嘛。主编，这句请掐了哈！）

战争结束了，按理说，你"香将军"就该解甲归田，玩别的"家家"去了吧。可是，香农就是香农，一会儿动如脱兔，一会儿又静若处子。这次，他一反常态，非要"咬定青山不放松"，一鼓作气，把战争中的密码实践经验通过归纳、总结和提高，于1949年完成了现代密码学的奠基性论著《保密系统的通信理论》，愣是活生生地将"保密通信"这门几千年来一直依赖"技术和工匠技巧"的东西，提升成了科学，而且还是以数学为灵魂的科学；还严格证明了人类至今已知的、唯一的、牢不可破的密码：一次一密随机密码！

你说可气不可气！你为啥"老走别人的路，让别人无路可走"呢？你这样，让恺撒大帝、拿破仑等历代军事密码家们，情何以堪？！

算了，闲话少扯，言归正传，该聊聊他神龛上的那个信息论了。

伙计，你若问我啥叫"信息"，如何度量信息，如何高效、可靠地传输信息，如何压缩信息；嘿嘿，小菜一碟，老夫一百度，马上就可给出完整的答复。

可是，在1948年香农发表《通信的数学理论》之前，对这些问题，连上帝都不知道其答案哟，更甭说世间芸芸众生了。虽然，早在1837年，莫尔斯（Morse）就发明了有线电报来"传送信息"；1875年，埃米尔·博多（Emile Baudot）发明了定长电报编码来规范化"信息的远程传输"；1924年，奈奎斯特（Nyquist）给出了固定带宽的电报信道上，无码间干扰的"最大可用信息传输速率";1928年，Hartley给出了用在带限信道中，可靠通信的最大"数据信息传输率";1939—1942年，Kolmogorov和Wiener发明了最佳线性滤波器，来"清洗信息";1947年，Kotelnikov发明了相干解调，来从噪声中"提取信息"。但是，人们对"信息"的了解，却始终只是一头雾水。

经过至少100年的"盲人摸象"后，全世界的科学家，面对"信息"这东西，仍然觉得"惚兮恍兮，其中有象;恍兮惚兮，其中有物"。

那么，"信息"到底是什么"物"呢？唉，"其之为物，惟恍惟惚"！

就算使尽浑身解数，抓条"信息"来测测吧，结果却发现，它具有的只是"无状之状，无物之象，惚恍惚恍"。

"信息"呀，求求你，给个面子，让科学家们只看一眼尊容，总可以了吧！结果，"信息"还是再次"放了人类的鸽子"，只让大家"迎之不见其首，随之不见其尾"！

终于，科学家们准备投降了。

说时迟，那时快。就在这关键时刻，香农来了！

接下来，老夫真不知该咋写了。只好烧纸，从阴间请回"评书艺术大师"袁阔成老先生，求他演绎出如下"香农温酒斩信息"的故事来。

只见香农，不慌不忙，温热三杯庆功酒，也不急饮，骑着杂耍独轮车，双手悬抛着四个保龄球，腾腾腾就出了"中军大帐"。他左手一挥，瞬间那保龄球就化作"数学青龙偃月刀"，只见一个大大的"熵"字，在刀锋旁闪闪发光。他右手紧了紧肚带，摸了摸本来就没有的胡子，嘿，还挺光滑的；这才"嗡嘛呢呗咪吽"地念了个六字咒语，咔嚓一下，就把独轮车变成了高跷摩托！

来到两军阵前，香农对"信息"大吼一声："鼠辈，休得张狂，少时我定斩你不饶！"

"信息"一瞧，心里纳闷儿：怎么突然冲出个杂耍小丑来？也没带多少兵卒呀？怎么回事？"来将通名！"

"贝尔实验室数学部香农是也！"

"信息"一听，"扑哧"笑了，心想：可见这人类真没招啦，干吗不叫个名牌大学的教授来呢？

"速速回营，某家刀下不死无名之鬼！"

"信息"这"鬼"字还没落地，香农举起"数学青龙偃月刀"，直奔"信息"而来，急似流星，快如闪电，刷刷地一下，杀向"信息"。好快呀，"信息"再躲，可就来不及啰！耳边就听得"扑哧"一声，脑袋就掉了。于是，"信息容量极限"等一大批核心定理，就被《通信中的数学理论》收入囊中。

就这么快，那个"熵"字都还没有看清楚，"信息"就成了刀下鬼。

香农得胜回营，再饮那三杯庆功酒，嗨，那酒还温着呢！

……

好了，谢谢袁阔成老先生！

从此，信息变得可度量了；无差错传输信息的极限知道了；信源、信息、信息量、信道、编码、解码、传输、接收、滤波等一系列基本概念，都有了严格的数学描述和定量度量：信息研究总算从粗糙的定性分析阶段，进入到精密的定量阶段了，一门真正的通信学科——信息论，诞生了。

其实香农刚刚完成信息论时，并非只收获了"点赞"。由于过分超前，当时贝尔实验室很多实用派人物都认为"香农的理论很有趣，但并不怎么能派上用场"。因为当时的真空管电路，显然不能胜任"处理接近香农极限"所需要的复杂编码。伊利诺伊大学著名数学家 J. L. Doob，甚至对香农的论文做出了负面评价；历史学家 William Aspray 也指出，香农的概念架构体系"无论如何，还没有发展到可以实用的程度"。

事实胜于雄辩！到了20世纪70年代初，随着大规模集成电路的出现，信息论得到了全面应用，并已深入到信息的存储、处理、传输等几乎所有领域，由此足显香农的远见卓识。

于是，才出现了如今耳熟能详的如潮好评："香农的影响力无论怎样形容都不过分""香农对信息系统的贡献，就像字母的发明者对文学的贡献""它对数字通信的奠基作用，等同于《自由大宪章》对于世界宪政的深远意义""若干年后，当人们重新回顾时，有些科学发现似乎是那个时代必然会发生的事件，但香农的发现显然不属于此类"……

当人们极力吹捧香农，甚至把他当作圈子中的"上帝"来敬仰时，他却再一次选择了急流勇退，甚至数年不参加该领域的学术会议。直到1985年，他突然出现在英格兰布莱顿举行的"国际信息理论研讨会"上，会场顿时欢声雷动，那情形简直就像是牛顿出现在物理学会议上。有些与会的年轻学者，甚至都不敢相信自己的眼睛，因为他们真还不知道"传说中的香农仍然还活在世上"！

哥们儿，这就叫"虽然你已远离江湖多年，但你的神话却仍在江湖流传"！

老子写完《道德经》后，就骑青牛出函谷关，升天了。

可是，香农创立信息论后，又到哪儿去了呢？

经老夫考察，这次他去了幼儿园，到那里也成仙了。所以，他的名字，也被翻译成了"仙农"。

他将自己的家，改装成了幼儿园。把其他科学家望尘莫及的什么富兰克林奖章、美国工业电子工程协会凯莱奖、美国全国科学研究合作奖、莱伯曼纪念奖、美国电机和电子工程协会荣誉奖章、美国技术协会哈维奖、比利时皇家科学院和荷兰皇家艺术科学院的院士证书、牛津大学等许多高等学府的荣誉博士证书、美国科学院院士证书、美国工程院院士证书等，统统扔进了一个小房间，只把一张恶作剧似的"杂耍学博士"证书，洋洋得意地摆在了显眼处。

"幼儿园"的其他房间可就热闹了：光是钢琴，就多达5台；从短笛到各种铜管乐器30多种，应有尽有；3个小丑同玩11个环的杂耍机器；钟表驱动的7个球和5个棍子；会说话的下棋机器；杂耍器械及智力阅读机；用3个指头便能抓起棋子的手臂；蜂鸣器及记录仪；有一百个刀片的折叠刀；装了发动机的弹簧高跷杖；用火箭驱动的飞碟；能猜测你心思的读心机；等等。这些玩具大部分都是他亲手制作的。甚至，他还建造了供孩子们到湖边玩耍的升降机，长约183米，还带多个座位。

怎么样，这位身高1.78米的香大爷，不愧为名副其实的老儿童吧。

要不是上帝急着请他去当助理，估计人类的下一个里程碑成果，就会出现在杂耍界了。因为，据说在仙逝前，老儿童已经开始撰写《统一的杂耍场理论》了。甚至，他创作的诗歌代表作也命名为"魔方的礼仪"，其大意是：向20世纪70年代后期非常流行的"鲁比克魔方"致敬。

伙计，还记得大败棋圣李世石的阿尔法狗吧！其实，香爷爷早就开始研究"能下国际象棋的机器"了，他是世界上首批提出"计算机能够和人类进行国际象棋对弈"的科学家之一。1950年，他就为《科学美国人》撰写过一篇文章，阐述了"实现人机博弈的方法"；他设计的国际象棋程序，也发表在当年的论文"Programming a computer for playing chess"中。1956年，在洛斯阿拉莫斯的MANIAC计算机上，他又实现了国际象棋的下棋程序。为探求下棋机器的奥妙，他居然花费大量的工作时间来玩国际象棋；这让上司"或多或少有点尴尬"，但又不好意思阻止他。对此，香大牛一点也不觉歉意，反倒有些兴高采烈："我常常随着自己的兴趣做事，不太看重它们最后产生的价值，更不在乎这事儿对于世界的价值。我花了很多时间在纯粹没什么用的东西上。"

你看看，你看看，这叫啥话，上班纪律还要不要了！

香爷爷还制造了一台宣称"能在六角棋游戏中打败任何人"的机器。该游戏是一种棋盘游戏，几十年前在数学爱好者中很流行。调皮爷爷事先悄悄改造了棋盘，使得人类棋手这一边比机器对手一边的六角形格子要多；因此人类如果要取胜，就必须在棋盘中间的六角形格子里落子，然后对应着对手的打法走下去。该机器本来可以马上落下棋子的，但是为了假装表现出它"似乎是在思索该如何走下一步棋"，调皮爷爷在电路中加了个延时开关。一位绝顶聪明的哈佛大学数学家Andrew Gleason，信心满满地前来挑战，结果被机器打得落花流水。等到Gleason不服次日再来叫阵时，香大爷才承认了隐藏在机器背后的"老千"，搞得哈佛教授哭笑不得。

除了玩棋，香儿童还制作了一台用来玩赌币游戏的"猜心机器"，它可猜出参加游戏的人将会选硬币的正面还是反面。其最初样机，本来是贝尔实验室的同事David W. Hagelbarger制作的，它通过分析记录对手过往的选择情况，从中寻找出规律用来预测"游戏者的下一次选择"，而且，准确率高达53%以上。后来，经过老儿童的改进，"香农猜心机"不但大败"Hagelbarger猜心机"，而且还打遍贝尔实验室无敌手，茶余饭后，让这里的科学家们"无颜见江东父老"。当然，唯一的例外是老爷爷自己，因为只有他才知道"香农猜心机"的死穴在哪里。

老儿童还发明了另一个有趣的玩意儿——迷宫鼠，即能"解决迷宫问题"的电子老鼠。可见，阿尔法狗的祖宗，其实是阿尔法鼠。香农管这只老鼠叫"忒休斯"，那个在古希腊神话中杀死"人身牛头怪"后，从可怕的迷宫中走出来的英雄。我却偏叫它"香农鼠"。该鼠可自动地在迷宫中找到出路，然后直奔一大块黄铜奶酪。"香农鼠"拥有独立的"大脑"，可以在不断尝试和失败中学习怎样走出迷宫，然后在下一次进入迷宫时，能避免错误顺利走出来。"香农鼠"的"大脑"，就是藏在迷宫地板下面的一大堆电子管电路，它们通过控制一块磁铁的运动来指挥老鼠。

好了，写累了。该对香爷爷做个小结了。

他虽然发现了"信息是用来减少随机不定性的东西"，可是，其游戏的一生，却明明白白地增加了"工作与娱乐、学科界限等之间的"随机不定性。可见，所谓的专业不对口，其实只是借口。牛人在哪里都发光，而菜鸟干什么都一样。

他的名言是"我感到奇妙的是：事物何以总是集成一体"。可是，我们更莫名其妙：他何以总能把那么多互不相关的奇妙事物集成一体？

他预言"几十年后机器将超越人类……"。可是，像他那样的人类，哪有什么机器可以超越？！

他承认"好奇心比实用性对他的刺激更大"。可是，我等菜鸟如果也这样去好奇，年终考核怎么过关？！

在他众多的卓越发明中，他竟然最中意"W.C. Fields杂耍机器人"。唉，与他相比，我们连机器人都不如了！

总之，香农的故事告诉我们：不会玩杂耍的信息论专家，不是优秀的数学家！

哈哈，谢天谢地，终于找到一样东西，我与香农等同啦！那就是，他与我一样，都崇拜爱迪生。可仔细一想，还是不平等。因为，他是他远亲，却只是我的偶像。

唉，真是：人比人，比死人。

算了，算了，不说了，说多了满眼都是泪，做人最重要的是开心嘛！

肚子都饿了，翠花，翠花，上酸菜！

再见，我也该玩去啰，没准哪天玩出一只"阿尔法猫"来！

最后，我们套用宋代抗金名将岳飞的《满江红》，来归纳并小结香农的一生。

白发冲冠，凭栏处潇潇雨歇。
抬望眼，仰天长笑，玩得激烈。
百世功名尘与土，
信息神论云和月。
莫等闲，求出熵最优，人类捷。

密码耻，犹未雪；

随机恨，比特灭！

靠编码踏破理论之缺。

壮志连通全世界，

弹冠笑迎赛博学。

待从头，收拾互联网，朝天阙。

蔡长年教授百年祭

100年前，在美国诞生了香农，在中国诞生了蔡长年。

前者，创立了信息论和安全的数学理论，然后，像老子一样："写完《道德经》，就骑青牛，出函谷关"；从此，几乎不再过问信息论、信息安全和信息科技方面的事了。后者，率先将信息论引入中国，并与周炯槃教授一起，首倡了中国的民用密码研究；然后，像孔子一样孜孜不倦，身体力行，传道授业解惑50余年，把自己的一生，把儿子、女儿等家人的一生，都奉献给了祖国的信息论事业，特别是信息科技推广应用方面的攻坚克难。

前者家族，神人辈出，为人类做出了巨大贡献；其远亲中，单单一个爱迪生，就足以让全世界永远感恩。后者家族，精英无数，为推动中国电气和电子（EE）事业的发展，贡献突出：其长兄，蔡昌年院士，乃中国大电网调度管理体制的主要奠基人；其长子，蔡宁教授，乃信息通信理论新里程碑——网络编码的三位创始人之一；其长女，蔡安妮教授，在多媒体通信与图像识别方面也是著作等身；其长女婿，孙景鳌教授，鞠躬尽瘁，倒在了信息科技的一线教学、科研岗位上……

前者，被国际社会尊称为：香农博士；后者，被国内通信领域官、产、学、研、用等各界尊称为：蔡先生。

作为中国信息科技的首批领路人，为了推广、普及信息论，早在1962年，蔡先生就与其弟子汪润生教授，合著了我国第一本《信息论》专著；发起并组建了"中国电子学会信息论专业分会"，并亲自担任首届主任委员；从此，信息论在中国才有了自己的舞台，若干精彩好戏才开始连连上演。"主任委员"这根接力棒，棒棒相传，终于在2007年"第八棒"时，传到了我（此后的"我"均指第一作者）手中。那时，我"当家才知盐米贵"；上任后才明白：该"主任委员"的责任，真是重如泰山。

作为教育家，为给中国信息科技界培养更多人才，蔡先生根据国家需要，在多所大学之间来回奔波、增援：1949年，加盟南开大学电机系；1951年，助力唐山铁道学院；1952年，领衔天津大学电信系有线电教研室；1955年，作为元老之一，创建北京邮电学院（以下简称"北邮"），从此，他就在北邮扎下了根，直至羽化西去。作为最早的博士生导师之一，他培养了新中国通信界的首批大腕；大腕们又培养出许多栋梁；栋梁们又代代相传，育成众多牛人。本人也有幸在硕士和博士期间，得到了他的真传；入职北邮后，也得到了他的精心栽培。如今，蔡先生的铜像，巍然屹立于北邮校园，永远激励着莘莘学子，为祖国的信息科技事业前赴后继。

作为科学家，他夜以继日奋斗在实验室，成果突出。比如：主持研制了新中国第一代数据传输设备、第一台晶体管3路载波机样机、第一代1200/2400比特/秒数据通信系统；为新中国第一颗人造地球卫星的成功，立下了汗马功劳。他积极努力，把国内的信息论推向国际；特别是1988年，在其大力倡导下，"IEEE北京国际信息论专题讨论会"在香山胜利召开，从此，中国的信息论在国际学术交流中终于有了一席之地。本人在密码破译方面的早期成果，也正是通过这次难得的国际会议机会，进入了世界同行的法眼。在全面促进国内信息科技进步方面，蔡先生更是不遗余力，其业绩之丰，实难一一罗列。

作为双肩挑的高校领导，北邮副院长（副校长），蔡先生更是一个难得的好榜样。这一点，过去20余年来，正反两方面的事实已经给予了充分证明，不需再详述。虽然，我没能力叫醒装睡者；但是，恕我直言，如今国内有些高校的双肩挑领导，在蔡先生面前，还真是相形见绌！

我初见"蔡长年"这个名字，是在1983年考研报志愿时。那时，不知蔡先生早在1938年就从上海交通大学电机工程系毕业了，更于1946年赴美国康奈尔大学进修，并在加拿大多伦多贝尔电话公司工程部当过访问工程师，甚至还曾任中华民国交通部驻英代表处电信工程师。1947年初，回国后，受聘于中华民国交通部电信管理局工务处处长。要知道，这样的"洋经历"，对当时我这个"土包子"来说，绝对感觉目瞪口呆。

待我怀揣录取通知书，高高兴兴到北邮报到时，我更意外地发现：这位蔡先生竟然是北邮的镇校之宝，是全校仅有的三位"先生"之一。而且，我非常深切地感到，全体师生员工对蔡先生的敬仰是发自内心的真情流露；对他的爱戴不含半点势利，虽然那时他确实拥有官位——北邮副院长。北邮爱他，他也更爱北邮。只要对北邮有利的事情，哪怕吃苦受累，哪怕与他并无关系，他也要全力以赴。我本人便是蔡先生这种爱心的直接受益者之一。

虽然从档案意义来说，蔡先生不是我的导师，但是缘分天注定，我的导师胡正名教授和他竟然同属一个大课题组；所以，我的论文从选题、做实验，到撰写、投稿，再到毕业答辩等每个环节，基本上都是在他的直接关心和指导下完成的。特别是进入博士阶段后，导师胡正名教授、周先生（周炯槃院士）与蔡先生更对我倾注了无尽的关怀。能够得到北邮仅有的三位先生中的两位的直接指导，我真是三生有幸。每每想起此事，我就总感到心满意足！

导师用"无为，而无不为"的黄老之术来指导我；蔡先生用孔子的"精进有为"来帮助我；我自己也心怀释迦牟尼之慈悲。所以，至今我仍然，内存黄老，外示儒术；以道家为体，以儒家为用，以佛家为心。

蔡先生对待学问，那可真叫一个严：跟他合著的每篇论文，他都必须从头到尾反复讲解，每个公式都得来回推导，确保万无一失；包括标点符号在内，半点差错都逃不过他犀利的眼睛。论文在哪里发表，在什么会议上宣读，所用透明胶片字体多大，甚至对文稿油印有哪些要求等，他都事无巨细地过问；直到他脸上露出微笑，我们弟子才如释重负。特别是，在我博士毕业时，他是答辩委员会主席，对此，我既高兴，又紧张。高兴的是，蔡先生当主席，本身就是我的光荣，绝对值得夸耀和纪念；紧张的是，我能否承受得住他那超常的严苛质询，会不会在答辩中被挂在黑板上而下不了台！幸好，有惊无险，我的答辩获得了蔡先生的高度赞扬，这当然得益于他平时对我们的严酷训练。

岁月不饶人，1994年2月8日，蔡先生终因患癌症仙逝，享年79岁！

不过，在我心目中，蔡先生好像从来就没有离开过。他的许多良好习惯，已被自然继承，甚至融入了我的生活；不少细枝末节，也都无意中被我保留至今。比如，信件如何拆封、图书怎么摆放、工作日历怎样标记，等等。

我常常在想，现在，诸如书记、校长、院长、处长、院士、一级教授、二级教授、长江学者、杰出青年等众多闪闪发光的头衔，其实很难经得起时间的考验。而"先生"，大家从心底呼唤出来的"先生"，才是少有的、真正的纯金头衔。从我认识他的第一天起，蔡长年教授就获得了这个无价的纯金头衔：蔡先生。

同样，如今，很多奖项其实都只不过是过眼烟云而已，都难以跨越生死。而真正能够穿透历史的大奖，是百年后（甚至几百年后），还有人记得他，为他召开隆重的纪念会。2016年7月13日，来自全国各地不同岗位的数百群众，聚集在北邮教三楼136学术报告厅，这个以蔡先生的名字冠名的"长年报告厅"，来共同纪念蔡先生诞辰100周年，其实就是在给蔡先生颁发这个历史大奖。当然，蔡先生获此大奖，当之无愧！

本书之所以纪念蔡先生，主要是因为，他是我国民用密码的最早倡导者之一。下面套用宋代诗人范仲淹的《苏幕遮》，来归纳国家百废待兴时，蔡先生推动密码研究的丰功伟绩，并以此结束本节。

乱云天，黄叶地，惊涛连波，波上梦不碎。
山映斜阳天接水，内斗无情，更在斜阳外。
黯乡魂，追旅思，夜夜科研，忧国难入睡。
明月楼高休独倚，满怀愁肠，施教不知累。

导师周炯槃

以世俗眼光去看周先生，那绝对是光芒万丈：中国通信界的泰斗；N多先进理论和技术的发明人；N多学科的创始人；中国工程院院士……但是，如果仅仅去膜拜这些短暂的荣誉，那么，周先生的在天之灵是不会接受的。如果某人只是有一大堆所谓的这类功勋，那么，他就根本谈不上有什么值得继承的"思想"，就更不可能穿越生死，永垂不朽了。

作为北邮之魂，在中国通信界，周先生绝对是"三不朽"人物。在"立德"方面，他为我们树立了一杆顶天立地的"道德之旗"，这也是全体师生衷心敬佩他的主要原因。比如，在弥留之际，他还念念不忘，将自己的终生积蓄全部捐献给"北邮教育基金会"。在"立功"方面，过去几十年里，中国通信事业之所以突飞猛进，他的众多理论和技术突破当然功不可没，他培养的众多得意弟子的"军功章"也该有他的一半。在"立言"方面，他的等身著作，已经化作经典教材，深深融入了通信界莘莘学子的血液之中。

中国科协已经设立专项基金，来研究周炯槃院士的学术思想和成功秘诀；北京邮电大学组织了专业作家，在大量调研的基础上，整理出版了震撼人心的《周炯槃传》；恩师的青铜座像屹立在北京邮电大学校园内，供永远瞻仰。但是，在周先生的思想归纳总结方面，我认为还大有潜力可挖，而且，按当今整理出的"思想精髓"，无论是在"穿透历史"，还是在"突破地域"等方面，都还有待挖掘。

自古以来，多数百姓的信仰结构都是线性的，即青年时信"儒"，中年时信"道"，老年后信"佛"，这显然带有被动色彩。而恩师一生的信仰结构，却是立体的；他是儒、道、佛的最佳立体组合典范，以

"佛"为基因，在工作中信仰"儒"，在生活和名利场中信仰"道"。但愿这种儒、道、佛的最佳组合结构能被复制，被推广；因为，我坚信，它将有助于净化我们的心灵！

周炯槃的"佛基因"来自他的母亲，一位虔诚的佛教徒。她通过自己的言传身教，把一副慈悲为怀的菩萨心肠，完完整整地传承给了唯一的宝贝儿子；甚至可以说，周炯槃的血液里，始终都充满了母亲的"佛基因"。

先看取名：在五百罗汉中，第77位名叫周利槃特尊者；在传统的18罗汉中，他也高居第16位：由此可见，周利槃在佛教中的地位是多么突出。然而，刚入佛门时，周利槃鲁钝无比，周围的人都将他当作傻子，他常被大伙嘲笑。是佛祖亲自教他"除垢"二字偈，于是，他每天天不亮就起身扫地，口里不停地念偈，经过20余年的努力，终于修成了正果。受该故事的启发，儿子出生后，信佛的母亲便借用"周利槃"的名字，给自己的儿子取名为"周炯槃"。一方面，表示对佛的无比崇敬；另一方面，也希望儿子能够像周利槃特尊者那样，依靠自己的勤奋刻苦，开创辉煌人生，最终修成正果。当然，用"炯"代替"利"，既遵守了家族辈分规矩，又用"炯槃"意指光明灿烂、清凉寂静、烦恼不乱，希望儿子不张扬，不浮躁。恩师的一生，没有辜负其母亲的殷切期望，他用实际行动奠定了自己在中国通信界的"特尊者"地位。

再看回国：1949年，新中国诞生之初，周先生正在哈佛大学应用科学系留学，并已获理学硕士学位。如果仅考虑个人发展，他的最佳选择应该是：继续留在国外，攻读博士学位。那么，凭借天资和勤奋，他很可能成为一位国际学术大牛。但是，面对百废待兴的新中国，周先生毅然决然地回到了祖国。如果说"回国"是当时许多留学生的爱国冲动，不能突显其"佛基因"，那么回国后的许多表现，就只能用"佛基因"来解释了。

再看斗争：自古以来，我国本是礼仪之邦。但是，由于近代以来的各种变化，中华文明的优秀传统受到影响，特别是，在社会动荡的时期，作为风口浪尖的"反动学术权威"代表，周先生却"心静如止水"地在自己的"桃花源"中"采菊东篱下，悠然见南山"，不但趁机通读了二十四史，还研修了多门外语，为迎接随后"科学春天"的到来，做足了准备。为什么他能做到这一点？奥妙就在于：一方面，这是他多年积善行德的福报，外魔不敢轻易伤害他；另一方面，他潜意识中的佛性降服了自身的心魔，使得他不曾动过一丝伤害别人的闪念。

最后再看日常生活：周先生的心中始终充满了爱，这是一种典型的长者之爱。对学生他无比关怀，对同事极尽谦和，对领导尊重有加，对家人相敬如宾……总之，在潜意识里，他永远抱定一颗仁慈之心：纵使世间谤我、欺我、辱我、笑我、轻我、贱我、恶我、骗我……他也只是忍他、让他、由他、避他、耐他、敬他、略他、等他……请问，若无非凡的道德品质，谁能够如此圣洁一辈子？！

在对待事业上，周先生依靠勤奋和天赋，以儒家"明知不可为，而为之"的"儒劲"，修炼出了一位典型的儒，一位学贯中西、通古博今的大儒！其实，周先生在"立功、立言"方面的不朽业绩，应主要归因于其"儒事业"。

与周先生同时代人的身体里，都流着儒家的血液。他们伴着"四书五经"成长，做着"格物、致知、诚意、正心、修身、齐家、治国、平天下"的内圣外王"中国梦"，坚守着"礼义仁智信"的道德观。因此，在周先生身上，"儒"的存在是必然的。只不过，因为天资和勤奋的原因，周先生也许更出色一些而已。比如，他数十年如一日地"学而不厌，诲人不倦"；他将"学而不思则罔，思而不学则殆"归纳为一字精华："悟"；他处处提醒弟子"温故而知新"，而且也身体力行；他千方百计地为弟子提供帮助，盼望着他们成才，这难道不是"已欲立而立人,已欲达而达人"吗?!

有一个例子,无可争辩地表明:周先生那股不屈的"儒劲",始终贯穿于他一生的事业中。在他90大寿的喜宴上,谈到创新时他说:"创新是一个永无止境的事情,但是,你们一定要趁年轻,多学、多做、多悟。比如,我80岁以后,就明显感到脑子不够用了;85岁以后,接收新知识和研究新论文就更费劲了。现在我已经很少看书,主要思考一些创新方法论的事情……"听完这席话,我当时好不羞愧,因为,那时刚50岁的我,已经想在事业上"鸣金收兵"了。

但是,难能可贵的是,周先生始终将其惊人的"儒劲"仅限用于事业,而没有扩展至名利场。甚至,像"院士"这种世人梦寐以求的光环,也没有入过他的"法眼";像奖金、住房等福利待遇,他从来就未关心过。作为一个幼年丧父、家境艰辛,深受贫困生活磨砺的人,能够如此淡看名利,真的是太不容易了!设想一下,如果某位智商奇高,又特别精进的人,以"杀身成仁,舍生取义"的干劲去争名夺利,以"流水之为物也,不盈科不行;君子之志于道也,不成章不达"的态度去算计生活得失:那么,这会是我们真心敬仰的周先生吗?当然不是!但遗憾的是,在现实生活中,这种"儒生活"的人还真不少,只是当他们在竞争中严重碰壁后,才不情愿地开始整体转向"道"而已!

在周先生的生活中,虽然也可以找到"儒"的影子(比如,他是一位大孝子);但是,他生活的主旋律绝对是"道",是潇洒的"道",乐观的"道"。正是"道生活"和"佛基因"的完美结合,成就了周先生的"立德"楷模。

"无为"几乎表现在周先生生活的方方面面,但结果却常常是出人意料的"无不为"。

在谈到长寿秘诀时,他调侃道:抽烟、少运动!确实,周先生抽烟很厉害,从未戒过烟,想抽多少抽多少,想怎样抽就怎样抽,反正我从未孝敬过他一根烟，多次"劝诫"也都失败；自拜在他门下30余年来，也没见过他有意识地锻炼身体，虽然偶尔与师母在校园散步，但那明显是"花前月下"，而非"万步行"；他很少去医院，也许是因为没病，但也许是想顺其自然。总之，在健康方面，他的"无为"，确实成就了他长寿的"无不为"。

在对待世俗名利方面，他的"无为"，他的谦让，已经在《周炯槃传》中描述得很多了，我不想再重复。但是，在此我要提醒的是：在"名利"方面，周先生的"无为"，也最终成就了"无不为"！想想看，事实上，周先生所获得的"名"是"大名"，是出自大家心底的永世"英名"。有哪种证书能颁发这种"真名"，有哪个头衔能承载这种"实名"？周先生所获得的"利"，不是"当代利"，而是"千秋利"；不是"物质利"，而是能够生生不息，永远长青的"精神利"。请问，即使有金山银山，谁能买得到这种无为之利！

在对待子孙后代方面，周先生绝对也是"无为"。他没有用自己的光环，为后代谋过半点"特权"，甚至没有给子孙留下一分钱的遗产。但是，我坚信在这方面，周先生的"无为"，也仍然会"无不为"。他的子孙后代们，一定会凭自己的努力，延续家族的成功和辉煌！

如果不是"道生活"，而是"道事业"，那么，作为一名喜欢以身作则的科研人员，周先生在事业上，就很可能会因为"无为"，而真的"无为"了。

至此可见，周先生的立体信仰结构及其优越性就非常清晰了：依靠"佛基因"和"儒事业"来"立功、立言"；依靠"佛基因"和"道生活"来"立德"；既没有用"儒劲"来争名夺利，也没有用"道闲"来荒废事业。我不知道是否还有更好的信仰结构，但是周先生的这种"立体信仰"，至少克服了普通百姓"线性信仰"结构的缺点。

人的一生，其实可以分为两大阶段：第一阶段，从出生到去世；该阶段的结束，称为"死"。第二阶段，从去世到被人遗忘，该阶段的结束，称为"亡"。

从时间长度来看，每个人的第一阶段都差别不大，不过区区几十年而已；但是，第二阶段的差别可就无边无际了。有的人，未死已亡。有的人，活着时非常"成功"，位高权重，要风得风，要雨得雨，福禄寿喜样样齐全；但是，一旦断气（甚至是刚刚退休）就很快被忘得干干净净，这样的人，即死即亡。有的人，活着时坏事干绝，但是，一旦命绝，便遗臭万年，只能像秦桧一样，永远跪在人民面前谢罪，这样的人虽然"死而不亡"，但更可怜。还有的人，像孔子，他们生前也许并不如意；但是，却永远活在后人心中，永远受人爱戴和祭祀。

2011年12月6日，周先生走过了他的第一阶段；但是，他生前立的德、立的功、立的言，正像阳光雨露一样，培育着他第二阶段的种子。"周炯槃思想"正在生根发芽，苗壮成长，并将最终长成参天大树，发展成一望无边的浩瀚森林。

恩师永远活在我们心中！

最后，套用宋代词人辛弃疾的《永遇乐·京口北固亭怀古》，来归纳并小结周先生的一生。

千古江山，寻觅英雄，周炯槃处。

历史舞台，浮华总被，雨打风吹去。

斜阳贤儒，寻常老道，清心总留佛祖。

想当年，金网铁码，气吞万里如虎。

弟子浩浩，桃李天下，赢得八方仰慕。

九十一年，音容犹记，指引学术路。

难忘回首，台上台下，一片冰心玉壶。

凭谁问：先生不朽，长青万古！

怀念章照止教授

在中国编码密码界，有一头牛，一头默默无闻、任劳任怨的老黄牛！虽然著作等身，但他从不图名，绝不为利。圈内同行，特别是像我等"后生"，无不打心底对他佩服得五体投地，常常竖起大拇指，一个劲地叫：牛，牛！

在中国编码密码界，有一匹马，一匹骏马！他数十年如一日，驰骋在广袤的学术大草原，随心所欲，上下求索，绝不为名利等外界干扰所羁绊。或北上寻嫩草，或南下狂奔跑，或东进饮清泉，或西拓仰天啸。好一匹人人羡慕，但又难以企及的国宝！

在中国编码密码学术界，有一只虎，一只吊睛白额大老虎！对待日常生活，他是慢行之虎，宛如病猫，对万千诱惑不闻不问，毫无半点欲望；身体虚弱，难有缚鸡之力。而对待科研难题，他却突然变成下山之猛虎，以雷霆万钧之势，扑向目标，只需"一扑、一掀、一剪"，纵然是恶狼凶豹，也经受不住他这三板斧绝招。

在密码破译界，有一只猫头鹰，一只视力突变的猫头鹰！在日常生活中，他高度近视的视力几乎为零，就算戴上厚厚的眼镜，也不过白昼居巢的雕鸮。但是，一旦敌方的密码摆在眼前，他就瞬间变成黑夜捕食的巨枭，把猎物看得清清楚楚，把密码破得明明白白。冷战时期，特别是在珍宝岛战斗中，他的杰出表现使其成为了令对手肝颤的"中国之眼"！

在中国赛博空间的蓝天，盘旋着一只隼，一只凶猛的猎隼！他搏击长空，随时捍卫着编码密码的安全。任何狡兔硕鼠，只要胆敢来犯，他都将迅速锁定目标，闪电般地俯冲而至，把猎物撕得粉碎，并与众雏隼共同分享战利品，以实例向年轻人传授真本领。

在中国信息论学术界，有一位伯乐，一位和蔼可亲、名声如雷的伯乐！他只要发现了后起之秀，就如获至宝，对其精心呵护，循循善诱，甚至拿出自己多年珍藏的秘籍，不把"小马驹"培养成"千里马"，就决不罢休。如今，他培养的千里马群已经遍布祖国大江南北。

在中国应用数学的百花园中，有一只蜜蜂，辛勤的蜜蜂！他长年累月，在万花丛中采蜜，不但收获了丰富的甜蜜，而且还为花儿们广泛授粉，让各学科分支的精华相互杂交，使得密码之花更加五彩缤纷。"优化算法"与"随机性"嫁接，"复杂性"与"加密"结缘，"信息论"与"安全"成亲等，无不凝聚着他的心血。

在北京中关村，有一位82岁高龄的尊者，1934年生，他属狗。无论对事业，还是对家庭，都处处彰显着他天性的忠诚基因。子女和睦，夫妻恩爱，既不嫌贫穷，也不弃富贵。挤在平凡家属楼里的小蜗居，始终对学者敞开着门。这位中国编码密码界的泰斗，对人永远忠厚老实，不管是初出茅庐的小青年，还是德高望重的大学者，都会得到他和师母，一视同仁的热情接待。

在中国科学院数学所，有一头羊，一头温顺的小绵羊。他与世无争，诚心待人，集温、良、恭、俭、让等优秀品德于一身；从不给领导添麻烦，从不与同事闹别扭。20年前，胃癌之蛇，狠狠地咬了他一口，差点要了他的命。幸好，他以坚强的毅力和罕见的平静心态，逃过了这一劫。可惜，如今，他又被肺炎之蛇再次缠住。终于，在2016年2月16日，化作青龙，升天而去；化作春风，即将吹绿大地。

按照遗嘱，家人未惊动任何亲友，迅速简捷地办完了后事，才通知各相关同事和弟子。对于这种平淡的报送噩耗方式，我们一点也不惊奇。这就是章照止教授惯常的低调风格，这就是我们衷心敬仰的章照止先生。

作为此小节的结束，我们套用宋代词人唐婉的《钗头凤》，来归纳章照止先生的一生。

> 奋力搏，拼劳作，雨送黄昏花易落。
>
> 晓风乾，朝阳残。破译沉思，独语斜阑。
>
> 难！难！难！
>
> 人成各，今非昨，病魂常似秋千索。
>
> 噪音寒，夜阑珊。怕人寻问，掩病装欢。
>
> 瞒！瞒！瞒！

恩师胡正名教授

2017年8月10日，恩师胡正名教授于北京驾鹤西去，享年86岁。为纪念他老人家的编码、密码学重大贡献，我们套用诸葛亮的笔法，于灵堂前泣成此文。因为恩师与周瑜是同乡，也都属于"相貌俊美，志向远大"的"世间豪杰英雄士，江左风流美丈夫"！

> 呜呼恩师，驾鹤西往！人神痛惜，天地悲伤！
>
> 弟子心碎，欲断寸肠；片言悼词，以献祭享！

悼师幼学，日寇猖獗；颠沛流离，誓强祖国。

悼师弱冠，出离江南；考入北洋，广施才干。

悼师而立，传道不息；筹建北邮，功勋难及。

悼师不惑，惨遭文革；被迫下放，凶险莫测。

悼师天命，幸遇小平；访学美国，久旱甘霖。

悼师耳顺，梅开二春；成果爆发，朗朗乾坤。

悼师古稀，老骥伏枥；教学科研，勤奋如一。

悼师耄耋，黄忠不歇；恰才退休，却遭病劫。

悼师仁爱，斗量车载；视徒如子，无私关怀。

悼师礼和，儒雅洒脱；翩翩君子，可泣可歌。

悼师睿智，知行知止；因材施教，弟子受益。

悼师诚信，一言九鼎；同行爱戴，师生尊敬。

悼师温和，言语不多；家庭和睦，融融其乐。

悼师恭敬，待人如宾；高低贵贱，众皆平等。

悼师节俭，继承家传；功名利禄，皆不入眼。

悼师谦逊，与世无争；处处礼让，事事饶人。

忆师当年，焕发英姿；光阴荏苒，斯人已逝。

仁义之心，英灵之气；八十六载，名垂百世。

哀师情切，肝胆欲裂；亲朋好友，悲念不绝。

昊天昏暗，京城怆然；雷雨交加，神为泪涟。

魂若有灵，天堂放心；照料师母，弟子本分。

魂若有知，勿忧勿虑；未竟事业，桃李当继。

呜呼恩师！生死永别！师贞师道，无生无灭。

呜呼痛哉！家属节哀！保佑后生，千秋万代。

跋

迎接量子的曙光

无论你怀疑或不怀疑，量子它就在那里，不东不西（测不准）；无论你喜欢或不喜欢，量子它也在那里，不离不弃（纠缠）；无论你研究或不研究，量子它还是在那里，不实不虚（波粒二象性）！量子是时代的必然，因为，既然可用一粒量子就能解决问题，何必要动用一整束光呢！量子理论和技术正迅速发展，量子之帆已跃出遥远的海平面，正向我们驶来，并将毫无疑问地改变IT世界，使计算、通信、安全、存储等如虎添翼。

其实，人类近代科学史也许可重新划分为：分子时代、原子时代、电子时代和（未来的）量子时代。在分子世界观中，化学是方法论，能量靠热。在原子世界观中，物理是方法论，能量靠电。在电子世界观中，计算机是方法论，信息是绝对主角。在量子世界观中，赛博学（控制论）将是方法论，描述量子特性的概率论将是灵魂。

但是，关于量子时代的安全问题，如今确实有人（而且还是很权威的人），在媒体上（而且还是很权威的官方媒体上），发表了许多很不负责任的言论，引发了社会大众的严重误解。比如，一方面，还没经受实践检验，更没承受黑客的长久、公开、大规模的挑战，就迫不及待地宣称：量子通信"绝对安全""绝对保密"！好像他们已经造出了，谁也刺不穿的"量子安全之盾"一样！另一方面，一些量子计算机的权威人士，武断地宣判了算法密码的死刑。其理由是：利用量子计算机的超强并行计算能力，便能轻松破解当今的所有算法密码。好像他们已经造出了，谁也能刺穿的"量子安全之矛"一样！

对这些权威专家，我虽不想质问：用你们的"量子安全之矛"去刺你们的"量子安全之盾"，将会怎么样！但是，我真的很想问一句：如今的量子系统，还只不过是颗受精卵，怎么就敢声称"见神杀神，遇佛灭佛"呢？这背后是否有其他的动机？

所以，下面科普一下量子的安全知识，以正视听。

首先纠正一下，所谓"量子通信系统绝对（无条件）安全"的误解。

其实，从哲学角度看，这根本就是一个用脚后跟想想就能否定的问题。不要说量子通信不可能绝对安全；就算百年后、千年后出现的更加先进的"牛×通信"，也不可能绝对安全！伙计，请记住：任何时候，"安全"都只是相对的，"不安全"才是绝对的！更可能的情况是：网络世界会越来越不安全，量子通信普及后，安全问题将更多。因为，几千年来的历史经验已经反复证明，任何先进的技术都会带来新的安全威胁。

从系统学角度看，有人拿着"量子测不准原理"等神奇特性，就咬定了"绝对安全"，这显然是错误的！别忘了，"安全"是系统工程，就算你局部"绝对安全"，也不等于全局"绝对安全"。如果再考虑到"局部"和"全局"的相对性，那么，"绝对安全"就更站不住脚了。再次强调，根据系统论的"全局大于部分和"的原则；全局的"不安全性"，也是大于部分"不安全性"之和的。任何局部的神话都不能包打天下，也不能天衣无缝，而且别以为攻击者都是吃素的，他们绝不会笨到按别人的意愿出牌。所以，仅仅凭借"对付了"几种臆想攻击，就断言能抵挡一切攻击，这是典型的一厢情愿。光纤专家们刚经历的难堪，也许可用来教训一下某些骄傲的量子专家：仅在几年前，光纤专家还叫板说"光纤通信就是安全，因为光纤很难插接……"；结果话音未落，自己的"底裤"就曝光了！所以呀，个别量子专家们，别想太多，先安安心心把量子通信系统做出来再说。至于它们到底是不是"绝对安全"，甚至到底是不是安全，这个问题任何人说了都不算，还是让事实来回答吧。历史上从来就没有过"黑客攻不破的系统"。当然，必须承认，即使存在安全隐患，量子通信的价值也绝不可否认，利用"测不准原理"来设计新型保密系统的想法也绝对应该鼓励；因为，他山之石从来就是安全专家的攻玉之器。真心盼望量子通信早日诞生，造福人类。

从逻辑上看，"量子通信绝对安全"这个结论也下得很唐突。在咬定"量子通信"如何如何之前，至少要先把"量子通信"做出来呀；因此，该结论的大前提显然不成立。就算"量子通信"已经小规模使用了，那么它到底是不是绝对安全，也应该让事实说话吧；因为安全只相信实证，不相信猜测，更不相信眼泪，况且历史上根本就没有"绝对安全"的东西出现过。所以，此结论的小前提也不成立。一个结论，既无大前提，又缺小前提，谁信呢？！没人相信的结论，何必浪费时间和精力去传播它呢！

从理论上说，信息论之父香农博士，的确在1948年证明过：如果密钥流序列是绝对随机的，那么"1次1密"的密码系统就是理论上不可破的。也就是说，其破译工作量的计算复杂度，呈指数增长！但请注意，香农结论的前提是"密钥流绝对随机"，而且"密钥流的长度与待加密信息的长度相等"。退一步说，就算量子手段真的能产生"绝对随机的密钥流序列"（量子专家语），而且量子密码是"用量子手段产生密钥流，再用1次1密来加密"，那么这也只意味着：若用当今的电子计算机去破译量子密码，其运算量将会呈指数增长；这姑且算成是"绝对安全"吧！但是别高兴得太早，马上问题就来了：若改用"量子计算机"去破译这种"量子密码"，按量子专家的说法，其计算复杂度立刻便被降低为线性值了，即可以很快完成指数级的穷举攻击。如果再注意到：每一个密文，只对应一个能够被人读懂的明文，即穷举完成后，人能读懂的那段文字，便是破译结果。形象地说，若用"量子计算机"去破译"量子密码"，就易如反掌了。请问，这算"绝对安全"吗？！

从技术上说，量子通信系统由两个信道组成：传递纠缠状态的量子信道和传递测量结果的经典信道。单独控制这两个信道中的任何一个信道，确实都不可能获得被传消息的任何内容，并且那个量子信道还是"摸不得的老虎屁股"。但是，请注意，从古至今，包括恐怖分子、间谍等在内的许多人，其实经常都在采用这种"分离法"进行信息传递，怎么就从未听他们夸下过什么"绝对安全"的海口呢？而事实上他们也频繁被擒嘛！量子通信的两信道分离也仅仅是技术手段的突破，而非理论上的颠覆。虽然确实这是一项重大的技术进步，但远未达到"绝对安全"的程度。不过，如果个别量子专家非要限定破译者，按其指定的方法去破译量子保密系统，那么，任何系统都可宣称自己"绝对安全"。当然，必须承认，一个非常好的主意是：将量子通信与现有的密码相结合，用量子通信来传递（很短的）种子密钥；然后，利用该种子密钥来控制现行密码算法，以达到信息加密、解密之目的。这样一来，量子与密码就优势互补了，当然，这肯定不是"绝对安全"。总之，量子保密通信系统虽然还没有最终完成，但是，我敢肯定它一定会像过去几千年来古典密码促进机械密码、机械密码促进电子密码那样，经历一个渐变过程，而不是突然横空出世，唯我独尊。

怎么样，哥们儿，我们已从哲学、系统学、逻辑学、理论、技术等角度破灭了"绝对安全"的神话。谁还敢再挑战，请尽管放马过来。老夫专治各种不服！

接下来，再回答一下：量子计算机出现后，密码学家就得乖乖投降了吗？

这又是一个很可笑的问题。量子计算机绝对是个好东西，而且，科学家们已经严格证明了许多惊心动魄的密码破译结果。比如：量子计算机能完成"对数运算"，而且速度远胜电子计算机；一个40位的量子计算机，就能解开"1024位的电子计算机需要数十年才能解决"的问题；用量子计算机去暴力破解AES-256加密算法，其效率跟电子计算机暴力破解AES-128的难度是一样的；等等。

猛然一看这些结果，确实震撼人心。但是，仔细思考后，就完全没必要杞人忧天了。

首先，AES密码算法与它老爸（DES密码算法）一样，都有自己的设计寿命；一旦年龄到点，无论那时量子计算机是否已经诞生，

AES都得退休，由它那目前还没出生的儿子（暂且叫"X算法"吧）来接班。若有必要，比如，出现意外的安全威胁，那么，AES提前几年退休就是了，没什么大惊小怪的。RSA算法也从来不是"万岁爷"。在密码界也压根儿就没有过终身制，密码学家随时都在设计新型的试图替换正在使用的标准密码算法。

其次，量子计算机无论有多牛，都只不过是运算速度更快，并行能力更强而已。几千年来，应对类似的考验，密码学家已经历多次了。当机械计算机出现后，古典密码确实可被轻松破译；但是，密码学家早已经准备好了让机械计算机一筹莫展的新型密码算法。当电子计算机出现后，机械密码确实又可被轻松破译；但是，密码学家照样又准备好了让电子计算机望洋兴叹的AES和RSA等密码算法。N年后，当量子计算机诞生后，也许它可横扫目前的密码算法；但它一定会发现，那时正在使用的密码算法，对量子计算机早已具有强健的免疫力。实际上，密码学家们特别擅长于"以其之矛，攻其之盾"或"以其之盾，防其之矛"；他们现在就已经开始针对量子特性，设计专门对付量子计算机的新型密码算法了。

总之，我相信用"今后"的量子计算机，一定可以破译"今天"的所有算法密码；但这绝不等于用"今后"的量子计算机，一定可以破译"今后"的所有算法密码！

最后，在密码破译中，虽然计算能力扮演着关键角色，但是，历史上几乎从来就没有哪种密码算法是被纯暴力破译的。"二战"期间，人类发明电子计算机的主要动机就是想破译轴心国的密码，但事实上也没能派上用场。若要想依靠暴力来破译现代密码，那么，对计算能力的提升绝不是几万倍、几亿倍，甚至几亿亿倍就能见效的；因为，破译能力并不会随着计算能力的增加而线性增加。所以，当你再回味前面那个恐怖结果"用量子计算机去暴力破解AES-256加密算法，其效率跟电子计算机暴力破解AES-128的难度是一样的"时，就再也不用担心了；因为，当前的电子计算机对AES-128也是无能为力的。

怎么样，哥们儿，上述理由足够充分了吗？其实，密码学家不会丢饭碗的最直观、最公平的理由是：社会是同步前进的，你计算能力增强了，我密码当然可以"借力打力"，在新的平台上与你竞争。你热兵器时代的量子专家，为什么要假定我密码专家只使用冷兵器呢？！

好了，亲爱的朋友们，正本清源后，咱们就别再互相猜疑了。量子专家们最好全力以赴，努力实现量子通信和量子计算；安全专家们则全心全意，为包括量子系统在内的所有系统保驾护航。

量子时代的门口再见，不见不散哟！

总之，读者朋友们，今后可别再相信什么"绝对安全"的广告啰，主要还得看疗效！请放心，密码学家们不会失业的。

最后，我们按惯例，套用汪国真的情诗《跨越自己》，来归纳并小结本"跋"。

你可暂时欺瞒别人

却无法欺瞒自己

当你咬定量子密码绝对安全

失败就不再是一个谜

向上的路

总是坎坷又崎岖

要永远保持最初的浪漫

真是不容易

有人悲哀

有人欣喜

你不必跨越一座座高山

但必须跨越一个真实的自己